Anne M. Schüller

Zukunft meistern

Weitere Bücher von Anne M. Schüller

Bahn frei für Übermorgengestalter!
25 Quick Wins für Innovatoren und Zukunftsversteher
978-3-96739-093-3

Touchpoints
Auf Tuchfühlung mit dem Kunden von heute.
Managementstrategien für unsere neue Businesswelt
978-3-86936-999-0

Die Orbit-Organisation
In 9 Schritten zum Unternehmensmodell für die digitale Zukunft
978-3-86936-899-3

Touch. Point. Sieg.
Kommunikation in Zeiten der digitalen Transformation
978-3-86936-694-4

Das Touchpoint-Unternehmen
Mitarbeiterführung in unserer neuen Businesswelt
978-3-86936-550-3

Anne M. Schüller

ZUKUNFT MEISTERN

Das Trend- und Toolbook für Übermorgengestalter

Nachhaltigkeit –
Transformation – Innovation

Externe Links wurden bis zum Zeitpunkt der Drucklegung des Buches geprüft.
Auf etwaige Änderungen zu einem späteren Zeitpunkt hat der Verlag keinen Einfluss.
Eine Haftung des Verlags ist daher ausgeschlossen.

Ein Hinweis zu gendergerechter Sprache: Die Entscheidung, in welcher Form alle Geschlechter angesprochen werden, obliegt den jeweiligen Verfassenden.

Bibliografische Information der Deutschen Nationalbibliothek

Die Deutsche Nationalbibliothek verzeichnet diese Publikation
in der Deutschen Nationalbibliografie; detaillierte bibliografische Daten
sind im Internet über http://dnb.d-nb.de abrufbar.

ISBN 978-3-96739-181-7

Lektorat: Christoph Landgraf, St. Leon-Rot | www.lektoratlandgraf.de
Korrektorat: Sandra Bollenbacher, Heidelberg | www.rotstift.art
Umschlaggestaltung: Martin Zech Design, Bremen | www.martinzech.de
Autorenfoto: © privat
Satz und Layout: Das Herstellungsbüro, Hamburg | www.buch-herstellungsbuero.de
Druck und Bindung: Salzland Druck, Staßfurt

Wir drucken in Deutschland.

www.gabal-verlag.de
www.gabal-magazin.de
www.facebook.com/Gabalbuecher
www.twitter.com/gabalbuecher
www.instagram.com/gabalbuecher

Inhalt

Lesen Sie in das Buch »Bahn frei für Übermorgengestalter! 25 Quick Wins für Innovatoren und Zukunftsversteher« hinein!

Scannen Sie den QR-Code, registrieren Sie sich auf dem GABAL eCAMPUS und Sie erhalten 35 Seiten des ersten Kapitels »Future Skills: 7 Initiativen, um die Menschen stärker zu machen« kostenlos zum Download.

https://gabal-ecampus.de/downloads/course/probekapitel-bahn-frei-fuer-uebermorgengestalter-

Einblick

Zukunft voraus.
Dann mal los

Imagine … Stell dir vor … Was wäre, wenn … So beginnt Zukunft. Mit Bildern von dem, was wir für uns, für unsere Liebsten und für die Menschheit erhoffen. Die Zukunft ist alles zugleich: noch unklar, ein wenig verschwommen, schon voller Glanz. Sie ist besser und schlechter als früher, ersehnenswert, doch auch ein wenig bedrohlich. Sie birgt Ungewissheiten – und steckt voller Chancen. Es ist nicht die Zukunft an sich, die uns beunruhigt oder hoffnungsvoll stimmt, es ist unsere eigene Meinung darüber.

Hoffnung ist die Umarmung des Unbekannten – gepaart mit dem Optimismus, es schaffen zu können. Optimismus weitet den Blick für Möglichkeiten, erzeugt Zuversicht, bewirkt Einfallsreichtum, weckt Tatendrang, spornt uns an, wagemutig zu sein und einen erwünschten Ausgang kraftvoll in Angriff zu nehmen. Je mehr wir uns auf das Positive und die Überwindung von Hindernissen konzentrieren, desto größer sind unsere Chancen, die Herausforderungen der Zukunft zu meistern.

Zukunftsoptimismus: Der Anfang von allem

Selten war Optimismus so wichtig wie heute, um das Beste aus unserer Zukunft zu machen. Doch nur der, der eine positive Zukunft für möglich hält, macht sich für sie stark, hilft mit, nach Lösungsansätzen zu suchen und den Fortgang der Ereignisse mitzugestalten. »Optimistische Menschen setzen sich mit größerer Wahrscheinlichkeit proaktiv für Veränderungen ein, weil sie erwarten, dass die Zukunft, die vor ihnen liegt, besser sein kann als die Vergangenheit, aus der sie kommen«, sagt Judith Mangelsdorf, Professorin für Positive Psychologie.[1] Oder, wie der britische Staatsmann Winston Churchill es formulierte: »Ein Pessimist sieht die Schwierigkeit in jeder Möglichkeit, der Optimist die Möglichkeiten in jeder Schwierigkeit.« Der besonnene Optimist erkennt auch Gefahren, doch primär packt er das Gute am Fortschritt beim Schopf.

Optimismus ist lösungsorientiert und sorgt für Gestaltungswillen. Pessimismus hingegen verengt den Blick, überzeichnet Gefahren, glaubt *nicht* an den Erfolg, hüllt alles in eine dunkle Wolke, lähmt uns und macht uns lethargisch. Optimismus erspäht vielerlei Gelegenheiten und strebt das noch unbekannte Bessere an, an Pessimisten gehen die Chancen vorbei. Pessimismus ist ideenlos, kleinmütig und rückwärtsgewandt, verpulvert seine Energie in Genörgel und Angstmacherei. Optimismus ist ideenreich, beflügelnd und opulent. Pessimismus badet in der Tragödie seiner Misserfolge, Optimismus macht so lange weiter, bis ein Gelingen den Misserfolg überschreibt.

Zeigt sich die Aussicht auf ein Happy End, schalten Optimisten den Turbo ein. Zu diesem Zweck ist unser Gehirn mit zwei Belohnungszentren ausgestattetet: eins für die Vorfreude und eins für die Nachfreude. Die Vorfreude erzeugt Verlangen. Sie gibt uns den Antrieb, ein begehrenswertes Ziel erreichen zu wollen. Die Nachfreude versorgt uns mit Hochgefühlen nach erfolgreich vollbrachter Tat. Befeuert wird beides durch Glückshormone. Diese körpereigenen Opiate, allen voran Dopamin, geben uns ein wohliges Gefühl, sie machen uns fröhlich, selig, euphorisch, emphatisch. Sie machen uns leistungsfähig, unternehmungslustig, im positiven Sinne auch risikobereit und siegesgewiss. Und sie machen uns süchtig. Davon wollen wir mehr. Die nächste Herausforderung, sie kann kommen! Und, na klar, die packen wir ganz gewiss.

Auch Geistesblitze werden mit Dopamin-Shots belohnt. Dies führt zu einer höheren Aufnahmebereitschaft, zu einer stärkeren Vernetzung der Lerninhalte und zum Aufbau von Millionen von Hochleistungsneuronen. So werden wir offener und damit auch produktiver. Wir werden agiler und schreiten zur Tat. Glückshormone bringen die Synapsen in Schwung und lassen die Neuronen tanzen. Wenn das Belohnungssystem jubelt, hegen wir Zuversicht in unser Potenzial und glauben an den Erfolg. Kreativität schöpft aus der Quelle des Unbewussten, das keine Angst haben muss. In heiterer Stimmung können wir Berge versetzen, gewinnen an Selbstvertrauen und Schwung. Diese Strategie der Natur hilft uns nicht nur, zu überleben, sie kann unsere Lebensqualität auch erheblich verbessern. Anhaltende Frustration hingegen sorgt dafür, dass wir unseren Ehrgeiz verlieren, weil die Dopaminnachfuhr verebbt.

Wer die Zukunft erreichen will, braucht also allem voran Optimismus. In diesem Zustand beschäftigen wir uns mehr mit dem Pro als dem Kontra. Selbstverständlich befassen wir uns auch mit den Risiken und kalkulieren ihre Tragweite ein. Leichtsinn und Blauäugigkeit wären dumm. Unser Hauptaugenmerk gilt aber den Chancen. Denn wo Schatten ist, ist immer auch Licht. Der Glaube an das Gute als Langzeitregulativ ist durchaus berechtigt, wie die US-Historikerin Rebecca Solnit in *A Paradise Built in Hell* und der niederländische Historiker Rutger Bregman in seinem Bestseller *Im Grunde gut* anschaulich belegen. Zu den ganz großen menschlichen Qualitäten zählen Gestaltungswille und Gemeinschaftsgeist. Krisen, so schlimm sie im Moment des Durchlaufens wohl waren, sind fast immer auch Gelegenheitsfenster, die wir aufstoßen können für den Umbau zu etwas besserem Neuen. Zukunftsoptimismus ist also realistisch.

Die Frage ist nun: Wo ist solcher Optimismus zu finden?

Unsere Gesellschaft: »heiß« oder »kalt«?

Bereits in den 1960er-Jahren führte der französische Ethnologe Claude Lévi-Strauss die Unterscheidung zwischen »kalten« und »heißen« Kulturen ein. »Heiße« Gesellschaften sind durch ein tiefgreifendes Bedürfnis nach Wandel gekennzeichnet, weil dies ihnen Fortschritt und ein besseres Leben verspricht. Sie zeigen eine hohe Flexibilität in neuen Situationen. In »heißen« Gesellschaften ist der Anteil junger Menschen sehr hoch. Sie haben nichts zu verlieren und können eine Menge gewinnen.

»Kalte« Gesellschaften hingegen haben viel erreicht und deshalb auch viel zu verlieren. Sie klammern sich an Altbewährtes und hüten ihren Bestand. Solche Gesellschaften sind satt und behäbig. Sie bewegen sich mit Rollatortempo voran. Neues macht ihnen Angst. Zukunftsangst. Je kälter eine Gesellschaft, desto ausgeprägter ist ihr Bestreben, ihre traditionellen Kulturmerkmale möglichst unverändert zu bewahren. Zudem glaubt sie, dass es von nun an nur schlechter werden kann. »Heiße« Kulturen glauben das nicht. Eine Kultur wird als umso heißer eingeordnet, je größer ihr Antrieb zu schnellen Weiterentwicklungen ist. Für »kalte« Kulturen beinhaltet jede Krise die Gefahr des Untergangs. Für »heiße« Kulturen ist jede Krise eine Chance zum Aufstieg.

So ist es nicht verwunderlich, dass sich aufstrebenden Nationen »oftmals die besten Aussichten auf die Zukunft bieten, während jene mit dem Etikett ›hochentwickelt‹ so sehr mit gewohnten Denk- und Handlungsweisen verbunden sind, dass sie Schwierigkeiten haben, sich von der Vergangenheit zu lösen«, schreibt der Soziologe Mauro F. Guillén.[2] Indem sie technologische Entwicklungsstufen einfach überspringen, ziehen immer mehr Länder, auch wenn wir das ungern wahrhaben wollen, in immer mehr Bereichen an uns vorbei. Dies auch deshalb, weil ihre ehrgeizigen jungen Eliten den Echtzeitzugang zu allem Wissen der Welt deutlich ambitionierter nutzen.

Die Menschen in »heißen« Kulturen halten nicht stoisch fest an dem, was sie schon haben. Denn sie haben noch wenig. Umso größer sind Tatkraft, Leidenschaft und Motivation. Sie träumen keine kleinen Träume, sondern die großen. Sie wollen es nicht *etwas* besser haben, ihr Ziel sind die Honigtöpfe der Zukunft. Sie fühlen sich nicht als machtlose Opfer und verharren nicht in Passivität, sondern nehmen, sobald sich eine Gelegenheit bietet, die Dinge selbst in die Hand. Das ist der Persönlichkeitstypus von Vorwärtsstürmern – überall auf der Welt. Solche Menschen haben ein »Growth Mindset«: Interesse an persönlichem Wachstum und Lust auf ein besseres Morgen.

Der Begriff stammt von Carol Dweck, Professorin für Psychologie an der Stanford University. Menschen mit einem Growth Mindset sind offen und mutig, optimistisch und kreativ. Sie erleben sich als aktiv Handelnde und als Schmied ihres Glücks. Sie lieben Herausforderungen und unternehmen große Anstrengungen, um sich stets zu verbessern. Sie gehen davon aus, dass sich Fähigkeiten durch Übung und Ausdauer weiterentwickeln. Sie haben eine hohe Frustrationstoleranz. In Misserfolgen sehen sie Ansporn auf ihrem Weg zum Erfolg. Sie können es »im Moment noch nicht«, das Ergebnis war »noch nicht ganz« das richtige, aber das wird schon, wenn sie es weiter probieren. Erwartungsvoll stoßen sie die Türen zum Nächstmöglichen auf. So schaffen sie ein dynamisches Umfeld des Lernens und Wachsens.

Ihnen gegenüber stehen Individuen mit einem »Fixed Mindset«. Solche Menschen bleiben lieber auf der sicheren Seite und bevorzugen den Status quo. Sie konzentrieren sich auf das, was sie schon können, und favorisieren Erprobtes. Wenn es um Wagnisse geht, werden sie von Versagensängsten geplagt: »Das klappt ganz gewiss nicht! Das war noch nie meine Stärke! Man weiß ja nie, was alles schiefgehen kann!« So werden sie zu Opfern der Geschichten, die sie sich selbst immer wieder erzählen. Solche Geschichten sind wie eine Regieanweisung zum Fiasko, sie vereitelt den Sieg. Das Fixed Mindset beharrt auf seiner Meinung und misstraut dem Neuen. Statt seine Energie auf eine Lösung zu lenken und zu würdigen, was schon gelingt, bewirft es sein Umfeld mit Gejammer, gibt anderen Schuld und redet sich in eine Problemtrance hinein.

Derart Erstarrte sind symptomatisch für erkaltende Hochkulturen. Sie hätscheln ihre Heldentaten von früher, statt den Blick weit in die Zukunft zu lenken. Sie fürchten um ihre Habe und den sozialen Abstieg. Deshalb versuchen sie krampfhaft zu schützen, was sie besitzen – und genau das macht sie verwundbar. Wandel und Wendepunkte bergen für sie keine Möglichkeiten, sie sind Gefahrenzonen. Das Neue am Neuen wird oft nicht mal verstanden, weil sie es durch die Brille ihres überholten Wissens und Könnens betrachten. So erzeugen sie »Brain Drain«, den Abgang von Intelligenz und Verstand. Denn die, die die »kalten« Regionen verlassen, um in wärmere Gefilde zu ziehen, sind jung im Kopf, gebildet, ambitiös und innovativ.

Lust auf Veränderung? Oh ja, durchaus!

Zukunft meistern ist ein Appell an jeden von uns. »Die Gesellschaft«, »die Wirtschaft«, »die Unternehmen«, das sind wir. Ein Unternehmen kann keine Verträge schließen, keine Kunden betören, keinen Schaden anrichten, keine Umwelt heilen. Am Ende der Leistungskette steht immer ein Mensch. Dies kann jede und jeden zum Schöpfer machen, um eine bessere Zukunft mitzugestalten. Die entscheidende Regel dabei lautet: *Fang schon mal an!* Wenn jeder darauf wartet, dass andere den ersten Schritt tun, wird niemand jemals etwas tun. Eine weitere maßgebliche Regel: *Bleib nicht allein!*

Wer etwas Großartiges erschaffen will, sucht nach Mitstreitern und schließt sich mit Gleichgesinnten zusammen. »Zweifle nie daran, dass eine kleine Gruppe engagierter Menschen die Welt verändern kann – tatsächlich ist dies die einzige Art und Weise, in der die Welt jemals verändert wurde«, hat die Kulturanthropologin Margaret Mead einmal gesagt. Und darüber hinaus: Großartig zu sein in dem, was man tut, ist nicht nur für andere und die Gesellschaft gut, es ist auch ein Geschenk an sich selbst.

Eine Zukunft, in der wir gerne leben, wird von Menschen gemacht, denen eine gute Zukunft am Herzen liegt. Unser Verbündeter: die Evolution. Sie favorisiert ehrgeiziges Leben, das sich an die jeweiligen Umstände aktiv anpassen kann. Sie stellt den Pioniergeist vor das Beharren und den üblichen Trott. Neugier, Wissensdurst und Lernbereitschaft sind uns angeboren – und die wichtigsten Treiber, um voranzukommen. Der Drang, Evolution in die Welt zu bringen, ist universell.

Pioniere, die auf der Suche nach Chancen mutig voranmarschierten, hat es schon immer gegeben. Wir sind die Nachfahren derer, die eine bessere Zukunft wollten und deshalb den Fortschritt wagten. Und mal ehrlich: Oft sind wir doch einfach nur froh, wenn auf etwas schlechtes Bestehendes etwas besseres Neuartiges folgt. Ständig ändern wir was, wenn das Danach uns attraktiver erscheint als das Davor. Übrigens sind wir die einzige Spezies, die ohne Unterlass ganz und gar Neues erschafft. Und das ist auch gut so, denn sonst säßen wir noch immer in Höhlen und würden frieren.

Natürlich mag unser Denkapparat das Bekannte und die Routinen, weil beides Sicherheit bietet und Energie sparen hilft. Zugleich üben Herausforderungen eine starke Faszination auf uns aus. Wir empfinden Stolz und erleben Hochgefühle, wenn wir uns weiterentwickeln und das, was wir können, perfektionieren. Insofern ist unser Gehirn hochflexibel und lernbereit, bis ins hohe Alter, wenn wir das wollen. Jede Nacht, während wir schlafen, wird aufgeräumt, umgebaut, neu vernetzt.

»Use it or lose it« ist das zerebrale Prinzip. Diese als Neuroplastizität bekannte Wandlungskraft unseres Oberstübchens sorgt dafür, dass wir uns an neuartige Situationen anpassen können. Allerdings: Was wir nicht auffrischen und wiederholen, ist sehr vergänglich. Wir fallen alsbald in frühere Muster zurück. Menschen wiederholen gern Aktivitäten, in denen sie siegreich waren. »Self-Herding« wird dieses Verhalten genannt. Ähnlich dem Herdentrieb folgen wir der »Herde« unserer ehemaligen Entscheidungen. Ergo: Wir müssen das Neu- und Andersmachen ausgiebig üben, um Altes zu überschreiben.

Leider führen uns empörungswillige Totalpessimisten bei jedem Innovationssprung die vermeintlich schlimmen Folgen für die Menschheit vor Augen. Schamlos werden Desinformationen verbreitet, Studien manipuliert und Changemaker diskreditiert, um den Vormarsch des Neuen zu stoppen. So versuchen veränderungsängstliche Kontinuitätsprotagonisten, eine Zukunft zu kreieren, in der ihre veralteten Vorgehensweisen weiterhin eine Rolle spielen – und zerstören damit genau das, was wir fortan am dringendsten brauchen: den Mut zum Aufbau, zum Ausbau und zum Umbau. Auf diese Weise fallen einst führende Volkswirtschaften immer weiter zurück.

Wer die Honigtöpfe der Zukunft erreichen will, braucht allem voran Menschen mit einem konstruktiven, schöpferisch-optimistischen Zukunftsmindset, einer Denk- und Handlungshaltung also, die das Meistern der Zukunft begünstigt. Uns fehlt schlichtweg die Zeit, endlos auf die einzureden, die den Wandel neophobisch verteufeln und das Weiterkommen unentschlossen verbummeln. Die Zukunft wartet nicht, bis auch der Letzte seine »Oje-ojes« endlich begräbt. Sie läuft immer allen voraus. Die Geschichte der Menschheit ist eine Fortschrittsgeschichte.

Viele haben all das verstanden und sich längst auf den Weg gemacht. Und sie sind gut unterwegs. Über einige von ihnen erzähle ich in diesem Buch. Es will zeigen, was geht und was nicht, wo es weiterhin hakt und in welche Richtung wir loslaufen sollten, weil erstklassige Möglichkeiten dort auf uns warten. Wir werden weit in die Zukunft blicken, Dingen begegnen, die es heute noch gar nicht gibt, manchem, was gerade entsteht, und vielem, was wir dringend anpacken müssen. Es ist eine Entdeckungsreise zu Neudenkern und Andersmachern, zu Aus-der-Reihe-Tänzern und Über-den-Tellerrand-Schauern, zu Pionieren und Innovatoren. Ich nenne sie Übermorgengestalter. Sie sind die wichtigsten Menschen in einer Gesellschaft, die die Zukunft erreichen will.

Vorwärtsstürmer, Neuesprobierer, Übermorgengestalter: Du, ich, wir, jeder von uns kann das sein. Selbst durch den kleinsten Anstoß kann am Ende Großes entstehen. Die Zukunft liegt in den Händen derer, die mit frischen Gedanken und smartem Tun die entscheidenden Umbrüche wagen. Fantasievoll vernetzen sie die virtuelle mit der realen Welt auf immer neue, mutige, bahnbrechende Weise. Denn sie sind Zukunftsversteher.

Zukunft wird von Übermorgengestaltern gemacht

So viel ist sicher: Die Zukunft ist kein beschaulicher Fluss. Vor uns liegen Hochgeschwindigkeitswildwasserzeiten, die alles bislang Gesehene in den Schatten stellen. Ungewissheiten lauern an jeder Ecke. Präzisionsplanung ist zwecklos. Permanente Vorläufigkeit wird zur neuen Normalität. Alle versuchen, Wege zu finden, um damit klarzukommen. Das Alte stirbt bereits, doch das Neue ist erst in Ansätzen da. Diesen Schwebezustand der Unsicherheit, der Mehrdeutigkeiten und Zweifel halten Menschen nicht besonders gut aus. Wir fühlen uns ausgeliefert, gestaltungsohnmächtig, irgendwie dauerbedroht. Dies erklärt die Unruhe, das Ausgelaugtsein, die Gereiztheit und Überforderung, die derzeit so spürbar ist. Und noch etwas kommt hinzu: Ein krankes Klima und eine kranke Natur machen die Menschen anfällig und matt.

Geopolitische Verwerfungen, Krisenherde, die Folgen der globalen Erwärmung sowie die Neukombination von Technologien und Industrien sorgen für Wechselwirkungen, die sich im Vorfeld gar nicht absehen lassen. Dies erfordert Adaptionskompetenz. Das kann sehr stressig sein, zumal der stabilisierende Faktor der Verlässlichkeit fehlt. So sind Entscheidungen immer nur ein Zwischenschritt. Jede technologische Verbesserung führt zudem dazu, dass die nächste Verbesserung rascher erreicht werden kann. Und jede gelungene Innovation erwirkt weitere Innovationen. Die Grenzen des technologisch Machbaren werden quasi täglich verschoben. In einem derart unvorhersehbaren Umfeld ist es unmöglich, im Voraus zu wissen, was funktionieren wird und was nicht.

Wer aber zögerlich wartet, wie sich das Ganze entwickelt, wird nicht schnell genug sein, um die Vorsprünge anderer einzuholen. Viele sind längst in Aufbruchstimmung. Überall gibt es Vorreiter und Schrittmacher, experimentierfreudige Weichensteller und tatkräftige Übermorgengestalter, die den notwendigen Wandel initiieren. Sie sind die treibende Kraft, damit das notwendige Neue entsteht. Sie sind Brückenbauer zwischen gestern, heute und morgen, Konnektoren zwischen drinnen und draußen, Voraustrupp ins Neuland, Helfershelfer auf dem Weg in die Zukunft, Lotsen in die kommende Zeit. Sie ehren das gute Bestehende, denn es finanziert das brauchbare Zukünftige. Unverrückbar stehen sie auf der Seite des Fortschritts. Sie sind aufgeschlossen für das Wohlergehen der Menschen, für Digitales und alles rund um den Schutz des Planeten.

Zugleich agieren sie wie ein Frühwarnsystem. Oft sind sie die Ersten, die instinktiv merken, wenn wo was aus dem Ruder läuft. Sie sprühen vor Ideen, wie man das, was in die Jahre gekommen ist, besser machen könnte, sollte und müsste – im Kleinen wie auch im Großen. Sie reden Klartext, wenn sie Verfahrensweisen aufgespürt haben, die aus der Zeit gefallen sind. Sie brandmarken alles, was für Kollegen und Kunden eine Zumutung ist. Sie sind die, die das beschauliche »Weiter so« stören. Als Avantgarde und Grenzübergänger wagen sie sich an die vorderste Front. Abenteuer beginnen da, wo asphaltierte Wege enden, wo noch niemand sich auskennt, wo man zunächst Wildwuchs entfernen muss. Die meisten Chancen liegen auf unbekanntem Terrain. Und ja, dabei kann man sich durchaus verlaufen. Doch wer sich nie verirrt, findet auch keine neuen Wege. Und nur wer Risiken eingeht, kann Entdeckungen machen.

Im Neuland gibt es keine Vollkaskoversicherung für gute Ideen. Zukunft kann man nicht zählen und messen, sie ist ja noch gar nicht passiert. Märkte, die es noch nicht einmal gibt, können nur hoffnungsvoll voreingeschätzt werden. Ein Alptraum für Manager in erkalteten Unternehmen. Die wollen keine Abenteuer, sondern exakte Zahlen und einen festen Plan, damit es nur ja keine Überraschungen gibt. Dabei ist doch gerade das Unerwartete das Wesen des Neuen. Kein Anbieter wird Innovationssprünge erzielen, wenn er seine Mitarbeitenden dafür belohnt, Punktlandungen auf Planvorgaben aus dem Vorjahr zu machen. Wer das Einhalten von Vordefiniertem prämiert, bekommt Leute, die auf Nummer sicher gehen und nach Vorlagen malen, doch niemanden, der auch eigene Bilder kreiert. Nur die innovativen Unternehmen haben im Spiel der Zukunft Erfolg. Denn schon morgen will niemand mehr ihren Kram von gestern.

Für Übermorgengestalter ist sonnenklar: Auf ausgetretenen Pfaden kann man kein Neuland entdecken. Und mit vergilbtem Kartenwerk kommt man in neuen Gefilden nicht weit. Sie sind keine Hasardeure oder Fantasten, die sich tollkühn in Abgründe stürzen. Sie gehen die Dinge wohlüberlegt, vorausschauend und mit Offenheit an. Sie sind auch keine Exoten, über die man nur lächelt, sondern sie sind: die wichtigsten Menschen in *den* Organisationen, die den Sprung nach vorn schaffen wollen.

Unglücklicherweise weht dem Neuartigen oft eine steife Brise entgegen. Früher landeten viele, die Betagtes durch disruptiv Neues ersetzten, in der Verbannung, am Galgen und auf dem Schafott. Heute werden sie zu Spinnern erklärt, müssen Hass und Häme ertragen. Alles Neue ist gefährlich für die, die vom Bestehenden profitieren. Das macht den erbitterten Widerstand der Nutznießer des Alten nahezu zwingend. Doch Übermorgengestalter hält das nicht auf. Optimistisch ergreifen sie Initiativen, um drängende Probleme zu lösen und den Weg in die Zukunft zu ebnen.

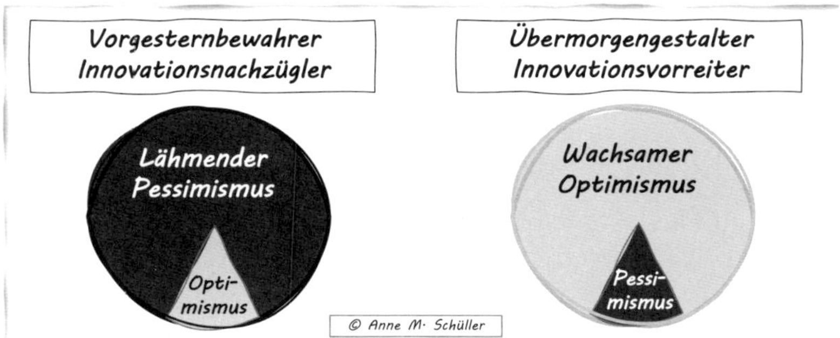

Abb. 1: Vorgesternbewahrer vs. Übermorgengestalter

Wie ein Zukunftsmindset entsteht

Zukunft ist die Imagination zukünftiger Gegenwarten. Das bedeutet: *Die eine* Zukunft gibt es nicht. Und schon gar nicht ist sie determiniert. Vielmehr ist sie die Antizipation kommender Möglichkeiten in Zeit und Raum. Mit Übung, Intuition und profundem Wissen können wir manches erahnen, nach leisen Signalen lauschen und Trends deuten lernen. Denn wer die Zukunft gestalten will, muss diese zunächst ergründen, muss Zukunftsverständnis entwickeln, muss Szenarien erstellen und panikfrei mit ihrer Hilfe erkunden, wie die Welt in fünf, in zehn oder in zwanzig Jahren aussehen könnte. Nicht irgendwann, sondern *jetzt* müssen wir mit den notwendigen Schritten beginnen, um die Zukunft zu meistern. Wie wir heute durch die Arbeits- und Lebenswelt navigieren und was wir dabei tun oder lassen, entscheidet darüber, wie es uns künftig ergeht.

Welche Möglichkeiten haben wir? und *Was geht denn schon mal?* sollte dabei unser Grundmodus sein. Für den, der so an die Zukunft herantritt, bietet sie schier unendlich viele Gelegenheiten, mehr zu erreichen und Großes zu schaffen.

Zukunftskompetenz bedeutet insofern:

- **Zukunft verstehen.** Dafür brauchen wir Wissen, Erfahrung und Imagination.
- **Zukunft gestalten.** Dafür brauchen wir Können, Wollen und Dürfen.

»Für Zukunftsdinge haben wir eine Innovation Unit«, höre ich oft. »Das macht man eben so.« Eben nicht! Innovationsgeist darf man nicht isolieren, in eine Abteilung sperren und eng kontrollieren. Der Innovationsgeist muss fliegen. In jedem Bereich. Fortwährende, iterative Wandlungsprozesse müssen aus der Mitte der Unternehmen heraus entstehen: interdisziplinär, crosshierarchisch, generationsübergreifend, kollaborativ und im »Wir«. Doch oft geht es um »die da«, die sich erst mal ändern sollen: die Nachbarn, andere im Unternehmen, in der eigenen oder in anderen Branchen, in anderen Ländern. Wenn aber *alle* auf den Nächsten zeigen, damit der/die etwas verändert, dann passiert – nichts.

Was übermorgen der Renner sein soll, müssen wir heute vorbereiten. Doch viele Unternehmen plagt kognitive Zukunftskurzsichtigkeit. Für sie klingt Zukunft nach irgendwann. »Dafür haben wir grad keine Zeit«, heißt es zum Beispiel, »das nächste Quartal steht vor der Tür, und die Zukunft läuft uns ja nicht davon.« Autsch! Ist das klug, zugunsten einer Quartalsergebnisse-first-Politik die eigene Zukunft immer weiter nach hinten zu schieben? An der Zukunft arbeitet man täglich! »Warum denn?«, ruft mir einer zu. »Wir haben alle Hände voll zu tun. Uns geht's prächtig.« Besser wäre es wohl, Bedrohungen zu erkennen, wenn sie noch klein sind, und Chancen zu nutzen, solange sie groß und von anderen noch nicht entdeckt worden sind. Der Erfolg von gestern sagt rein gar nichts über den Erfolg von morgen. Und »später« ist meistens zu spät.

Nur durch kontinuierliches, wildes, kühnes, »heißes« Weiterdenken schafft es ein Unternehmen, sich fit für die Zukunft zu machen. Und tatsächlich: Überall auf der Welt definieren visionäre Macher gerade das Mögliche neu. Sehr oft mithilfe von künstlicher Intelligenz (KI) als Co-Creator und Co-Assistenz bringen sie Initiativen in Gang, die Ideen, Wissen und Können unkonventionell miteinander verknüpfen – und so unser Leben verbessern. Vorausdenkende Übermorgengestalter heilen die Schäden, die durch Wachstumswahn und Profitgier verursacht worden sind. Sie ergründen ganz und gar neue Mittel und Wege, um uns von Krankheiten zu befreien, neue Nahrungsquellen zu erschließen, klimaverträglich zu bauen, Müll und schädliche Emissionen erst gar nicht entstehen zu lassen und ein zukunftsverträgliches Handeln zu etablieren.

Mit dem Voranschreiten des Fortschritts und dem Aufstieg junger, forscher, agiler Unternehmen entstehen gänzlich neue Geschäftsmodelle, neue Organisationsdesigns, neue Formen der Arbeit, ein neues Führungsverständnis – und völlig neue Berufe wie etwa diese: Smart-City-Entwickler, Roboterdisponent, 3D-Handwerker, KI-Trainer, Prompt Crafter, Metaverse Creator, Technologieethiker, Circular Economy Designer. Doch auch die werden wieder verschwinden, um noch neueren Berufsbildern Platz zu machen. Und das wird, wie alles andere auch, immer schneller passieren. Fortan werden wir Mitarbeitende brauchen, die multiperspektivisch denken und kombinatorisch handeln, sich ständig weiterentwickeln wollen und, aufbauend auf einem breiten Wissensfundament, Gesamtzusammenhänge verstehen. Grundvoraussetzung dafür und zugleich unverzichtbar ist eine lebenslange, eigeninitiative Lernbereitschaft, um für die sich ständig wandelnde Zukunft gerüstet zu sein.

Natürlich wird es auch neue, zukunftsweisende Formen des Wirtschaftens geben. Die alten haben eine erschöpfte Umwelt und erschöpfte Menschen hinterlassen. Wir können uns entscheiden, das zu ändern. Immer mehr Menschen brennen für immaterielle Werte, für mehr Freizeit statt mehr Besitz, mehr Freundlichkeit, Wertschätzung, Wohlbefinden. In einer hypervernetzten Welt ist niemand mehr eine Insel. Die besten Innovationen entstehen durch das Zusammenlegen der unterschiedlichsten Kompetenzen an den Schnittstellen verschiedener Disziplinen. Co-Working, Co-Kreativität, Co-Living, Co-Gardening, Co-Mobility, Co-Labs, all diese Cos bedeuten ja, etwas gemeinsam zu tun. Dies verbindet sich mit sozialer Verantwortung und dem Schutz unseres Heimatplaneten, damit er auch für kommende Generationen lebenswert bleibt.

Megatrends und die Erfolgstriade der Zukunft

Was sind denn nun die Megatrends und Handlungsfelder, mit denen wir uns vorrangig beschäftigen müssen, weil sie für unser zukünftiges Dasein maßgeblich sind? Megatrends umfassen tiefgreifende Entwicklungen, die in Gesellschaft und Wirtschaft, Politik und Kultur, Arbeit und Leben formend sind. Sie beeinflussen unser Denken und Handeln und damit auch die Wertesysteme. Sie vereinen eine Vielzahl von Einzeltrends in sich, haben eine sehr langfristige Ausrichtung und sind global wirksam. Insofern stecken wir in ihnen längst mittendrin. Klar kann man Trends mysteriös klingende Namen geben, um daraus Bücher mit sieben Siegeln zu machen. Muss man aber nicht. Trends lassen sich auch einfach benennen. Die prägendsten, denen wir im weiteren Verlauf auch immer wieder begegnen, sind diese:

- Kundenzentrierung
- Technologisierung
- Hypervernetzung

- Kollaboration
- Personalisierung
- Emotionalisierung
- Selbstoptimierung

In der Future Economy, in der sich menschliche und künstliche Intelligenzen miteinander verbinden, ist Multiperspektivität ein weiteres Muss. Dabei geht es nicht länger um den Wettstreit isolierter Einzelaktivitäten (entweder / oder). Die zunehmende Komplexität verlangt sich experimentell vernetzende Vorgehensweisen (sowohl als auch). Drei strategische Handlungsfelder stehen dabei im Mittelpunkt:

- **Regenerative Nachhaltigkeit:** Hierbei spielen die Circular Economy, der Klimaschutz und nachhaltige Geschäftsmodelle eine maßgebliche Rolle.
- **Strukturelle Transformationen:** Hier geht es primär um Zukunftsszenarien, Zukunftstechnologien und die Zusammenarbeit in Business-Ecosystemen.
- **Top-Innovationskompetenz:** Dies umfasst zukunftstaugliche Innovationen, die Auswahl passender Innovationshelfer sowie effiziente Innovationsprozesse.

Von dieser Erfolgstriade der Zukunft handelt das Buch. Ihre Handlungsfelder sind eng miteinander verwoben: Um regenerative Nachhaltigkeit zu realisieren, brauchen wir strukturelle Transformationen in weiten Bereichen der Wirtschaft – und zugleich eine Vielfalt unkonventioneller Ideen. Eine hohe Innovationskompetenz verhilft zu neuen, transformativen Geschäftsmodellen in attraktiven Zukunftsmärkten, und diese setzen fortan ein umweltschonendes und zugleich menschenfreundliches Handeln voraus.

»Und die Digitalisierung?«, werde ich manchmal gefragt. Ja, die Digitalisierung treibt die Zukunft mit Macht voran, doch letztlich ist sie immer nur Mittel zum Zweck. Mit ihrer Hilfe werden Nachhaltigkeit, Transformation und Innovationen im Dreiklang die Zukunft gestalten. Dafür brauchen wir Neugier, Zuversicht, Wagemut, Tatkraft und wilde Entschlossenheit: als Individuum, als Unternehmen und als Gesellschaft.

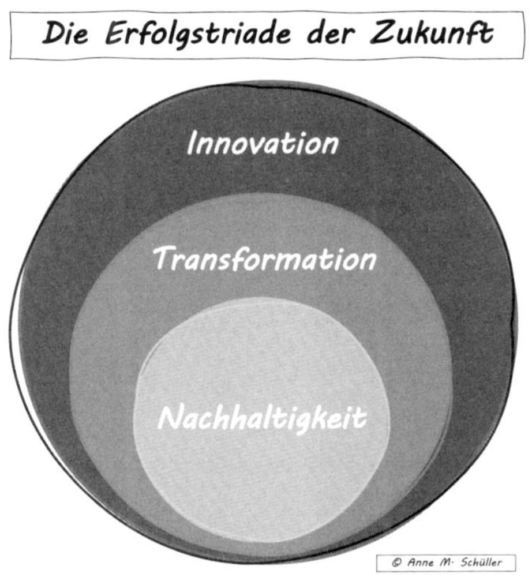

Abb. 2: Die Erfolgstriade der Zukunft: Nachhaltigkeit, Transformation und Innovation

Ich habe dieses Buch für Übermorgengestalter:innen geschrieben, und das ist letztlich doch jeder. Es erzählt davon, was die Zukunft womöglich bringt und wie sie sich erfolgreich meistern lässt. Es wirft den Blick weit nach vorn und berichtet davon, wie sich unser Leben und Arbeiten fortan verändern. Verbunden damit zeigt es spannende Wege und eine Fülle praxiserprobter Tools und Tipps, um Lösungen schöpferisch anzugehen, sodass der Sprung in die Zukunft tatsächlich gelingt. Entscheidend ist dann, wie wir dies nutzen und was wir gemeinsam daraus machen. Eine gute Zukunft ist möglich, sogar sehr wahrscheinlich.

■ ■ ■

PS: Ich werde gendern, aber nicht radikal. Mal sieze und mal duze ich. Eine Garantie, dass es die Firmen, über die ich hier schreibe, wenn Sie das lesen, noch gibt, kann ich in diesen Zeiten nicht übernehmen. Auch anderes kann sich dann schon geändert haben, so ist die Zukunft nun mal. Das Buch wurde nicht von einer KI geschrieben. Ich habe jedes Wort selbst in die Tasten gehauen, mit sehr viel Freude.

Zukunftsfeld 1: Regenerative Nachhaltigkeit

Von der linearen zur zirkulären Ökonomie

Earthrise. Sicher haben Sie dieses gewaltige Foto schon einmal gesehen. Hinter der düsteren Kraterlandschaft des Mondes geht hell erleuchtet die Erde auf. Eine meerblau funkelnde Schönheit. So zerbrechlich wirkt sie inmitten der unendlichen Schwärze des Weltalls. Unsere Heimat. Ein schützenswertes Juwel. Ausgerechnet an einem Weihnachtsabend ist dieses Foto entstanden. Im Flugplan war es gar nicht vorgesehen. William Anders, 1968 Astronaut auf der Apollo 8, machte es trotzdem. Es wurde zum Sinnbild der damals beginnenden Umweltbewegung. Das Time Magazine nahm es in seine Auswahl der 100 einflussreichsten Fotografien der Geschichte auf.[3]

Und das aus gutem Grund. Ein Versagen im Kampf gegen den Klimawandel ist die größte Gefahr für eine erstrebenswerte Zukunft, für das Wohlsein aller, für den Zusammenhalt der Gesellschaft und den Frieden auf Erden. Deshalb befasst sich Teil 1 dieses Buchs mit der regenerativen Nachhaltigkeit. Denn wenn wir unseren Heimatplaneten für uns unbewohnbar machen, ist alles andere egal.

Eltern wollen, dass es ihren Kindern gut geht. Sollte man meinen. Und dann das: Seit Jahren verbrauchen wir die Ressourcen unseres Planeten in einem Maße, die seine Fähigkeit zur Selbsterneuerung bei Weitem übersteigt. Ein Drittel aller produzierten Lebensmittel landet nicht in unseren Mägen, sondern im Müll. Fast die Hälfte der fruchtbaren Böden erodierte in den letzten Dekaden. Im pazifischen Raum sind ganze Inseln von der Landkarte verschwunden. Der überwiegende Teil der grünen Lungen der Erde, unsere Wälder, ist zerstört oder krank. Ein Drittel der Tier- und Pflanzenarten sind für immer verloren. Insektenhotels bleiben leer, weil es kaum noch Insekten gibt. Klimawandel und Artensterben sind Zwillingskrisen. Und womöglich trifft es diesmal auch uns. Denn, wie bekannt: Unser Planet braucht uns nicht. Aber wir brauchen ihn.

Wie kann es sein, dass die intelligenteste Kreatur, die auf diesem Planeten lebt, ihr einziges Zuhause zerstört? Das fragt die Primatenforscherin Jane Goodall.[4] Mit ihrer Fassungslosigkeit ist sie nicht allein. Fehlt uns die Fantasie, zu verstehen, was es bedeutet, wenn ganze

Ökosysteme kollabieren, der Meeresspiegel steigt, der Kampf um Wasser, um Nahrung und um Heimat beginnt? Die Einschläge kommen immer näher. Und ihre Wucht steigt. Kann diese Entwicklung noch umgekehrt werden? Lässt sich die Beziehung zwischen Mensch und Erde je wieder ins Gleichgewicht bringen? Können verantwortungsvolles Handeln und profitables Wirtschaften im Einklang sein?

Mir geht es in diesem Buch nicht um Alarmismus, sondern um Ursachen, Auswirkungen, Perspektiven und Lösungswege. Über die Faktenlage kann sich jeder leicht informieren und umfänglich im Web recherchieren.[5] Mithilfe von Superrechnern und künstlicher Intelligenz sind Klimatologen längst in der Lage, Umweltszenarien vorauszukalkulieren, die ein hohes Maß an Wahrscheinlichkeit haben. Wir wissen also genug. Jetzt brauchen wir Taten. Sehr viele Taten.

Kreislaufbasierte, smarte, regenerative Nachhaltigkeit

Klimaentwicklungen sind *nicht* linear, sie sind exponentiell. Genau das macht sie so trügerisch. Veränderungen erscheinen zunächst harmlos, weil sie kaum wahrnehmbar sind. Erst mit der Zeit kommt es zu einer Beschleunigung, die immer rasanter wird. Zudem gibt es den Kipppunkteffekt. Ist ein Kipppunkt überschritten, ist die Entwicklung irreversibel. Symptomatisch dafür ist das Schmelzen der Gletscher und Permafrostböden. Hochauflösende Satellitenbilder und extrem leistungsfähige KI dokumentieren in Zusammenarbeit mit fliegenden und schwimmenden Drohnen unsere Umweltsünden im Detail. Massive Schäden an der Biosphäre und ihren Ökosystemen sind offensichtlich. Und weil alles mit allem zusammenhängt, sind Kettenreaktionen sehr wahrscheinlich. Das wiederum wird auch zu sozialen Kipppunkten führen.

»Die nächste Epoche wird eine Überlebenswirtschaft sein«,[6] schreibt die Journalistin und mehrfache Spiegel-Bestsellerautorin Ulrike Herrmann. Das mag erschrecken, will aber vor allem den Blick auf das Machbare lenken. Jede rettende Idee ist willkommen. Wir müssen an vielen Stellschrauben drehen. Ein systemischer Ansatz ist dafür die

Basis. Klimaschutz und Gemeinwohl lassen sich nicht isoliert voneinander betrachten. Auf Planet Erde ist alles ineinander verflochten und global miteinander vernetzt. Pflanzen und Tiere sorgen für *die* Energie, die wir Menschen zum Leben brauchen. Verschwinden sie, dann verschwinden auch wir.

Soziale Ungleichheiten, geopolitische Konflikte und Fluchtbewegungen von problematischen in privilegierte Länder und von Küstenregionen ins sicherere Landesinnere bedrohen schon jetzt die weltweite Sicherheit. Insofern impliziert die Klimawende nicht nur die Dekarbonisierung und Netto-Null. Das Thema ist sehr viel umfassender. Es geht um die größte Herausforderung der Menschheit, um das Überdenken der Marktmechanismen, um ein gutes Leben für alle, um sinnvolle Arbeit, um persönliche Freiheit, um die Demokratie, ja, um die Weltordnung selbst.

Ein tiefgreifender Umbau unseres derzeitigen Wirtschaftsdenkens und -handelns steht an. Was wir Wertschöpfung nennen, ist in Wirklichkeit eine systematische Wertevernichtung. Im Jahr 2022 betrug die globale Zirkularität 7,2 Prozent. Das bedeutet: 92,8 Prozent aller weltweit verbrauchten Rohstoffe wurden zu Abfall gemacht und größtenteils umweltschädlich entsorgt.[7] Was nicht im Meer landet, verrottet an Land. Unschätzbare Reichtümer, die einst in der Erde lagerten oder auf ihr wuchsen, werden unwiederbringlich in Verbrennungsanlagen vernichtet, vergammeln auf Giftmülldeponien, kontaminieren Gewässer und schweben, in tödliche Treibhausgase verwandelt, um unsere Köpfe herum. Was für ein Irrsinn!

Die Warnungen der Klimaforscher, die Hilferufe der Natur, die jungen Menschen, die auf Demos gehen und Generationengerechtigkeit fordern, daran hatten wir uns schon fast gewöhnt. Und dann, endlich! Die Energieproblematik, Lieferengpässe, plötzliche Rohstoffverknappung und damit verbundene Preisexplosionen im Zuge der jüngsten weltweiten Krisen haben ein Umdenken in großem Stil befeuert: Die lineare Ökonomie mit ihrer Wegwerf-Systematik hat ausgedient. Wir können uns das einfach nicht länger leisten. Denn die Erde ist ein Planet mit sehr begrenzten Ressourcen.

Deshalb müssen wir unser Verhalten gemeinsam in intelligentere Bahnen lenken. Die Transformation hin zu einer nachhaltigen, regenerativen Gesellschaft steht an. Dafür braucht es ein grundsätzlich neues Wirtschaftsverständnis: weg vom bisherigen Linearmodell mit Maximalprofit um jeden Preis, hin zu einer zirkulären, ökosozialen, postfossilen Ökonomie. Diese ist marktwirtschaftlich orientiert, dem Gemeinwohl verpflichtet und zugleich umweltfreundlich. Je früher wir hier entscheidende Fortschritte machen, desto sozialverträglicher wird das sein. Die nächsten zehn Jahre sind dabei entscheidend. Will heißen: Es eilt! Zögern wir weiter, werden die Kosten für den Klimaschutz explodieren, die Einschränkungen werden größer und das Sicherheitsrisiko steigt für uns alle. Prävention ist immer besser als die mühsame Behandlung von Krankheitsverläufen.

Für die Wirtschaft ist es lohnend und lukrativ, jetzt Weitsicht zu zeigen. Die Nachfrage nach ressourcenschonenden Produkten und klimafürsorglichen Dienstleistungen schafft neue Märkte und ermöglicht neue Geschäftsmodelle. So machen nun immer mehr Unternehmen *belegbar gelebte* vertrauenswürdige Nachhaltigkeit zu ihrem Erfolgsfaktor. Sie arbeiten mit Wissenschaftlern, Forschungseinrichtungen und NGOs zusammen, um ihre Vorhaben zu perfektionieren. Wer authentisch ist und die plausibelsten Lösungen bietet, wird fortan favorisiert: nicht nur von zahlungskräftigen Konsumenten, auch von den besten Talenten. Hinzu kommen erhöhtes Medieninteresse und Vorteile am Finanzmarkt. Warten wir nicht, bis der Druck der breiten Öffentlichkeit und die ordnungspolitischen Maßnahmen kommen. Die Vorreiter einer neuen Wirtschaftsordnung sind längst unterwegs. Wettbewerbsvorteile sind ihnen gewiss.

Von »Take-Make-Waste« zu »Make-Use-Harvest«

Wir haben gelernt, CO_2 in die Luft zu pusten, jetzt müssen wir lernen, es wieder einzufangen. Es ist uns gelungen, wertvolles Ackerland zu verwüsten, jetzt müssen wir lernen, es wiederaufzubauen. Wir haben es geschafft, unsere Umwelt mit Chemikalien aller Art zu vergiften, jetzt müssen wir lernen, das rückgängig zu machen. Wir haben die Ozeane mit Müll zugekippt, jetzt muss der wieder weg. Machste dreckig, machste sauber.[8] Ab sofort darf es nicht länger gratis sein, den Planeten zu ruinieren.

Künftig soll nichts mehr produziert werden, ohne präzise vorauszudenken, was mit dem Produkt, den Komponenten und Materialien später geschehen wird. Zum Beispiel soll »kein Gebäude geplant und errichtet werden, dessen Baumaterialien nicht gezielt wiederverwendbar sind«. Das ist die Vision der in den Niederlanden ansässigen Stararchitekten Sabine Oberhuber und Thomas Rau.[9] In ihrem Buch *Material Matters* beschreiben sie den Weg von der Raubbau- zu einer Erntegesellschaft und von der Sackgassen- zur Kreislaufökonomie. Diese will eingebrachte Ressourcen so lange wie möglich in einem durchdachten Verwendungskreislauf halten. Dabei werden Material- und Energiebedarf minimiert, möglichst wenig Abfälle produziert und möglichst geringe Emissionen erzeugt.

Das bislang geläufige lineare »Take-Make-Waste-System« (Rohstoffe abbauen und weit transportieren, Produkte herstellen und distribuieren, konsumieren und dann weg damit) wandelt sich zu einer zirkulären »Make-Use-Harvest-Wirtschaft«, also eine sichere, gesunde und gerechte Welt mit sauberer Luft, sauberem Wasser, sauberem Boden und sauberer Energie. Solches Vorgehen löst die Probleme der Rohstoffknappheit und brüchigen Lieferketten, reduziert toxischen Schrott, dezimiert Müllberge in aller Welt, bremst die Ressourcenverschwendung und verringert klimaschädliche Emissionen. Das funktioniert? Beinahe bei jedem Produkt. Auch in ganz großem Stil.

So macht das Familienunternehmen Herrenknecht, Weltmarktführer bei Tunnelvortriebsmaschinen, seinen Kunden das Angebot, die Bohrgiganten nach getaner Arbeit zurückzukaufen. Diese werden dann komplett auseinandergenommen, generalüberholt und in einen neuwertigen Zustand versetzt. Auf solche Remanufakturprodukte gibt das Unternehmen eine Garantie von 10.000 Arbeitsstunden. Das entspricht einem ununterbrochenen Einsatz von rund anderthalb Jahren. Dieses Vorgehen verbilligt nicht nur den Neukauf, sondern erspart den vorherigen Kunden die teure Entsorgung. Zudem werden wertvolle Rohstoffe mehrmals wiederverwendet. Die energetischen Einsparungen liegen bei einer komplett aufgearbeiteten Tunnelbohrmaschine bei 80 Prozent, die Materialeinsparungen bei bis zu 99 Prozent.[10]

Im Kern geht es bei der Circular Economy darum, nur noch Produkte herzustellen, die sich am Ende ihres Lebenszyklus komplett zerlegen lassen und deren Komponenten modular weiterverwertet werden können. Hierbei unterscheiden wir zwischen einem biologischen Kreislauf für biologisch abbaubare Stoffe und einem technischen Kreislauf, in dem Metalle und Kunststoffe zirkulieren. Zudem geht es um Energieeffizienz. Hier ein Überblick, ich nenne es das Kleeblatt-Konstrukt (bringt Glück):

1. Im biologischen Kreislauf wird der Abfall eines alten Produktes zur Nahrung für die Natur und neues Leben. Was weggeworfen wird, muss biologisch komplett abbaubar sein. Technisch ist so etwas längst möglich. So lassen sich Produkte des österreichischen Edelwäscheherstellers Wolford, wenn Temperatur und Luftfeuchtigkeit stimmen, innerhalb von 60 Tagen zu Humus kompostieren.

2. Im technischen Kreislauf wird die Nutzungs- und Lebensdauer von Produkten erhöht, indem diese sortenrein in ihre Einzelteile zerlegt und dann wiederverwendet, repariert und so aufbereitet werden, dass die Qualität über mehrere Lebenszyklen erhalten bleibt. Aufgrund einer Vermischung der Materialien und dem Verkleben der einzelnen Komponenten ist das bislang allerdings nur selten möglich.

3. Stoffe, die schädlich für Mensch und Umwelt sind, dürfen nicht im Kreislaufsystem gehalten werden, vor allem gilt das für gefährliche Chemikalien, toxische Metalle, gesundheitsschädliche Farbstoffe. giftige Gase sowie Substanzen, die Krebs erzeugen können oder das Hormonsystem und die Fortpflanzungsfähigkeit stören.

4. Wir müssen eiligst zu einer nichtfossilen Energiegewinnung gelangen. Solarfarmen entstehen in seichten Gewässern, schwimmende Windparks und Wellenkraftwerke im Meer. Aufklebbare Solarfolien und dezentrale Speicheranlagen sorgen für Energieautonomie. Hinzu kommen Geothermie und umfängliches Batterierecycling.

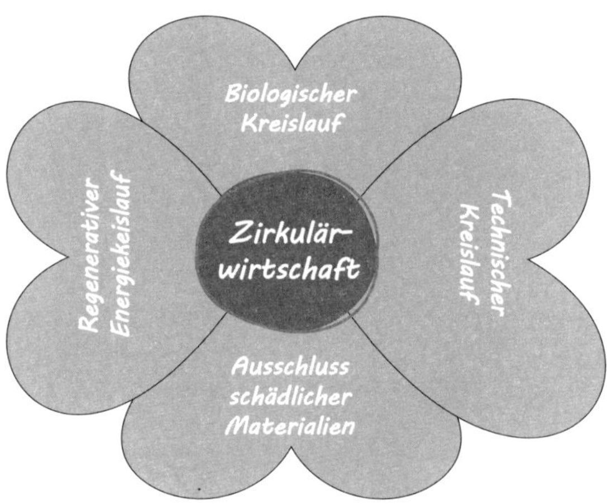

Abb. 3: Das Circularity-Kleeblatt-Konstrukt

Digitaltechnologien und immer ausgefeiltere künstliche Intelligenzen werden uns helfen, diese vier Forderungen praktikabel unter einen Hut zu bringen. So kann KI in irrer Geschwindigkeit Szenarien proben und eine Vielzahl von Varianten für zirkuläre Produkte, Komponenten und Materialien designen. Computersimulationen, digitale Prototypen und maschinelles Lernen können Optionen validieren, Designvarianten testen und rasch verbessern. KI-gestützte Nachfrageprognosen, der Aufbau zirkulärer Infrastrukturen, eine energieeffiziente Anlagennutzung sowie eine smarte Logistik, die Routen optimiert und Leerfahrten vermeidet, sind weitere lohnende Einsatzgebiete.

Umweltschutz, Ingenieurskunst und Digitalkompetenz wachsen zusammen, weil es für »grüne« Technologien nicht nur Programmierung, sondern auch Apparate braucht. Das ist unsere Chance, in GreenTech und ClimateTech führend zu werden. Denn in der Ingenieurskunst, da sind wir groß. Durch branchenübergreifende Vernetzung wird es zu einer wahren Flut »grüner« Lösungen kommen. Hierdurch werden Millionen neuer Arbeitsplätze entstehen, sogenannte »Green Jobs«, die die Menschen mit Sinn erfüllen.

Circular Economy: So ist die Zukunft zu retten

Ein Umdenken in Richtung Zirkularität ist längst im Gange. Und die kritische Masse ist da. Genug junge Menschen wollen nicht nur neue Formen der Arbeit, sie wollen auch eine Welt, in der es sich noch lange gut leben lässt. Und es gibt genug Ältere, die sich gern davon anstecken lassen. Eine Gründungswelle nachhaltiger Unternehmen, auch Sustainable Gamechanger genannt, rollt durchs Land. Diese werden sich die entscheidenden Vorsprünge sichern, Förderprogramme umfänglich nutzen, sich weltweit vernetzen, an Investorengelder gelangen und von ihrem früh aufgebauten nachhaltigen Wissen profitieren. So entstehen völlig neue Herangehensweisen.

Bei tradierten Anbietern hingegen ist es nicht selten so, dass konventionelle Produkte nur *etwas* nachhaltiger, aber zugleich teurer werden, manchmal sogar mit einem fetten »Öko-Aufschlag« verbunden, um am Umweltgewissen anderer mitzuverdienen. So kosten derzeit in einem Drogeriemarkt bei mir um die Ecke 40 herkömmliche Plastikmüllbeutel 85 Cent, 30 Müllbeutel aus recyceltem Plastik hingegen 1,15 Euro. Umgerechnet ist also die gute Variante fast doppelt so teuer wie die schlechte.

Sustainable Gamechanger hingegen versuchen erst gar nicht, Altvorderes aufzupeppen. Gewohntes wird radikal infrage gestellt. Übliche Branchengesetze sind ihnen komplett egal. Sie gehen raus aus dem Elfenbeinturm und auf Tuchfühlung mit den Menschen und ihren Wünschen. So entstehen von Grund auf klimafreundliche, umweltverträgliche Produktvarianten mit überlegenen Eigenschaften in Bezug auf die eingesetzten Materialien, den Ressoucenverbrauch und die Langlebigkeit. Dies sorgt für ein hohes Marktpotenzial, wodurch sie klassische Anbieter verdrängen. Die steigende Nachfrage in immer breiteren Gesellschaftsschichten führt schließlich zu einem Konsumwandel in Richtung Nachhaltigkeit.

Unzählige ambitionierte Unternehmen haben inzwischen damit begonnen, Technologien zu entwickeln, um von fossiler Energie wegzukommen, CO_2 aus der Atmosphäre und Plastik aus dem Meer zu holen. Sie stehen für einen auf »grün« gepolten Gründergeist, der engagierte Menschen überall auf der Welt erfasst. Sie experimentieren mit gänzlich neuen Verfahren, mit bisher übersehenen Substanzen aus der Natur und mit Materialien, die unbedenklich und biologisch abbaubar sind. Längst gibt es für fast alles nachhaltige Alternativen. Sie müssen nur noch weitläufig eingesetzt werden.

Beispielhaft dafür steht das italienische Unternehmen Candiani. Dem Jeansstoffhersteller war es vor Jahren gelungen, seine Ware dehnbar zu machen. Die Elastizität kam von einer synthetischen Faser namens Elastan. Doch damit braucht eine Jeans an die hundert Jahre, bis sie auf der Müllkippe verrottet. Als Mikroplastik gerät Elastan über die Abwässer in die Nahrungskette, dann in unsere Körper und sogar in die Muttermilch. Zudem wird Elastan mit giftigen Chemikalien versetzt, um die Strapazierfähigkeit zu erhöhen. Und genau das wurde zum Problem. In der Nähe der Fabrik entstand ein Naturschutzgebiet, und das war mit strengen Umweltauflagen verbunden. »Mein Vater sah in dem Naturpark ein Unglück«, erzählt der Sohn. Er selbst war jedoch überzeugt: »Wenn wir den besten Stretchdenim herstellen, dann müssen wir auch die Besten darin sein, ihn zu erneuern.« Er sucht nach einem natürlichen, biologisch abbaubaren Stretchmaterial – und findet es beim Metzger im Dorf. Der benutzt für die an der Decke baumelnden Salami Netze aus Naturkautschuk, dem zähen Saft eines Gummibaums. So entstand schließlich COREVA™, der weltweit erste kompostierbare Stretchdenimstoff. Er kann sogar als Biodünger eingesetzt werden.[11]

Das britische Unternehmen Biohm hat ein klimapositives Baumaterial aus Mycel, dem verästelten unterirdischen Geflecht der Pilze, entwickelt. Mycel absorbiert CO_2, ist regenerativ und zudem brandschutzsicher, da es bei Feuer keine giftigen Gase erzeugt und die Entflammbarkeit drosselt. Es wirkt schalldämmend und isolierend. Aus Mycel wird auch Leder und pflanzlicher Speck gemacht. Platinen aus Mycel sind im Test.

Das Schweizer Unternehmen Climeworks, 2009 als Spin-off der ETH Zürich gegründet, ist führend in der Direct Air Capture Technologie (DAC). Diese filtert CO_2 aus der Umgebungsluft und leitet es über spezielle Filtermembranen beispielsweise gezielt in Gewächshäuser ein, wo es Pflanzen nährt und so zu Sauerstoff umgewandelt wird. In einer Anlage in Island leitet Climeworks mithilfe geothermischer Energie das CO_2 in eine spezielle Bodenschicht. Dort reagiert es mit den vulkanischen Basaltformationen und verwandelt sich innerhalb weniger Jahre in Stein.

Im oberbayerischen Puchheim produziert die Firma Landpack Isolierverpackungen aus Stroh statt aus umwelt- und gesundheitsschädlichem Styropor. Und das kam so: Patricia Eschenlohr arbeitete in einer Kommunikationsagentur. Einer ihrer Kunden war eine große Supermarktkette, die den Onlinekanal erschließen wollte. Dazu wurden auch Kühlboxen gebraucht. Verwundert stellte sie fest, dass es auf der ganzen Welt keine gut funktionierende Alternative zu Styroporboxen gab. Angetrieben vom Umweltgedanken begann sie, gemeinsam mit ihrem Mann zu experimentieren. Schnell kam die zündende Idee: Stroh! Es wird seit ewigen Zeiten zum Isolieren verwendet. Zum Tüfteln fuhren sie auf den landwirtschaftlichen Hof der Schwiegereltern. Dann ging alles rasch. Ein Patent wurde angemeldet. Ein Prototyp wurde entwickelt. Das Interesse am Markt war enorm. Mit Forschungsgeldern und viel Geschick hat das Gründerpaar eine erste Produktionsanlage gebaut. Die Boxen aus Stroh lassen sich im Biomüll entsorgen oder als Einstreu in Haustierställen verwenden, da sie keinerlei Zusatzstoffe enthalten. So gewann Landpack den deutschen Verpackungspreis – und eine Vielzahl von Kunden. »Es ist wirklich schade, dass wir einen Rohstoff, der sich in immensen Mengen direkt vor unserer Haustür befindet, so wenig kennen und nutzen«, sagt die Unternehmerin.[12]

Die Zukunft der Nachhaltigkeit hat begonnen

Engagierte Landwirte beschäftigen sich längst mit der Frage, wie geschundener Boden wieder gesundet, wie seine Wasserspeicherkraft sich verbessert, wie man Erträge auf nachhaltige Weise gewinnt und zugleich die Biodiversität unterstützt, kurz: wie man zu einer regenerativen Agrarwirtschaft und zu einer intakten Natur zurückfinden kann. Die so Denkenden wechseln die Kulturen regelmäßig und bauen kleinteiliger an, denn egal welches Wetter, irgendetwas wird immer wachsen. Sie nutzen Mikroben statt synthetischem Dünger, damit Nitrat nicht länger das Grundwasser und die Meere verseucht. Die riesigen Monokulturen, die für große Landmaschinen optimiert worden waren, fruchtbaren Boden aber zu Halbwüsten machten, gehören der Vergangenheit an. Stattdessen beginnen hiesige Bauern schon heute, mit südländischen Kulturpflanzen zu experimentieren. Neu hochgezogene Baumreihen und Hecken bieten Schatten und Schutz. Wein kann, wenn wir die Klimaentwicklung nicht stoppen, schon bald in Nordeuropa angebaut werden. In den Mittelmeerstaaten wird es dafür zu heiß.

Neue Landschaften entstehen, mit Mischwäldern, Wildwiesen, Flussauen, Sümpfen und Mooren als Klimaschützer. Die Agrophotovoltaik stellt Solarpaneele auf hohe Stelzen, sodass darunter Nahrung wachsen kann. Beim Aquaponing kombiniert man Fischzucht mit Gemüseanbau, womöglich sogar auf den Dächern von Lebensmittelgeschäften. Die Logistik fällt damit weg und die Frische nimmt zu. Insgesamt geht der Trend hin zur Regionalität, sodass Waren nicht mehr um die halbe Welt transportiert werden müssen. Sharing-Konzepte, urbane Produktion und Nahversorgung lassen zudem Orte der Begegnung entstehen. Dies wiederum stärkt den sozialen Zusammenhalt.

Städte tragen erheblich zur Erderwärmung bei – und ihr Energiehunger ist riesig. Die hell erleuchtete Metropole war traditionell ein Symbol für Fortschritt, Moderne und Prosperität. Die Stadt der Zukunft hingegen ist smart. Sie dimmt die Beleuchtung, wenn niemand sie braucht. Sie wird den Menschen gehören, nicht mehr den Autos. Sie wird lebendiger, erholsamer und deutlich grüner. Die Gebäude sind dann Plusenergiehäuser. Sie bewerkstelligen Photosynthese und ihre Dächer verkaufen Energie. Gemeinschaftsgartenringe entstehen. Urbaner vertikaler Nutzpflanzenanbau wird boomen. Platzsparend und verbrauchernah werden in Wolkenkratzerfarmen Obst, Gemüse und Heilpflanzen auf vielen Etagen gezüchtet. Modulare LED-Beleuchtung ersetzt die Sonne, eine Nährlösung die Erde, CO_2-Düngung erhöht Qualität und Ertrag. Saisonunabhängig erbringt dies deutlich mehr Ernten bei bis zu 90 Prozent weniger Wasser- und null Pestizidverbrauch.

»Die armen Leute, die früher noch selbst fahren mussten«, werden die Menschen irgendwann sagen. Urban Air Mobility und elektrifizierte fahrerlose Transportsysteme setzen sich durch, wenn auch später als gedacht, denn im Gewusel einer City haben es autonome Fahrzeuge schwer. Lufttaxis und Vertiports, Flugplatz und Bahnhof zugleich, werden wohl künftig zum Stadtbild gehören. Das Selberfahren wird dereinst zum Hobby, dem man auf dafür definierten Fahrstrecken frönt. Straßen werden zu Alleen umgebaut und großzügig begrünt, um bei zunehmender Hitze ein kühlendes Mikroklima zu schaffen. Ganze Bezirke werden nach dem Schwammstadtprinzip umkonstruiert, um Wasser zu speichern und bei Starkregen vor Überflutung zu schützen. Überall trennt man sich von versiegelten Flächen und Einheitsrasen zugunsten üppiger Gärten und Blütenpracht, die heimischen Pflanzen, Insekten und Vögeln neuen Lebensraum geben. Endlich können die Menschen auch stadtnah wieder der Biophilie frönen: der Liebe zum Aufenthalt in der freien Natur. Unsere Seele mag weder Verkehrslärm noch Häuserschluchten, sie gesundet bei Vogelgezwitscher im Grün der Wiesen und Wälder.

Um die Wirtschaftlichkeit nachhaltiger Initiativen zu erreichen und diese rasch massentauglich zu machen, brauchen wir finanzstarke Investoren, technologische Partnerschaften, das Wohlwollen einer breiten Öffentlichkeit und eine Politik, die nicht das alte Schlechte unterstützt, sondern auf kluge Weise das gute Neue. Wir brauchen Business Schools und Wirtschaftsuniversitäten, die Nachhaltigkeitsthemen unverzüglich in sämtliche Vorlesungspläne integrieren. Wir brauchen Führungskräfte, die Nachhaltigkeitskompetenzen so schnell wie möglich erwerben. Wir brauchen Stararchitekten, die sich der Kreislaufwirtschaft verschreiben, Modedesigner, die nachhaltige Kollektionen auf den Laufsteg schicken, Ingenieure, die sich weigern, für die Müllhalde zu produzieren, und eine Bauindustrie, die auf Klimaneutralität setzt.

Rund 40 Prozent der CO_2-Emissionen in der EU entstehen allein durch das Baugewerbe. Hinzu kommen riesige Schutthalden, die beim Abriss entstehen. So stammt mehr als die Hälfte aller Abfälle in Deutschland vom Bau. Bei der Knappheit vieler Ressourcen ist das unverzeihlich. Oder anders gesagt: Vor uns liegt ein Milliardenmarkt mit hohem Aufholpotenzial. Zirkularität im Bauwesen ist aber doch schier unmöglich? Von wegen! In Zukunft werden Gebäude Materialbanken sein. Beim Urban Mining wird aus Bauschutt, der jetzt noch kostspielig entsorgt wird, ein wertvoller Ressourcenpool. Wir werden einen regelrechten Boom digitaler Lösungen und nachhaltiger Materialien für klimaverantwortliches Bauen erleben. Für zirkuläre Geschäftsmodelle in dieser Branche werden Ergebnismargen von bis zu 25 Prozent prognostiziert.[13]

Abrissunternehmen erhalten die Aufgabe, Werte zu sichern. Dazu werden ihre Bagger mit intelligenten Kameras ausgestattet. In ihren Lagern kommt eine sensorgestützte Erkennungstechnik zum Einsatz. Intelligente Müllsortierroboter können eine Genauigkeit von 98 Prozent bei der Sortierung unzähliger Materialströme erreichen.[14] Ein weiteres Beispiel ist der digitale Zwilling, ein virtuelles Gebäudeabbild, das Informationen über das Bauwerk dokumentiert und die verarbeiteten Materialien kartiert. Schon bei der Planung wird ein Demontagekonzept mitgeliefert. So können nicht nur wertvolle Ressourcen, sondern auch finanzielle Mittel eingespart und nach dem Lebensende Materialien besser recycelt werden. Auf digitalen Marktplätzen wird das zurückgewonnene Material dann gehandelt. Mithilfe von Matching-Algorithmen wird es an andere Projekte innerhalb des Systems vermittelt und verkauft.

Eifrig werden neue Nahrungsquellen erschlossen, damit die Menschen gesünder und umweltschonender ernährt werden können. Hochwertiges Getreide wird nicht länger in der industriellen Massentierhaltung verfüttert, um mit magerer Ausbeute klimaschädliches Billigfleisch zu produzieren, es kommt ganz den Menschen zugute. Kultiviertes Fleisch aus Stammzellen, für das kein antibiotikaverseuchtes Tier sterben muss, und proteinhaltige Fleischersatzprodukte sind die Zukunft. Algen, Seegras, Süßlupinen und Speiseinsekten kommen hinzu. Quallen sind in erwärmten, überfischten und durch Düngemittel verseuchten Meeren die großen Gewinner. Für Badegäste ist das ein Alptraum, ich habe es auch schon einmal am eigenen Leibe erlebt. Doch als kalorienarme, mineralreiche Proteinlieferanten landen Quallenchips schon mancherorts im Salat.

Hochwertige Nahrung kommt bereits heute aus 3D-Bioprintern, ebenso Medical Food. Diese Nahrung wird nicht nur für die diätetische Behandlung spezifischer Krankheiten eingesetzt, sondern in erster Linie dafür, gar nicht erst krank zu werden. Je nach Status, den das Smartphone, körpernahe Biosensormembrane und vernetzte Toiletten in Echtzeit ermitteln, werden die benötigten Zusatzstoffe ins Essen eingedruckt. Dies wird unsere Darmflora dabei unterstützen, unseren Körper in Topform zu halten. Eine derart personalisierte adaptive Ernährung kann schon bei den ersten Anzeichen einer Verschlechterung wieder ein stabiles Gesundheitsbefinden schaffen.

Arbeitet und kauft nicht bei Umweltzerstörern!

Stellen Sie sich vor, so etwas stünde in Stellenanzeigen:

- Wir suchen Designer:innen, die Kleidungsstücke entwerfen, die nie getragen, sondern gleich wieder verbrannt werden.
- Wir suchen Expert:innen, die Verfahren so gestalten, dass fruchtbare Böden sich rasch in Ödland verwandeln.
- Wir suchen Spezialist:innen, die Materialien herstellen, durch die die Menschheit ernsthaft erkrankt und stirbt.
- Wir suchen Entwickler:innen für Chemikalien, die Flüsse, Seen, Meere und unser Grundwasser verseuchen.

So etwas ist gemeingefährliche Arbeit. Doch bei Licht betrachtet passiert in manchen Unternehmen genau das, sie formulieren es nur allemal anders. Oder sie sind Teil eines solchen Systems, verschließen aber vor dem Ausmaß dessen, an dem sie beteiligt sind, die Augen. Dennoch brauchen sie Beschäftigte, die sich mit solch fragwürdigen Zwecken befassen: Chemiker und Ingenieure, die das Gewünschte entwickeln, Sales- und Marketingleute, die es verkaufen, und Personaler, die dafür Leute einstellen.

Doch der Wind beginnt, sich zu drehen. Haben sie die Wahl, entscheiden sich immer mehr Menschen lieber für ein Unternehmen, das gesellschaftliche Verantwortung übernimmt. Sie kaufen bewusster ein und recherchieren vorweg. In ihren Onlinecommunitys tauschen sie sich intensiv aus. *Nicht* nachhaltige Marken und Anbieter verlieren so die Kaufkraft ganzer Bevölkerungsgruppen. »Für unsere Kunden gilt das aber nicht, nachhaltig kaufen, das interessiert sie nicht«, sagte mir einer. Er wollte einfach nicht sehen, was längst Wirklichkeit ist. Das könnte Überraschungen geben.

Im B2B-Bereich werden bei Vergabeprozessen verstärkt nur noch Unternehmen zugelassen, die nach zirkulären Kriterien arbeiten – und das auch beweisen können. Zunehmende Verordnungen wie das Lieferkettensorgfaltspflichtengesetz (LkSG) legen dabei immer mehr offen, was hinter den Kulissen tatsächlich läuft. So müssen sich die Unternehmen fortan glasklar entscheiden:

- Wer und wie wollen wir in Bezug auf Nachhaltigkeit sein?
- Wer und wie wollen wir dabei – glaubwürdig – *nicht* sein?

Auch jeder Mitarbeitende kann und sollte sich gut überlegen, wen er mit seiner Arbeit voranbringt – und wen lieber nicht. »Dar-Lon Chang arbeitete 16 Jahre lang als Ingenieur bei ExxonMobile. Er hatte lange daran geglaubt, dass das Unternehmen eine Vorreiterrolle einnehmen und dabei helfen könnte, fossile Energieträger zu reduzieren. Als er merkte, dass das nicht passiert, kündigte er. Bei Royal Dutch Shell gingen mehrere hochrangige Führungskräfte, weil der Ölkonzern nicht schnell genug auf emissionsfreie Energieformen umschwenken wollte. Robbie Bilsland, der fünf Jahre lang in Europa und dem Mittleren Osten auf Bohrinseln arbeitete, kündigte, weil er diese Arbeit nicht länger mit seinem Gewissen vereinbaren konnte«, hat die Journalistin Sara Weber recherchiert.[15] Und das sind keine Einzelfälle, es ist zunehmend die Norm.

Beschäftigte verlassen ein Unternehmen in Scharen, wenn dessen ökosoziales Verhalten umstritten oder der Geschäftszweck fragwürdig ist. Doch sie tun dies nicht still und leise, sondern posaunen es laut und vernehmbar heraus. Dieses Phänomen nennt sich »Loud Quitting«. Selbst Celebritys wie Formel-1-Weltmeister Sebastian Vettel schrecken nicht davor zurück. »Ich begann irgendwann, mich dafür zu schämen, mit meiner Arbeit dazu beizutragen, die Umwelt zu belasten«, sagt er in einem Interview mit der Zeit.[16] Mit Boykottaktionen kann jeder anderen ein Vorbild sein.

Immer mehr Menschen zeigen sich als verantwortungsvolle Weltenbürger, die Klima- und Umweltsündern die rote Karte zeigen. Ihre kollektive Macht kann mithilfe des Web eine breite Öffentlichkeit mobilisieren – und damit Dinge schlagartig ändern. Als Konsument beschließen wir mit jedem Einkauf, jeder Mahlzeit, jeder Reise, jeder Entscheidung des täglichen Lebens, welche Welt wir in Zukunft für uns und andere wollen. Als Anleger bestimmen wir, wen wir mit unserem Geld unterstützen. Und jeder profilierte Influencer, der seine Stimme kraftvoll erhebt, kann das Notwendige sinnvoll verändern, wenn er ökologisch bewussten, sozialverträglichen, ressourcenschonenden »guten Konsum« propagiert. Wir shoppen uns sonst den Planeten kaputt.

»Kauf keinen Scheiß bei scheiß Unternehmen«, schreibt der Purpose-Unternehmer Waldemar Zeiler in *Unfuck the Economy*.[17] Schon bald werden wir es für die Pflicht eines jeden halten, öffentlich kundzutun, wenn ein Produkt nicht funktioniert wie versprochen, wenn der Service miserabel ist, wenn Umweltfrevel begangen werden. Das De-Influencing, also in großem Stil abzuraten und sein komplettes Netzwerk gezielt zu warnen, wird zu einem maßgeblichen Trend. Via Boykott-Hashtags stehen Marken und Unternehmen, die ökologische und soziale Themen missachten, längst im Fadenkreuz allgemeiner Kritik. Der Empörungswille ist groß, und vieles geht ruckzuck viral. Wer uns ruchlos die Zukunft versaut, wird schonungslos an den Onlinepranger gestellt. Rührige Anti-Fans können einen in Windeseile zu einer Hate

Brand, einer Hassmarke, machen, indem sie das Prinzip der sozialen Ansteckung nutzen. So verschwinden Produkte vom Einkaufszettel ganzer Massen. Digitale Netzwerke verstärken immer, was in sie eingespeist wird. Und sie intensivieren die Persönlichkeit eines Unternehmens – im Guten wie auch im Schlechten. So entscheiden die Kunden über die Zukunft eines Anbieters maßgeblich mit.

Externalitäten sind Profit auf Kosten Dritter

Ein klimafreundliches, umweltschutzorientiertes, gemeinwohlverträgliches Handeln betrifft jeden Einzelnen im Unternehmen, das lässt sich nicht in eine Abteilung namens CSR (Corporate Social Responsibility) oder ESG (Environmental, Social and Corporate Governance) delegieren. Solche Units, oft schon vor Jahren installiert, haben sich vielfach, sorry, als zahnlose Tiger gezeigt. Vor ihren Augen wurden weiter Externalitäten erzeugt und Klimaschutzversprechen aalglatt gebrochen. So manches Unternehmen ist nur deshalb noch immer hochprofitabel. Margen, Preisdruck und Gier lassen Ethos und Achtung der Menschenwürde manchmal völlig verkümmern.

Wer Externalitäten erzeugt, wirtschaftet zulasten Dritter oder schadet der Umwelt, ohne das zu kompensieren. Der Schweinebaron macht sein Geschäft auf Kosten leidender Tiere in Kastenständen. Der Lebensmittelriese lässt in großem Stil Urwälder roden, um billig an Soja und/oder Palmöl zu kommen. Die Brunnen lokaler Kleinbauern versiegen, weil sich globale Konzerne die örtlichen Wasserrechte erkaufen. Ganze Industrien verfrachten die ausbeuterischsten Formen ihrer Produktion und ihren schmutzigsten Abfall in arme Länder. Mit voller Absicht werden zu süße, zu salzige und zu fette Fertigprodukte in den Markt gebracht und verlogen beworben. Die Folgekosten der teils erheblichen Gesundheitsschäden trägt das eh schon angeschlagene Gesundheitssystem.

Werden die verursachenden Unternehmen dafür belangt? Bisher nicht. Vielmehr werden die Kosten solcher Externalitäten der Allgemeinheit, also den Steuerzahlern, angelastet oder Dritten aufgebürdet, die sich nicht wehren können. Das bedeutet: Die Gewinne werden privatisiert und kommen nur einigen wenigen zugute. Die Schäden hingegen werden vergesellschaftet, auf die Ärmsten und Schwächsten abgewälzt, in den globalen Süden verschoben und zulasten künftiger Generationen in die Zukunft verlagert. So wird Profit auf Kosten Dritter erzielt, oft mit verheerenden Langzeiteffekten.

Der Marktpreis eines *nicht* nachhaltigen Produkts ist oft niedriger, weil der Hersteller biologisch nicht abbaubare Rohstoffe verwendet, in weit entfernten Ländern unter menschenunwürdigen Umständen produziert oder gnadenlos das Klima versaut. Bei umwelt- und gesundheitsförderlichen Bioprodukten hingegen zahlt der Hersteller selbst für den Mehraufwand, wodurch sich seine Produkte verteuern. Dies führt zum Beispiel dazu, dass Einwegverpackungen billiger sind als Recyceln – und dass unfairer Handel billiger ist als Fair Trade. »Herr, schick Hirn!«, kann ich dazu nur sagen. Zum Glück wird das in Zukunft ganz anders laufen: Schäden, die sie der Umwelt und den Menschen zufügen, können dann mithilfe einer ausgeklügelten Software den Verursachern zugerechnet und angelastet werden. Das bedeutet, sie werden haftbar gemacht – und gewiss auch verklagt. Damit werden ökologisch und sozial korrekt hergestellte Produkte sofort wettbewerbsfähig – und endlich weiträumig favorisiert.

Nachhaltigkeit ist dann nicht länger ein lästiges Nebenziel, das womöglich den Profit schmälert. Vielmehr werden *überprüfbar nachhaltig* und *glaubhaft faire* Vorgehensweisen zu einem existenziellen Teil des Daseinssinns eines Unternehmens. Gute Gewinne sind dann das Ergebnis. Schlechte Gewinne werden auf Kosten der Umwelt und des Gemeinwohls gemacht. Gute Gewinne entstehen in Einklang mit Mensch und Natur. Den Unternehmen, die das *nicht* bieten, werden bald drei Dinge ausgehen: die Innovationen, die Leistungsträger und die Einnahmenbringer.

»Impact first« statt »Maximalprofit first«

»Impact first« statt »Maximalprofit first« ist fortan die Losung. Immer mehr Organisationen streben nach einem Handeln, das zugleich ökonomisch, ökologisch und sozial sinnstiftend ist. Nicht weil es ein Trend ist, sondern weil es richtig und wichtig ist. Impact bedeutet, einen positiven Beitrag zu den großen globalen Herausforderungen zu leisten. Impact Companies orientieren sich an den von den Vereinten Nationen (UN) festgelegten 17 Zielen für nachhaltige Entwicklung, den »UN Sustainable Development Goals« (SDGs), wie sie die Abbildung zeigt. Immer mehr Unternehmen dokumentieren auf ihrer Website mithilfe dieser Symbole, welche der Ziele sie explizit unterstützen.

Abb. 4: Die 17 UN Sustainable Development Goals (SDGs)

Wer keinen »Impact first« bietet, ist zunehmend in Gefahr. Der Druck der Öffentlichkeit, die Top-Talente, die »Sustainable Employers« favorisieren, die Kaufkraft der Kunden, Fördergelder, Subventionen und gesetzliche Interventionen sorgen dafür. Auch das Conscious Quitting, bei dem Mitarbeitende kündigen, wenn ihre Werte nicht mit denen des Unternehmens konform sind, breitet sich aus. Dabei geht es vorrangig um Klima- und Umweltschutz, soziale Gerechtigkeit und gelebte Diversität. Hinzu kommt der Druck einer neuen Generation von Unternehmern, die davon überzeugt sind, dass Marktwirtschaft und Nachhaltigkeit keine Gegensätze sind, sondern zusammengehen.

Wo die Hersteller selbst keine zirkulären Dienste anbieten, haben sich findige Drittakteure längst zu Vorreitern entwickelt. Solche Märkte sind besonders für Premiumprodukte lukrativ. Ein gutes Beispiel hierfür sind iPhones. Zwar hat auch Apple mit dem Recyceln begonnen. In Austin, Texas, und im niederländischen Breda zerlegt Daisy, ein Demontageroboter von Wohnzimmergröße, Apples Mobiltelefone und holt die Rohstoffe heraus, die wiederverwertbar sind: Gold, Kobalt, Lithium und seltene Erden.[18] Doch Circular Economy ist mehr als nur recyceln. Zirkularität will das ganze Gerät so lange wie möglich im Wirtschaftskreislauf halten. Hierzu hat sich längst ein florierendes Geschäft für Reparaturen und Zweitnutzung etabliert.

Unternehmen wie Refurbed aus Österreich füllen dabei nicht nur eine Lücke, sondern sie kreieren einen Markt, den es zuvor nicht gegeben hat. Zwischen »neu« und »gebraucht« schiebt sich »erneuert«. Seit der Gründung im Jahr 2017 hat Refurbed mit jetzt rund 300 Mitarbeitenden mehr als drei Millionen elektronische Geräte erneuert und an Kunden in ganz Europa verkauft. Hierdurch konnten im Vergleich zum Neukauf insgesamt 378 Tonnen Elektroschrott, 127.000 Tonnen CO_2 und 26 Milliarden Liter Wasser eingespart werden (Stand Mitte 2023). Für ein Einzelgerät sieht die Rechnung wie folgt aus: Ein refurbed iPhone 11 mit 64 GB Speicher hat einen CO_2-Fußabdruck von 15,7 kg, ein gleiches brandneues iPhone einen von 72 kg. Dies entspricht einer Einsparung von 78 Prozent. Die Einsparung von Elektroschrott beträgt 71 Prozent, die von Wasser 86 Prozent.[19]

Solche Zahlen überzeugen. Immer mehr Hersteller erkennen die strategische Rolle langlebiger Produkte für ihre Geschäftsmodelle. Sie beginnen mit Weitblick und Zukunftsgeist, zirkuläre Kompetenzen und Infrastrukturen aufzubauen. Sie entwickeln langfristige Kooperationen mit spezialisierten Dienstleistern oder tun sich mit innovativen Startups zusammen. Andere hingegen tun hauptsächlich nur so als ob.

Bla, bla, Etikettenschwindel und Absichtsgedöns

Klimaneutral bis 2030 oder 2040? Papier ist geduldig und die Zielzahl klingt rund. Wem es ernst ist, schreibt besser 2029 oder 2039, das wirkt kalkuliert – und Sie sind der Konkurrenz um ein Jahr voraus. Runde Zahlen hingegen tönen verdächtig: nicht aufgrund konkreter

Aktivitäten berechnet, nur dahingesagt. Und so ist es dann auch: Viel wird versprochen, doch wenig passiert. In Wirklichkeit haben ganze Industriezweige kaum Interesse daran, dass sich etwas ändert, weil das ihrem Profit schadet. Greenwashing ist insofern ein glasklares Zeichen dafür, hintendran zu sein, Trends verschlafen zu haben oder wie bisher weitermachen zu wollen. Statt in eigene Nachhaltigkeit zu investieren, werden Millionen in verlogene Werbung gesteckt. Willige Agenturen, die die hinterlistigsten Täuschungsmanöver ersinnen, gibt es anscheinend genug. Die Deutsche Umwelthilfe vergibt jährlich den Schmähpreis »Goldener Geier« für die dreisteste Umweltlüge. Votet gerne mit. Und vor allem: Kauft nicht bei solchen Betrügern. Es gibt ehrliche Alternativen.

Unverfrorenes Greenwashing hat viele Gesichter. Seitenweise könnte ich Beispiele nennen. Nehmen wir den Gewinner des Goldenen Geiers 2023: Eine internationale Fast-Food-Kette bewirbt ihre Einwegverpackungen als »beautiful« und umweltfreundlich. Dabei hat sie bundesweit allein im Jahr 2021 einen Müllberg von mehr als 44.000 Tonnen produziert. Dennoch hat sich die Geschäftsleitung zusammen mit der Marketingabteilung und unredlichen Werbern dazu entschlossen, mithilfe eines enormen Budgets den Markt und die Kundschaft für doof zu verkaufen. Dass das Unternehmen auch anders kann, zeigt sich in Frankreich. Gesetzlichen Regelungen folgend setzt es im Nachbarland auf Mehrweg beim Vor-Ort-Verzehr.[20] Geht doch! Offensichtlich aber leider nur dort und erst dann, wenn der Gesetzgeber einen dazu zwingt.

Vielerorts müsste sich das Kerngeschäft wandeln, doch das tut es nicht. Der nötige Umbau wird immer weiter nach hinten verschoben, weil *jetzt* Ergebnisse erzielt werden müssen. Das nächste Quartal steht vor der Tür, und alle müssen rödeln, um eine Punktlandung auf Planvorgaben zu schaffen. Dann noch ein Quartal. Und noch eins. Ständig gibt es Ausreden, wieso man sich »grad noch nicht« damit befassen kann. Wenn dann die Gewinnspannen sinken, kommen Investitionen für den Umweltschutz nicht mal mehr in Betracht. Nun fehlt das nötige Geld, weil man immer mehr hinten dran ist.

Später heißt in Hochgeschwindigkeitszeiten sehr schnell »zu spät«. Früher ging bei traditionellen Unternehmen das Licht aus, weil sie die digitale Transformation vertrödelt haben, fortan gehen sie unter, weil sie die grüne Transformation verschlafen. »Was passiert, wenn wir weiterhin zögern?«, müsste sich demnach jeder Anbieter fragen. Doch weit gefehlt. Vor allem die Großen versuchen, bestehende Geschäftsmodelle so lange wie möglich zu schützen. Mithilfe dubioser Studien und durch den Masseneinsatz von Lobbyisten behindern sie gezielt neue Wirtschaftsweisen. Dies führt dann dazu, dass die notwendige Transformation auch auf politischer Ebene ins Stocken kommt, dass jede Menge Schlupflöcher offenbleiben und wertvolle Zeit tatenlos verstreicht.

In Nachhaltigkeitsberichten wird ausgiebig über Klimaschutz fabuliert und eine »grüne« Maske übergestreift, doch die Emissionen steigen vielerorts, statt zu sinken. So wollen 655 von 685 der Unternehmen, die Erdöl und Erdgas fördern, ihre fossile Produktion ausbauen und neue fossile Quellen erschließen, ergab eine Analyse der Nichtregierungsorganisation Urgewalt.[21] Zwar werden öffentlichkeitswirksam hehre Klimaziele verkündet, doch hinterrücks wieder zurückgenommen. Der, für den die Energiewende geschäftsschädlich ist, wird sie so lange wie möglich blockieren. Wer mehr dazu wissen will, dem sei Claudia Kemferts Buch *Schockwellen* empfohlen.

Branchenspezifische Einzelfälle? Weit gefehlt! Der Corporate Climate Responsibility Monitor 2023 hat die Klimaschutzpläne von 24 weltweit tätigen Großunternehmen, die sich selbst als Klimaführer bezeichnen, durchleuchtet und kam zu dem Schluss, dass nur fünf der untersuchten Konzepte tragfähig waren. Die übrigen Unternehmen, alles klingende Namen, nutzten vage oder schlichtweg irreführende »Netto-Null«-Zusagen, um sich grün zu waschen.[22] Zum Beispiel rechnen sie die Emissionen ihrer Lieferketten nicht ein. Oder sie verkaufen ihre klimaschädlichen Aktivitäten, lassen also die Drecksarbeit andere machen, um selbst besser dazustehen. Oder Neuware wird geschreddert, jedoch als Recycling gelabelt. Solches Vorgehen ist unverfroren und sträflich.

Weitläufig werden die ökologischen Folgeschäden vernebelt. Zum Beispiel favorisiert die industrielle Landwirtschaft Einheitssorten und Monokulturen, und beides sind, wie wir längst wissen, Einfallstore für Schädlinge aller Art, mit deren Vernichtung sich wiederum Geschäft machen lässt. Ein Teufelskreis. Doch darüber schweigt man sich aus.

Oder es werden Zweifel gesät und Falschaussagen gezielt in Umlauf gebracht. So hat die Global Climate Coalition, eine Lobbyorganisation, die von internationalen Großunternehmen finanziert worden ist, jahrelang den Klimaschutz mit erheblichen Mitteln, großem Aufwand und unverfroren mit Lügen bekämpft, um ihre Eigeninteressen und das Kapital zu schützen, das in ihren klimaschädlichen Technologien gebunden ist. Ihre systematischen Fehlinformationen hallen bis heute nach und geben Klimaskeptikern noch immer Nahrung. Denn das ist das Übel bei Fake News: Irgendetwas bleibt immer hängen.

Ankündigungsmarketing, Desinformation, Schönfärberei: Für manche Marktplayer immer noch völlig normal. Oft kleidet sich das Böse in ein harmloses, sittsames, beinahe hübsches Gewand. So ist das, was ein Agrochemieriese Pflanzen*schutz*mittel nennt, in Wahrheit Gift, das *alles* Leben zerstört – mit Ausnahme des im gleichen Haus produzierten genmanipulierten Saatguts. Damit werden, wo einst prächtiger Regenwald stand, riesige Einheitsfelder besät. Die Ernte daraus, die angeblich den Hunger in der Welt stillen soll, wird in der Massentierhaltung verfüttert. Ihre Ackergifte verkaufen sie weiter an Länder, in denen diese noch nicht verboten sind. Über die Nahrungskette gelangen diese dann doch in unsere Körper. Die nach wenigen Jahren ausgelaugten Böden werden nicht, wie es wohlklingend heißt, renaturiert, sondern verkommen zu Ödland, auf dem rein gar nichts mehr wächst. Im Schlepptau dessen haben indigene Völker ihre Heimat und Kleinbauern überall auf der Welt ihre Existenzgrundlage verloren. Unmengen von Bienenvölkern, anderen Insekten und Nutzpflanzen wurden ausgerottet. Millionen von Menschen sind gestorben, auch durch Freitod, weil sie nichts mehr zum Leben hatten.

Ein Unternehmen wird an seinen moralischen Statements gemessen. Üble Machenschaften pudern und schminken? »Just lipstick on a pig« nennt man das. Am verwerflichsten finde ich die, die der Umwelt wissentlich schaden und dann diejenigen verklagen, die solches Vorgehen öffentlich machen. Der Sieg ist den Klägern dabei völlig egal, meist ist er von vorneherein aussichtslos. Vielmehr sollen aufwendige Prozesse die Beklagten (Autoren, Verlage, Journalisten, Medien, Aktivisten, NGOs) einschüchtern und mundtot machen. Leider sind das keine Einzelfälle.

Doch die Öffentlichkeit wird davon hören. Vieles wird sich wie ein Lauffeuer verbreiten. Jeder Mitarbeitende kann im Web darüber berichten, was hinter den Kulissen tatsächlich läuft. »Grüne« Vorgaukeleien werden enttarnt, Pseudoaktionen eiskalt überführt. Keine noch so gut gemachte Schönwetterkampagne kann auf Dauer darüber hinwegtäuschen, was ein Anbieter in Wirklichkeit treibt. Klimaneutralität? Wird als reine Behauptung entlarvt. Obskure Zertifikate? Als moderner Ablasshandel demaskiert. Bio-Fakes, zweifelhafte Öko-Siegel, gekaufte Testergebnisse, frisierte Qualitätskontrollen, bestochene Gutachter, Mogelpackungen, die Lügen der Protagonisten in Werbeclips: Nein, danke. Mit Schmuddelkindern spiele ich nicht.

Greenwashing ist unternehmerisches Fehlverhalten und eine kommunikative Idiotie. Es zerstört Vertrauen und schreit geradezu nach einem Shitstorm. Das sind doch alles kluge Leute in den Kommunikationsabteilungen der Unternehmen, sollte man meinen, wieso machen die das? Ein guter Ruf entsteht nicht durch unredliche Imagekampagnen, sondern durch eine aufrichtige Haltung und wahrhaftiges Handeln.

Wie man den ökologischen Fußabdruck misst

Der ökologische Fußabdruck erfasst die Summe aller Emissionen eines Untersuchungsobjekts. Das kann ein Produkt, eine Dienstleistung, ein einzelner Mensch, ein Haushalt, ein Unternehmen, ein geografischer Ort oder ein ganzes Land sein. Er beinhaltet alle Gase, die zur Erderwärmung beitragen, neben CO_2 auch Lachgas und das 80-mal klimaschädlichere Methan, das in großen Mengen durch den Abbau von Erdgas und durch rülpsende Rinder entsteht. Jedoch bleibt Methan im Schnitt nur etwa zwölf Jahre in der Atmosphäre, während CO_2 selbst nach 1000 Jahren noch nicht vollständig abgebaut ist.[23] Wollen wir also die Erderwärmung rasch stoppen, wirkt eine schnelle Methanemissionsreduktion wie ein kräftiger Tritt aufs Bremspedal. Leider setzen Verrottungsprozesse, die durch das Auftauen der Permafrostböden entstehen, neben CO_2 auch Unmengen von Methan frei. Zugleich werden gefährliche Viren und Bakterien in die Luft abgegeben. So brach vor einigen Jahren in Sibirien Milzbrand aus.

Zurück zum ökologischen Fußabdruck. Er wird nicht gemessen, sondern errechnet, in aller Regel für einen Zeitraum von einem Jahr. Wir unterscheiden zwischen:

- **Scope 1:** alle direkten Emissionen eines Unternehmens, etwa durch eigene Anlagen, Einrichtungen, Fahrzeuge und Produktionsverfahren

- **Scope 2:** alle indirekten Emissionen, die etwa durch zugekaufte Energie entstehen

- **Scope 3:** alle übrigen Emissionen, die durch vor- und nachgelagerte Prozesse entlang der Lieferkette und bei den Kunden entstehen, etwa durch bezogene Güter und Dienstleistungen, Geschäftsreisen und Retouren

Besonders wichtig ist, dass sich die Marktplayer auch bei Scope 3 verantwortlich zeigen und dort ihre bisherigen Lücken schließen, da 60 bis 80 Prozent aller Emissionen auf Scope 3 entfallen. Erfahrene Dienstleister helfen dabei. Entscheidend ist die Vollständigkeit. Werden versehentlich oder gar willkürlich Positionen ausgelassen, führt das zu falschen Zahlen und damit zu einer Irreführung der Öffentlichkeit.

Nach der Erfassung wird eine Strategie zur Emissionssenkung entwickelt. Das Nahziel ist Netto-Null. Das bedeutet *nicht*, keinerlei Emissionen mehr zu erzeugen. Der Netto-Nullpunkt definiert die Balance zwischen der Menge an Treibhausgasen, die produziert wird, und der, die aus der Atmosphäre entfernt wird. Dies gewährleistet, dass der Anteil an Treibhausgasen in der Atmosphäre konstant bleibt und nicht weiter steigt. Das Fernziel lautet: klimapositiv werden. Wer mehr Emissionen einspart als er verursacht, ist klimapositiv. Einige Firmen sind bereits auf dem Weg dorthin. Sie wirtschaften regenerativ. Sie machen nicht Schlechtes etwas weniger schlecht, sondern Gutes besser.

Idealerweise geht es dabei nicht nur um die jetzigen Emissionen, sondern auch um die in der Vergangenheit produzierten. Die hängen ja nach wie vor in der Luft, und zwar über den ganzen Globus verteilt. Denn CO_2 kennt keine Landesgrenzen. So lassen immer mehr Unternehmen ihre historischen Emissionen offiziell bilanzieren, also beziffern, für wie viel CO_2 sie seit ihrer Gründung verantwortlich sind. Diese werden dann kompensiert, zum Beispiel durch den Erwerb sogenannter Sühnezertifikate.

Doch Kompensation ist lediglich die letzte Lösung. An erster Stelle müssen ernsthafte Anstrengungen stehen, schädliche Emissionen zu vermeiden. Ein Zertifikat für ein Aufforstungsprojekt kann eine sehr gute Sache sein, doch es verändert kein Verhalten. Viel wichtiger ist Reduzieren. Nur das Unvermeidbare wird kompensiert.

Längst hat sich eine breite Zertifikateindustrie etabliert. Bedauerlicherweise bietet sich auch hier ein weites Feld für Lug und Trug. Nicht selten fließt ein Großteil der eingesammelten Gelder in die kostenintensive Organisation. Die angebotenen Projekte sind teils obskur, vielfach schöngerechnet, bisweilen nicht existent. Oder die Anbieter geben vor, Bäume zu schützen, die gar nicht gefällt werden. Oder sie zählen die Bäume doppelt. Das ist Emissionskompensation als Betrügerei im Tausch für Bequemlichkeit und ein gutes Gewissen, von dem primär die Ablasshändler profitieren. Sie haben rein gar kein Interesse an der Dekarbonisierung, weil sie dann nichts mehr verdienen.

Natürlich haben Kompensationen auch ihr Gutes. Manche Unternehmen bieten diese ihren Kunden als zusätzliche Dienstleistung an. Andere kompensieren die Emissionen, die die Mitarbeitenden privat generieren. Was ein Mitarbeitender in seiner Freizeit macht, geht die Firma nichts an? Beim Preisvergleichsportal Idealo sieht man das anders. »Ob bei Renten-, Kranken- oder Arbeitslosenversicherung – überall übernehmen Arbeitgeber die Hälfte der Kosten. Unsere Gesellschaft sieht diese Absicherungen als wichtig an. Wir finden: Das muss auch für den Klimaschutz gelten. Deshalb kompensieren wir 50 Prozent des CO_2-Fußabdrucks aller Idealo-Mitarbeiter:innen«, heißt es auf deren Website.[24] Dazu wurde der CO_2-Fußabdruck aller »Idealos« errechnet, indem man sich am deutschen Durchschnittswert orientierte. Der lag 2020 laut Umweltbundesamt bei 11,17 Tonnen pro Person. Und was ist mit den anderen 50 Prozent? Durch Informationen und hilfreiche Tipps unterstützt Idealos internes »GreenTeam« die Mitarbeitenden dabei, ihren CO_2-Fußabdruck zu verstehen und selbst zu reduzieren. »Überlebensversicherung« nennt Idealo dieses Konzept.

Wir sind nur Gast auf diesem Planeten

Einst war es ein Zeichen von Glück, wenn man ein Hufeisen fand. Denn es bestand aus Eisen, einem sehr wertvollen Metall. Neue Städte wurden mit dem Baumaterial früherer Städte errichtet, schon in der Antike. Bronze wurde über Jahrtausende immer wieder eingeschmolzen, um etwas schönes Neues daraus zu machen. Als ich klein war, kam bei uns im Ort regelmäßig der Altwarenhändler vorbei. Und meine Oma stopfte uns Kindern die löchrigen Socken. So haben die Menschen schon immer wiederverwendet, was wiederverwendbar war. Doch irgendwann, vor nicht langer Zeit, gaben wir dieses Vorgehen auf. Wir wurden zu einer Wegwerfgesellschaft – in gigantomanischem Stil. So ist der größte Strudel aus Müll, der Great Pacific Garbage Patch, der im nördlichen Pazifik kreist, an die fünf Mal so groß wie Deutschland. Vier weitere, ähnlich gewaltige Strudel gibt es weltweit. Sie sind Ausdruck einer ungeheuerlichen Verschwendung. An Land sorgen Monsterberge von Müll zusammen mit Abholzung, Ressourcenplünderung und Grundwasserverseuchung für die weltweite Zerstörung riesiger Lebensräume.

Wie konnte das nur passieren? Symptomatisch dafür steht das Phoebuskartell. Der Dokumentarfilm »Kaufen für die Müllhalde« der Filmproduzentin Cosima Dannoritzer berichtet darüber.[25] Heimlich trafen sich die führenden Glühlampenhersteller in einem Hinterzimmer in Genf. Sie steckten in einem Dilemma. Die Qualität ihrer Glühbirnen war mit der Zeit immer besser geworden. Die durchschnittliche Brenndauer lag bereits bei 2500 Stunden. Wer aber den Markt mit perfekten Produkten sättigt, entsorgt sich selbst. So kamen die Anwesenden überein, nurmehr Glühbirnen zu produzieren, die maximal 1000 Stunden brannten. Wer dem zuwiderhandelte, musste mit hohen Bußgeldern rechnen. Das zu diesem Zweck gegründete »1000 Hours Life Committee« sollte dies rigoros überwachen. Die geplante Obsoleszenz war erfunden.

Wie geplante Obsoleszenz funktioniert? Eingebaute Zähler, vorkonstruierte Schwachstellen, chemische Manipulationen und minderwertige Materialien sorgen für eine vorausbestimmte Unbrauchbarkeit. Um die Nachfrage zu steigern, werden anfällige Produkte mit verkürzter Lebensdauer und vorzeitig einsetzendem Verschleiß produziert. Dein Auto hat ständig kleine Defekte? Der Drucker, euer Fernseher, diverse Küchengeräte gehen kurz nach der Garantiezeit kaputt? Eine Reparatur lohnt sich nicht oder ist zu kompliziert? Die Ersatzteilbeschaffung kann Monate dauern? Nun kennt ihr den wahren Grund. Ihr sollt euch ein neues Teil kaufen!

Und das sind nur ein paar Tricks von vielen. Verfrühte Verfallsdaten bei Lebensmitteln, nicht austauschbare Akkus, Feature-Updates, die auf Vorgängergeräten nicht funktionieren, Überdosierung, Retourenvernichtung, ständig neue Designs, der ganze Ramsch und das Billiggeschrei, all das soll den Konsum schneller machen. Hinzu kommen Modediktate, die uns uncool und altbacken aussehen lassen, sobald ein neuer Trend angesagt ist. »Fast Fashion« hat den Konsumwahn auf die Spitze getrieben: alle paar Wochen eine neue Kollektion. Und die Hälfte davon wird niemals getragen. Eine gigantische Umweltbelastung. Ist den Herstellern aber anscheinend egal.

Sechs der neun planetaren Grenzen, die für den Erhalt der menschlichen Existenz wichtig sind, sind überschritten. Wir nennen uns Homo sapiens sapiens, der sehr weise Mensch. Weise Menschen betreiben nicht Ausbeutung und Zerstörung, sondern Hege und Pflege.

Wir sind nur Gast auf diesem Planeten, und so sollten wir uns auch benehmen. Überall auf der Welt entstehen nun Initiativen, die dem Raubbau entgegentreten: die Sharing-Economy, Bürgergenossenschaften, das Verantwortungseigentum, B Corps, Purpose-Stiftungen, die Gemeinwohl-Ökonomie, die solidarische Landwirtschaft. Und immer mehr Menschen suchen nach Alternativen zur Wegwerfgesellschaft. Diese Haltung wird bei den Herstellern und speziell auch im Handel zunehmend Wirkung zeigen – weil Geldscheine Stimmzettel sind. Achtet also darauf, für wen ihr euer Portemonnaie öffnet, und wen ihr mit euren Stimmzetteln belohnt. Klar, keiner rettet den Planeten allein. Wenn aber Millionen in diesem Sinne agieren, kommt eine Menge zusammen.

Die 7 R: Rein in kluges, nachhaltiges Handeln

Bis 1970 war der Planet noch okay. Der globale ökologische Fußabdruck lag innerhalb dessen, was die Erde uns schenkt.[26] Seitdem übersteigt der jährliche Verbrauch die zur Verfügung stehenden Ressourcen bei Weitem. In gerade mal 50 Jahren haben wir unseren Heimatplaneten derart geplündert, dass er sich kaum mehr erholen kann. Jährlich errechnet das Global Footprint Network den Earth Overshoot Day, den Erdüberlastungstag. Es ist *der* Tag, an dem die Menschheit verbraucht hat, was für ein ganzes Jahr reichen müsste. 2023 war er am 2. August.

Der German Overshoot Day war 2023 am 4. Mai. Das heißt: Von Januar bis Anfang Mai hatten die Einwohner:innen Deutschlands im Durchschnitt so viel von der Natur verbraucht, wie der Planet im gesamten Jahr erneuern kann. Oder anders gesagt: Wäre der Ressourcenverbrauch der gesamten Weltbevölkerung so groß wie in Deutschland, der viertgrößten Volkswirtschaft der Welt, bräuchten wir drei Erden. Die USA kam auf fünf Erden, China auf zweieinhalb. Der traurige »Rekord«: Katar mit neun Erden.[27]

Der Preis, den wir für solche Maßlosigkeit zahlen, ist einfach zu hoch. Seit Jahren zehren wir auf, was unseren Kindern und Enkeln gehört. Zudem leben wir auf Kosten der Menschen im globalen Süden, die selbst wenig haben und die Umwelt kaum belasten, jedoch überproportional von den ökologischen Folgen betroffen sind. Während manche sich hierzulande über Minimalverzichte beklagen, leiden weltweit 735 Millionen Menschen akut an Hunger.[28] Viele von ihnen stehen vor dem sicheren Tod. Und 25 Millionen Klimaflüchtlinge sind schon jetzt unterwegs, weil ihr Land unbewohnbar geworden ist.[29] Die Ärmsten zahlen den höchsten Preis.

Wir können nicht früh genug mit dem Umdenken und einem zukunftsfähigen, klugen Bessermachen beginnen. Dabei sind die folgenden »7 R« äußerst hilfreich:

1. **Rethink:** Entwickeln Sie Designs, bei denen alle Materialien sortenrein in ihre jeweiligen Kreisläufe zurückgeführt werden können und gänzlich ohne gefährliche Substanzen auskommen. Dies lässt die Menschen, das Klima und die Natur wieder

gesunden. Nichts sollte mehr bis ans andere Ende der Welt geschleppt werden, damit es dort unter erbärmlichen Arbeitsbedingungen zusammengebastelt und dann wieder zurückgeschifft wird. Wer regionale Produkte favorisiert, belässt zudem die Steuern im eigenen Landkreis.

2. **Refuse:** Vermeidet Müll, bevor er entsteht. Es gibt vieles, bei dem sich jeder Einzelne fragen kann, ob er/sie das wirklich braucht – oder besser ablehnen sollte, wie zum Beispiel Werbung im Briefkasten, Gratiszeitschriften, Flyer, Obst und Gemüse in Plastikverpackung, Werbegeschenke aus schädlichem Kunststoff, Aluminiumbehälter, Einmalgetränkebecher, der ganze Fast-Food-Müll, jeglicher Billigramsch und klimaschädliches dummes Design.

3. **Reduce:** Benötigen wir wirklich all das, was uns einen Moment lang attraktiv erscheint? Den übervollen Kingsize-Teller, von dem man nur die Hälfte isst? Den Billigfummel aus dem Urlaub, den zu Hause eh niemand trägt? Ausbeutung von Arbeitskräften in unterprivilegierten Ländern? Was wir beim Krimskramskauf sparen und meist nicht einmal brauchen, bezahlen anderswo Menschen mit ihrer Gesundheit und ihrem Leben. Mit solchen Gedanken lassen sich Verschwendung und Umweltbelastung reduzieren.

4. **Reuse:** So manches, was wir besitzen, lässt sich locker weiterverwenden. Kleidungsstücke, Einrichtungsgegenstände, Technikgeräte, Bücher und vieles mehr kann man verkaufen, spenden oder verschenken, wenn sie noch in einem guten Zustand sind. Und, ja klar: Man kann auch selbst mehr secondhand kaufen. »Preloved« werden solche Teile heute genannt. Onlineplattformen haben das Stöbern nach Gebrauchtem vereinfacht und professionalisiert.

5. **Repair:** Die Industrie macht es uns oft wirklich nicht leicht, kaputte Produkte zu reparieren. Viele Teile sind verklebt statt verschraubt. Ersatzteile sind oft schwer zu beschaffen. Doch Abhilfe naht. In immer mehr Städten gibt es nun Repair-Cafés, in denen Profis gern bei Reparaturen helfen. Im Dabeisein lernt man, wie das geht – und macht es in Zukunft selbst.

6. **Refurbish:** Refurbish heißt erneuern. Dabei erhält ein gebrauchtes Produkt eine gründliche Revision und wird generalüberholt. Defekte oder verschlissene Teile werden ausgetauscht, die Optik wird aufgefrischt. Für den, der es dann kauft, ist es so gut wie neu, nur deutlich günstiger. Die Garantiezeit ist dabei oft ähnlich lang wie bei einem völlig neuen Produkt. So können Ressourcen und Emissionen in ganz erheblichem Maß eingespart werden.

7. **Recyceln:** Hierbei gibt der Konsument und nimmt der Hersteller gebrauchte Produkte zurück, um die Stoffe, die darin stecken, wiederverwendbar zu machen. Dazu gehört auch, eine Struktur der Rückführung zu schaffen, sonst bleibt das Recyceln nur Theorie. Leider lässt sich heute längst nicht alles hochwertig recyceln. So kann man aus alten PET-Flaschen oft nur noch Putzlappen machen. Doch selbst solches Downcycling schont Ressourcen.

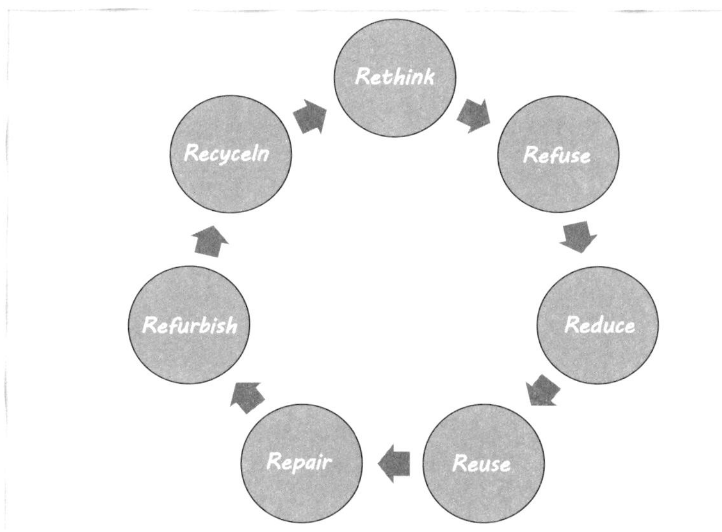

Abb. 5: Erfolgsellipse der Nachhaltigkeit: die 7 R

All das sind schon einmal wichtige Schritte. Doch wir brauchen eine grundsätzlich neue Gesinnung. Es ist einfach nicht tolerabel, dass Geräte, Gebrauchsgegenstände und Massenartikel prinzipiell so konzipiert sind, dass sie schnellstmöglich auf der Müllkippe enden. Solche Produkte sind »unintelligent und unelegant – also das, was wir primitive Produkte nennen«, schrieben Michael Braungart und William McDonough schon vor Jahren in ihrem internationalen Bestseller *Cradle to Cradle*.[30]

Schlimmer noch: Mit jedem Kauf hat der Konsument Zusatzstoffe erworben, um die er nicht gebeten hat, und Umstände gefördert, über die er nicht informiert worden ist. Zum Beispiel? Du isst ein Stück Schokolade – und hast Kinderarbeit unterstützt. Euer kleiner Sonnenschein bekam den heißersehnten Plastikflamingo – und wurde toxischem Material ausgesetzt. Die Hautcreme, die du seit Jahren benutzt, und vieles, was auf den Tisch kommt, ist mit Palmöl versetzt, hat also Orang-Utans die Heimat genommen. Wolltest du das? Natürlich nicht! Du hast es zwangsläufig mitkaufen müssen.

Der Konsument: Auf Ab-in-die-Tonne konditioniert

Die Folgen des Wachstums werden gern dem Konsumenten in die Schuhe geschoben. »Alle deutschen Haushalte zusammen produzieren pro Jahr 376.748 Tonnen Elektroschrott«, titelte kürzlich eine Zeitung. Als wären die Verbraucher schuld an der ganzen Misere. Doch die wollen reparieren, *nicht* umweltschädlich entsorgen. In Österreich, wo es seit 2022 einen Reparaturbonus gibt, wurden allein im ersten Jahr über 560.000 Elektro- und Elektronikgeräte instandgesetzt, viermal mehr als erwartet.[31] In Frankreich gibt es einen obligatorischen »Reparaturindex«. Wer ein Laptop, ein Smartphone, eine Waschmaschine, einen Fernseher, Geschirrspüler, Staubsauger, Hochdruckreiniger oder elektrischen Rasenmäher kauft, dem wird in Form eines Punktestands zwischen null und zehn angezeigt, wie gut die Geräte reparierbar sind.[32] Der nächste Schritt ist offensichtlich: Die EU plant, nur noch Produkte zuzulassen, die langlebig, reparierbar, wiederverwendbar und recycelbar sind.

In Bälde werden Haushalts-3D-Drucker so selbstverständlich wie die Mikrowelle. Bei Bedarf wird ein Ersatzteil einfach ausgedruckt. Auch industrielle 3D-Drucker setzen sich durch. Sie fertigen additiv, schichten also nur genau so viel Material aufeinander, wie tatsächlich nötig ist. Dies erspart die bei traditionellen Verfahren üblichen Reste durch Verschnitt. Der größte Vorteil aber ist der, dass Druckerfarmen und Minifabriken in Kundennähe errichtet werden können. Dies reduziert zum einen die Logistik. Zum anderen kann Überproduktion verhindert werden, weil nicht mehr in großer Stückzahl »auf Halde« gefertigt wird, sondern On Demand. Weniger Ware aus weniger Material weniger weit transportieren bedeutet: Wir schleudern weniger CO_2 in die Atmosphäre und produzieren weniger Abfall. Zudem ist die 3D-Produktion günstig. Das Startup Azure Printed Homes aus Kalifornien verwendet recycelte Kunststoffe, um per 3D-Druck Häuser zu bauen, die 2023 bereits ab 45.000 US-Dollar zu haben waren.

Nanokompositmaterialien machen es möglich, Stoffe herzustellen, die härter als Stahl sind, nur einen Bruchteil davon kosten und das Klima schonen. Nanotechnologie verhilft zum Beispiel LifeSaver-Wasserfiltersystemen, verschmutztes oder durch Chemikalien, Schwermetalle und Mikroplastik belastetes Wasser in sicheres, sauberes Trinkwasser zu verwandeln. Durch die verbaute Nanomembrane werden zudem Bakterien, Parasiten und auch die viel kleineren Viren entfernt. Das polnische Startup Nanoseen hat Nanomembranen vorgestellt, die rein mechanisch binnen Minuten Meerwasser in frisches Trinkwasser verwandeln können. Beides sind Meilensteine für die kostengünstige Sicherung der Gesundheit von Millionen von Menschen in unterentwickelten beziehungsweise wasserarmen Ländern und in Krisengebieten.

Aus dem Bereich der Nanotechnologie könnte eines Tages nahezu Unvorstellbares kommen. Sie verspricht zukünftigen Generationen, Materie programmierbar zu machen. Dazu führt man zum Beispiel in Dosen gefüllte spezielle Nanoteilchen mit sich. Wer nun beispielsweise einen Schraubenschlüssel benötigt, überträgt eine Nachricht an die Dose, die diesen dann wunschgemäß produziert. Wird später etwa ein Hammer gebraucht, legt man den Schraubenschlüssel zurück in die Dose, wo er sich selbstständig in seine Teilchen auflöst und im Anschluss in den Hammer verwandelt.[33]

Das klingt wie ein Wunder, doch bis dahin ist es noch weit. Bislang wird fleißig Wegwerfgesellschaft gespielt. Das Schlimmste dabei: Unsere Jüngsten werden systematisch an dieses System herangeführt; ich habe es auf einer Kindergeburtstagsparty erlebt. Jeder der kleinen Gäste brachte brav ein Geschenk von der Wunschliste mit. Doch leider: Ein Mini-Monster-Truck hatte nicht die richtige Farbe. Großes Geschrei. Damit spiel ich nicht! Also weg damit. Der Propellerflieger ging gleich kaputt. Eh klar, Billigzeug aus Fernost. Der bunte Rest landete, schnell vergessen, auf dem großen Spielzeughaufen. Zum Abschied gab's für jedes Kind noch eine Tüte voller Kram, den wirklich niemand braucht. Übrig blieb ein Abfallberg aus Geschenkpapier, Plastikmüll und angegessenen Süßigkeiten. Und bei jedem Geburtstag passiert reihum das gleiche, weltweit Millionen Mal. Für den Kommerz: perfekt. Für die Umwelt: perfide. Natürlich wünschen wir den Kleinen eine tolle Feier, aber muss es mit *solchem* Beiwerk sein? Doch selbst wenn die Eltern das wollten, sie könnten sich dem nicht entziehen. Ihre Kinder würden zu Außenseitern, die niemand mehr einlädt.

So werden wir von klein an auf eine Ab-in-die-Tonne-Wirtschaft konditioniert. Der immense Schaden, der dann im Großen entsteht, wird nicht von den Unternehmen getragen, sondern auf die Verbraucher abgewälzt. Die sind gezwungen, einen oft sozial und/oder ökologisch bedenklichen Gegenstand zu erwerben und schon bald zugunsten von etwas Neuem wieder loszuwerden. Indem wir kaufen und konsumieren, werden wir notgedrungen zum Mittäter eines Endstation-Müllberg-Komplotts. Nur durch Nichtkonsum oder Boykott können wir uns dem entziehen.

Oder doch nicht? Es gibt eine dritte Lösung: vom Eigentum zum Gebrauch.

XaaS: Abfall war gestern, Müllberge adé

Das Architektenbüro Rau aus Amsterdam wollte seine Büroeinrichtung neu gestalten. Dazu gehörte auch ein Beleuchtungskonzept. »Wir wollen diese Leuchten aber nicht besitzen, wir wollen nur das Licht«, erklärte man dem Vertriebsleiter von Philips, der den Auftrag erhalten sollte. »Uns geht es nur um die Leistung und den Service, nicht um das Produkt.« Das war neu. Doch der Vertriebsleiter war angetan von der Idee und präsentierte ein erstes Konzept. »Ist die Stromrechnung schon integriert? Die geht natürlich auch auf Kosten von Philips. Wir haben nur Licht bestellt, sonst nichts.« Der ganze Plan wurde erneut durchgerechnet, und Philips kam nun (!) zu dem Schluss, dass gar nicht so viele Leuchten notwendig waren wie ursprünglich geplant. In Kombination mit einem ausgetüftelten Energiesparkonzept sank der Stromverbrauch um mehr als 44 Prozent.[34] Und das Geschäftsmodell »Light as a Service« (LaaS) war geboren.

Beim Geschäftsmodell »Verkauf« ist ein Hersteller darauf erpicht, wie symptomatisch am Beispiel gezeigt, so viele Lampen wie möglich mit kurzer Brenndauer zu verkaufen. Beim Geschäftsmodell »Service« hingegen liegt es in seinem Interesse, dass die Lampen so lange wie möglich gut funktionieren, und zwar bei geringen Kosten und möglichst wartungsfrei. Im Fall von »Eigentum« hätte der Käufer funktionsunfähige Lampen einfach in den Müll geworfen, im Fall von »Gebrauch« nimmt der Anbieter seine Produkte wieder zurück und nutzt sie als Rohstoffdepot für neue Lichtanlagen.

Mit dem Product-as-a-Service-Konzept (PaaS) bleibt der Hersteller Eigentümer seiner Produkte und trägt damit auch die Folgen seines Handelns selbst. Der Konsument erwirbt kein Produkt, sondern zahlt für eine Leistung, nämlich das Recht, ein Produkt für eine festgelegte Zeitdauer oder Anzahl von Vorgängen (Pay per Use) nutzen zu dürfen. Danach geht es an den Produzenten zurück. Zwangsläufig ist es nun von Vorteil, materialschonend und energieeffizient zu agieren, die Erzeugnisse möglichst mehrfach einzusetzen und brauchbare Komponenten für die Weiterverwendung zu retten. Wieso sollte ein Unternehmer etwas entsorgen, mit dem er noch Geld verdienen kann?

Schneller Verschleiß ist damit *nicht* mehr das Ziel. Vielmehr ist es für den Anbieter nun von Vorteil, möglichst hochwertige Dinge zu produzieren, um eine langjährige Einsatzbereitschaft sicherzustellen. Zudem liegt es in seinem Interesse, die Betriebs-, Wartungs- und Reparaturkosten niedrig zu halten. Bereits bei der Produktentwicklung plant er mit ein, dass alle eingesetzten Rohstoffe bei maximaler Werterhaltung im Wirtschaftssystem zirkulieren können. Durch Serviceverträge schafft er eine langfristige Kundenbindung. Die Margen für Distributoren und Zwischenhändler fallen weg. Außerdem lernt er seine Kunden und ihre Wünsche durch die direkte Zusammenarbeit viel besser kennen. Wiederkehrende, also berechenbare Einnahmen sorgen für mehr Planungssicherheit. Dies alles reduziert sein unternehmerisches Risiko und sorgt für neue Expertisen. Zudem schont dieser Anbieter die Umwelt, dezimiert Abfall, bewahrt wertvolle Rohstoffe im Umlauf und schützt sich selbst vor Lieferproblemen.

Was etwa im Musikgeschäft (Music as a Service), in der IT (Software as a Service), in der Gaming-Industrie (Games as a Service) und in Forschungslaboren (Science as a Service) längst Usus ist, erfasst nun die komplette Wirtschaft. Everything as a Service (XaaS) heißt das Konzept. Das »X« kann dabei für jeden beliebigen Service stehen.

Für Startups lohnt sich ein solches Vorgehen besonders, weil sie so die Kosten mit den Umsatzzuwächsen in Einklang bringen können. Doch auch für traditionelle Anbieter ist das Konzept hochinteressant. Zudem kommt verstärkt Druck von der Käuferseite. Vor allem für junge Menschen geht der Trend zum digitalen Besitz. Von physischem Privatbesitz wenden sie sich zunehmend ab. Solchen Besitz, besonders den eines Autos, empfinden sie nicht als Privileg, sondern, zumindest in der Stadt, eher als Belastung. Sie betrachten Eigentum auf eine gemeinschaftliche Weise, indem sie es mit anderen teilen. Horten, speziell auch das Horten von Wissen, stärkt nur den Einzelnen und erzeugt Konkurrenz. Teilen hingegen sorgt für Eintracht und schont die Umwelt. Teilen ermöglich, mehr zu haben von dem, was man sich sonst nicht leisten kann. Je mehr Marktteilnehmer Dinge miteinander teilen, desto mehr steigt der Wohlstand für alle.

Frühformen der Sharing Economy gibt es reichlich. Viele haben ihre Studentenzeit in einer Wohngemeinschaft verbracht und Mitfahrgelegenheiten genutzt. Bauern teilen sich landwirtschaftliche Maschinen, um Investitionskosten zu sparen. In der Industrie hilft das Miteinandernutzen freier Kapazitäten, eine optimale Auslastung der Produktionsmittel zu erreichen. Vielerlei Onlineplattformen und Apps machen den Co-Konsum bequem und beliebt: Designerkleidung, Babysachen, Bücher, Werkzeuge, Gartengeräte, Möbel, Fahrräder, Haustiere, Musikinstrumente, Werkstätten, Autos, Parkplätze, Gabelstapler, Lkw-Stauraum und vieles mehr wird darüber geteilt.

Nutzen statt kaufen – und teilen statt besitzen

Die 2012 gegründete und in Amsterdam ansässige Firma Peerby mit der gleichnamigen Website und Smartphone-App Peerby macht es möglich, Dinge, die man nur kurzfristig benötigt, von Menschen in der Nachbarschaft auszuleihen, statt sie sich teuer kaufen zu müssen. Ihr gebt spontan eine Gartenparty und euch fehlt Gerät? Der Junior will unbedingt sofort eine Drohne ausprobieren? Eine Wärmebildkamera soll die Dämmung im Haus überprüfen? Innerhalb von Sekunden habt ihr über die App eine Anfrage an die ganze Gegend gestellt, und zügig erhaltet ihr Verleihangebote. So hilft Peerby, Zeit, Geld, Rohstoffe und Abfall zu sparen. Zugleich stärkt das Konzept die Nachbarschaftscommunity.

Ganz ohne Budget kann man beim Taschenhersteller Freitag fündig werden: Unter dem Motto »Don't shop, just s.w.a.p.« hat die Marke aus Zürich eine Taschentauschbörse im Tinder-Stil eingerichtet. Freitag ist ein Circular-Economy-Unternehmen der ersten Stunde. Seit 1993 erhalten dort ausgediente Lkw-Planen, Fahrradschläuche, Autogurte und Airbags ein zweites Leben, indem sie zu stylischen Taschenunikaten verarbeitet werden. Das ikonische Modell F13 TOP CAT schaffte es sogar in die Designsammlung des Museum of Modern Art in New York. Claudia, eine der 250 Mitarbeitenden, hat einen Job, den es nur bei Freitag gibt. Jedes Jahr zieht sie zusammen mit ihren Truckspotter-Kolleg:innen über 5000 Lkws die ausgedienten Planen aus.

Insgesamt bieten die Megatrends Teilen, Tauschen, Mieten und XaaS reichlich Raum für neue Geschäftsmodelle. Auch aufgrund der digitalen Möglichkeiten werden diese nun immer populärer. Zum Beispiel: Wer will schon wirklich einen Wasserzähler *besitzen*? Wir benötigen die Verbrauchsdaten, nicht das Gerät. Die Lösung: den Zähler mieten und die Messwerte digital übermitteln. So kann das Produkt mehrfach eingesetzt werden und bleibt im Wirtschaftskreislauf. Das spart Ressourcen, erhöht die Margen und ist preiswerter für die Kunden, da sie nur für den Service zahlen müssen.

Darüber hinaus sorgen Produkte per se nur sehr temporär für einen Wettbewerbsvorteil. Denn sie sind ruckzuck kopiert. Zudem sind sie leicht vergleichbar. Hierdurch geraten sie sofort in den Preiswettbewerb. Doch im Preiswettbewerb verliert jedes Produkt sein Charisma. Ein gut gemachter, individualisierter, umweltfreundlicher Service hingegen sorgt für Aufpreisbereitschaft, für Loyalisierung, für Differenzierung, für Emotionalisierung – und ganz besonders für das so wichtige Weiterempfehlen.

Demzufolge denken immer mehr klassische Hersteller inzwischen um, wie etwa auch Kaeser Kompressoren. Dort verkauft man Druckluft as a Service. Die dazugehörige Datenauswertung ermöglicht unter anderem Predictive Maintenance, die vorausschauende Wartung, bevor etwas ausfällt oder kaputtgeht. Digitale Prognosemodelle sorgen für optimale Wartungszeitpunkte und den rechtzeitigen Teileaustausch zwecks Vermeidung von Schäden und Ausfallkosten.

Predictive Forecasting, also KI-gestützte Vorhersagen, werden im Lebensmittelbereich zu einem kompletten Umdenken führen, wie wir Essen anbauen, herstellen, transportieren, lagern, ausliefern, zubereiten, verzehren und schließlich entsorgen. Die Kombination von Wetterdaten, Verfügbarkeit und Bedarf an Nahrungsmitteln anhand von Konsumprognosen wird zu weniger Abfällen führen und unsoziale Verschwendung reduzieren. Ein Ofen, der verdorbenes Essen erkennt und dann nicht zubereitet, kann Konsumenten vor Krankheiten schützen. Ein Handy, dessen »Nase« schädigende Inhaltsstoffe in Lebensmitteln erschnüffelt, kann Leben retten.

Auch On Demand erlebt einen Boom. Dabei werden Produkte nicht länger in größeren Mengen vorproduziert und bei mangelndem Absatz umweltschädlich beseitigt, sondern erst auf Abruf her- oder bereitgestellt. Video-on-Demand und Maßanfertigungen gehören dazu. So machen Design-Startups mit »Ikea Hacking« Furore. Klingt cool? Ist es auch. Sie bauen keine komplett neuen Küchenunikate, sondern geben bezahlbaren Standardküchen des schwedischen Möbelherstellers ein längeres Leben, indem diese mit individuell designten Fronten zu einzigartigen Lieblingsstücken aufgepeppt werden.

Den größten Durchbruch wird On Demand wohl im Bereich der Mobilität erleben. Wenn die ersten autonomen Fahrzeuge durch die Städte rollen und ich jederzeit auf mein Handy tippen kann, damit ein Wagen vorfährt, der mich von A nach B bringt, ist es quasi sinnlos, mir ein eigenes Auto zu kaufen. Vermutlich werde ich zwischen Privatfahrt und Pool-Modus wählen können. Im Pool nimmt das Fahrzeug jede Person mit, deren Abholpunkt und Fahrtziel halbwegs auf der Strecke liegen – und die Kosten werden geteilt. Gibt es Fahrten auch umsonst? Klar! So wie wir online fast alles gratis lesen können, wenn wir Werbung akzeptieren, so wird es während der Fahrt passende Konsumiertipps für die Passagiere geben.[35] Das tut sich keiner an? Wieso nicht? Wenn wir heute beim Autofahren Radio hören, akzeptieren wir das Werbegedudel doch auch. Fazit: Nicht nur unsere Automobilindustrie, auch der öffentliche Nahverkehr und die Städteplaner müssen frühzeitig beginnen, sich auf solche Szenarien vorzubereiten.

Alles in allem werden

- nutzen statt kaufen
- teilen statt besitzen
- Everything as a Service
- zirkuläre Konzepte
- prediktive Konzepte
- On-Demand-Konzepte

zu maßgeblichen Geschäftsmodellen der Zukunft. Achtung nur vor dem Rebound-Effekt. Dieser tritt zum Beispiel dann ein, wenn E-Roller *nicht* die klimaschädlichen Autofahrten, sondern das Zufußgehen ersetzen. Der Rebound-Effekt schlägt ebenfalls zu, wenn einer etwa ein energieeffizientes TV-Gerät erwirbt, sich aber dann für das Riesenformat entscheidet – oder wenn ein Autobauer zwar sparsamere Motoren, aber mehr Sonderausstattungen und breitere Reifen einbaut. Die Autos werden schwerer, der Verbrauch steigt, die Reifen verursachen mehr Abrieb und die Einsparungen sind dahin. Ergo: Nur uneingeschränkte Reduktionsziele tragen zum Umweltschutz bei.

Das ist aber doch Verzicht? Ja und nein. Wer Verzicht als Entbehrung erlebt, hält das nur eine Weile lang aus oder schlägt an anderer Stelle über die Stränge. Doch Verzicht ist nicht zwangsläufig mit Einbußen und Selbstkasteiung verbunden. Verzicht kann sogar etwas sehr Freudvolles sein. Wenn wir autotelisch auf etwas verzichten, weil uns dies sinnhaft erscheint und einer größeren Sache dient, fühlt sich das gut an. Solcher Verzicht tut nicht weh, sondern macht glücklich. »Wir brauchen eine Erzählung, wie ein gutes Leben aussieht – und dass zum Beispiel Solidarität unbedingt dazugehört. Ein Großteil unseres Konsums ist vor allem demonstrativ, er soll zeigen, wie es uns geht. Davon kann man eine Menge weglassen, ohne gleich zu darben«,[36] sagt der Soziologe und Risikoforscher Ortwin Renn. »Es geht nicht um Verzicht, sondern um informierten und differenzierten Konsum«, ergänzt die Zukunftsforscherin Jule Bosch.[37] Verzicht ist oft sogar das falsche Wort, häufig müssen wir bloß unsere Routinen ummodellieren.

Nicht nur Handlungsweisen, auch Sprachbilder müssen sich also ändern. Düstere Verlustszenarien schrecken nur ab. Heitere Narrative bringen uns wesentlich weiter. Erzählungen darüber, wie gut wir in einer intakten Natur leben können und was uns das auch persönlich bringt, ermuntern und motivieren zu Engagement. Kluge nachhaltige Lösungen sind cool und bereichernd. Eine ökosoziale Grundgesinnung hat nichts mit Mangel zu tun, sondern ist lifestylig und kreativ, ganz einfach die bessere Party. All das dient zudem einem höheren Ziel: Umweltschutz ist ein Menschheitsprojekt. Es ist eine Aufgabe für *jeden*. Denn eines Tages stellt sich die Frage: Waren wir gute Ahnen?

Jetzt geht's los! Wie die Umsetzung gelingt

Genug geredet, jetzt steht die Umsetzung an! Dabei stellt sich sogleich die Frage: *Wer* macht *was* bis *wann*? Den strategischen Grundsatzentscheid trifft »der oberste Stock«. Die operativen Maßnahmen entstehen aus der Mitte des Unternehmens und werden interdisziplinär umgesetzt. Auch bereichsintern gibt es eine Menge zu tun.

Im Einzelnen sieht das dann so aus:

>> **Topdown:** Entscheidend für den Umsetzungserfolg jeder Nachhaltigkeitsstrategie ist eine Verankerung im Top-Management. Die grundsätzliche Entscheidung fällt also auf Geschäftsleitungsebene. Sie definiert zugleich die strategischen Eckpfeiler, den Zeithorizont und ein Zielzahlensystem. Entscheidend dabei ist, dass alle im Unternehmen erkennen, dass dies der Führungsspitze ein Herzensanliegen ist. Dann wirkt das ansteckend und erzeugt eine Energie, der man sich kaum entziehen kann. Wird hingegen eine Nachhaltigkeitsstrategie nur pro forma initiiert, weil es jetzt alle so machen, und sind die Chefs somit nur halb bei der Sache, wird das jeder spüren. Dementsprechend verhalten sich die Mitarbeitenden dann. Sie betrachten die einzelnen Aktivitäten als Pflichtprogramm und arbeiten sie lust- und herzlos ab.

>> **Interdisziplinär:** Klimaschutz und Nachhaltigkeit betreffen jeden im Unternehmen quer über alle Abteilungsgrenzen hinweg. Ein interdisziplinäres Agieren ist also elementar. Zunächst benennt jede Geschäftseinheit ihre Verantwortlichen für Klimaschutz und Nachhaltigkeit. Sie sind fortan die »Evangelisten« in Sachen Grün. Sie kümmern sich um die Priorisierung der Aktivitäten, um das Maßnahmendesign und die operative Umsetzung. Sie formieren sich crossfunktional rund um die entsprechenden Handlungsfelder und legen Projekte, Ziele, Budgets, Messwerte, Verfahren, Software-Einsatz, Schulungsbedarfe und Zeitpläne fest. Phasenweise werden interne Spezialisten hinzugezogen, um das Kernteam mit ihrer Expertise zu unterstützen.

Darüber hinaus ist eine Bereicherung durch externe Profis fundamental, um den Blickwinkel zu weiten, mentale Modelle zu adjustieren, den Status quo im Rahmen von Assessments zu überprüfen und neue Impulse zu integrieren. In der Umsetzungsphase geht es dann darum, alle Mitarbeitenden unternehmensweit einzubeziehen und als Ideenbringer mitwirken zu lassen. Ein breites Engagement steigert sowohl die Sensibilität als auch die Tatkraft für das Ganze. Die Umsetzungsverantwortlichen benötigen die Unterstützung der Führungskräfte und die absolute Rückendeckung der Geschäftsleitung, da der Weg hin zu einer Sustainable Company bisweilen recht holprig ist und man sich im Verlauf nicht immer nur Freunde macht. Erste Maßnahmen werden getestet, dann implementiert und schließlich iterativ weiterentwickelt.

>> **Integriert:** Jeder einzelne Mitarbeitende nimmt nachhaltigkeitsbezogene Maßnahmen in seinen individuellen Aufgabenbereich auf. Zudem kann auch jede Abteilung für sich entsprechende Maßnahmen initiieren. Dabei werden alle Vorgehensweisen auf den Prüfstand gestellt und die notwendigen Schritte in Richtung Nachhaltigkeit eingeleitet. Zunächst geht es um allgemeine Dinge wie Strom, Licht, Klimaanlage, Büromaterial, Mülltrennung, Recycling, Dienstreisen, Fuhrpark und vieles mehr. Hierbei könnt ihr sogar eine Menge Kosten sparen. Das findet immer Anklang im Management, hebt das unbedingt hervor. Danach geht es um abteilungsspezifische Aufgabenstellungen. Nehmen wir nur einmal den Versand von Werbebriefen: Viel könnte eingespart werden, wenn ihr konsequent das Papier beidseitig bedruckt. Aufkleber auf Printprodukten sind aufgrund der verwendeten Klebstoffe klimaschädlich. Weitere Ansatzpunkte sind Verpackungsmaterialien, pflanzliche Tinte und Recyclingpapier. Wer ein Mailing an eine falsche Zielgruppe verschickt oder schlechtes Adressmaterial nutzt, verschwendet nicht nur sein Budget, sondern belastet auch sein Klimakonto.[38]

Schließlich geht es um übergeordnete Verantwortlichkeiten, die die einzelnen Unternehmensbereiche haben, wie beispielsweise:[39]

- **Finance & Controlling:** Finanzexperten können Investitionen so lenken, dass sie klimafreundliche Projekte fördern oder innovative Umweltlösungen finanzieren. Gleichzeitig können sie Finanzmittel aus umwelt- und klimaschädlichen Projekten abziehen. Zudem können sie bislang externalisierte Kosten, etwa für Umwelt- und Klimaschäden oder soziale Ausbeutung, einpreisen, um einen finanziellen Ausgleich zu ermöglichen oder Kaufentscheidungen zu steuern.

- **Der Einkauf:** Der Einkauf hat die Möglichkeit, durch die Wahl seiner Lieferanten und Geschäftspartner klimafreundliche und nachhaltige Partnerschaften einzugehen und umweltschädliche Akteure von der Liste der Zulieferer zu streichen. Durch die Regulatorik sind Einkäufer angehalten, neue Kriterien in der Auswahl und Vergabe zu berücksichtigen. Konsequent gilt es darüber hinaus, Beziehungen zu nachhaltigen Partnern auf- und auszubauen und solche zu beenden, die nicht an der Green Transformation teilhaben wollen.

- **Die Rechtsabteilung:** Durch Corporate Governance, Risk Assessment und Compliance können Unternehmen aktiv für mehr Klima- und Umweltschutz eintreten. Die Leitung der Rechtsabteilung hat engen Kontakt zum Management Board, sodass hier Fragen des Klimaschutzes auf die Agenda gesetzt werden können. Zudem kann die Rechtsabteilung dafür sorgen, dass Klima- und Umweltschutz sowie soziale Verantwortung in Verträgen und rechtlichen Vereinbarungen berücksichtigt und regelmäßig durchleuchtet werden.

- **Das Marketing:** Als Kommunikationsspezialisten können Marketingverantwortliche Kampagnen steuern, in denen sie die Dringlichkeit des Klimawandels hervorheben und die Menschen innerhalb und außerhalb des Unternehmens zum Handeln bewegen. Bislang ist das Marketing oft Teil des Problems, weil es mit seinen Botschaften einen Konsum befeuert, der alles andere als klimaschonend und nachhaltig ist. Fortan kann die Rolle des Marketings darin bestehen, zu wünschenswerteren Zukunftsperspektiven kreativ beizutragen. Dazu muss zunächst dem Markenkern das Thema »grün« hinzugefügt werden.

Den wertvollsten Beitrag erhoffe ich mir von den HR-Bereichen, die sich erfreulicherweise zunehmend in People & Culture (P&C) umbenennen. Dies ist Verpflichtung und Versprechen zugleich. Der Fokus liegt auf den Menschen im Verantwortungsbereich des Unternehmens. Das schließt aus meiner Sicht das Wohlergehen der Menschen in den Lieferketten mit ein. Zudem befasst sich P&C mit den vielfältigen Aspekten der Unternehmenskultur. Dazu gehören auch Ethik und Werte. Insofern sind Greenwashing-Kampagnen, das Erzeugen von Externalitäten sowie bewusst umwelt- und klimaschädigende Aktivitäten zugunsten der Profitmaximierung inakzeptabel. Hier kann P&C klar und deutlich Position beziehen und damit eine unternehmensinterne strategische Vorreiterstellung einnehmen. Sämtliche Führungsebenen werden dazu angehalten, ein regeneratives Wirtschaften in die Zielvereinbarungen aufzunehmen. Dies wird auch explizit in jedes Jobprofil integriert.

Schritt für Schritt in die regenerative Nachhaltigkeit

Natürlich macht jedes Unternehmen in Sachen Umwelt- und Klimaschutz schon dies und das. Jede Initiative ist äußerst begrüßenswert. Doch eine umfassende Strategie und ein gemeinschaftliches, ganzheitliches Vorgehen ist wirkungsvoller. Bevor ihr nun damit loslegt, ist noch eine Sache zu klären: euer Ambitionsniveau. Wollt ihr

- Vorreiter in eurer Branche sein, also jemand, der einem sofort in den Sinn kommt, der als Paradebeispiel genannt und in den Medien regelmäßig zitiert wird?
- in puncto Klimaschutz und Nachhaltigkeit dem Mittelfeld angehören, also das tun, was mehr oder weniger alle früher oder später machen?
- nur die gesetzlichen Mindestauflagen erfüllen, und zwar gezwungenermaßen immer erst dann, wenn die entsprechenden Regularien amtlich werden?

Nachdem das geklärt ist, empfehle ich folgenden Handlungsplan:

1. **Bewusstsein schaffen:** Am Anfang der Reise in Richtung Nachhaltigkeit steht die Stärkung eines klima- und umweltfreundlichen Bewusstseins. Klar, das Thema ist in aller Munde, doch mit den vielfältigen Details haben sich viele oft kaum befasst. Es braucht also Daten, Fakten und Storys, um die ganze Tragweite sichtbar zu machen.

2. **Szenarien analysieren:** Umweltthemen und ihre Entwicklung sind mehrdimensional und komplex. Vor der eigentlichen Strategieentwicklung gilt es, zunächst mehrere mögliche Szenarien zu entwickeln, die einen Zeithorizont von 10 bis 20 Jahren umfassen. Ich empfehle drei. In Buchteil 2 erläutere ich ausführlich, wie das geht.

3. **Strategie entwickeln:** Die Strategie, in einer Strategy Map visualisiert, macht nach drinnen und draußen klar, welchen Weg das Unternehmen in Richtung Klimaschutz und Nachhaltigkeit gehen will. Diese Strategie wird öffentlich gemacht, regelmäßig besprochen sowie (halb)jährlich auf den Prüfstand gestellt und weiterentwickelt.

4. **Maßnahmen definieren:** In diesem Schritt geht es darum, erste Handlungsfelder zu definieren und Fokusthemen zu priorisieren. Verantwortliche für die Umsetzung werden benannt, Zeitplan und Budgetrahmen erstellt. Für die Umsetzungsplanung gilt: dringliche Hotspots und schnelle Quick Wins zuerst.

5. **Maßnahmen umsetzen:** Der Fortgang der Aktivitäten kann auf einem öffentlichen Kanban-Board sichtbar gemacht werden. Dies sorgt für Transparenz, inspiriert andere zu ähnlichem Tun und motiviert einen selbst. Was zu erledigen ist, wird auf Post-its geschrieben, an die jeweilige Spalte gepinnt und, wenn erledigt, entsprechend verschoben.

6. **Erfolge kommunizieren:** Sobald sich erste Erfolge zeigen, werden diese zunächst nach innen kommuniziert und gefeiert. Erst dann werden sie, als weitererzählbare Storys ansprechend verpackt, in die Öffentlichkeit getragen. Vorsicht dabei: kein Greenwashing und keine Schönfärberei. Jede einzelne Story muss wahr und nachprüfbar sein.

7. **Ergebnisse bewerten:** Hierbei geht es um Rückschau und Vorschau zugleich, um Zielwerte, erzielte Ergebnisse und weitere ambitionierte Initiativen. Entscheidende Fragen dabei: Wo stehen wir auf unserem Weg zu mehr Nachhaltigkeit und welche weiteren Schritte sind nötig? Was lässt sich mit prüfbaren Zahlen belegen? Wie beurteilen das die Kunden und der Markt?

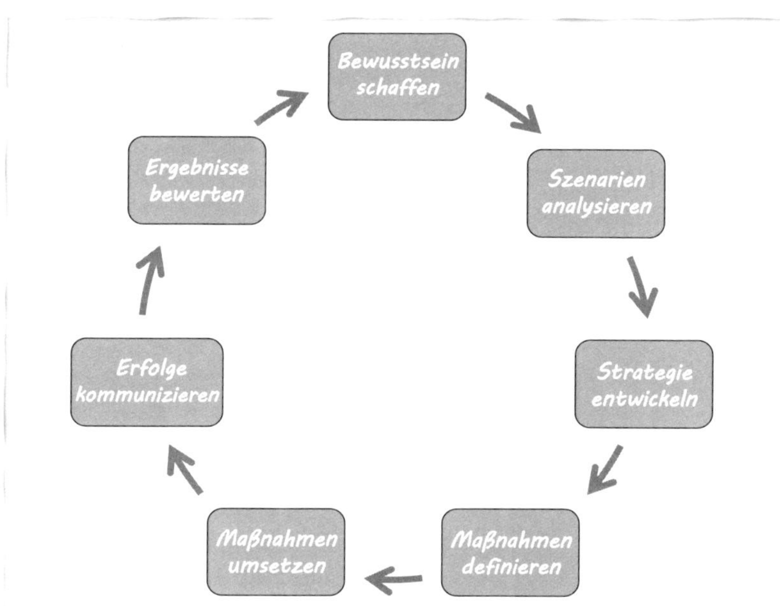

Abb. 6: Die 7 Schritte eines Nachhaltigkeitsumsetzungsplans

Alles kommt auf den »grünen« Prüfstand

Verantwortliches nachhaltiges Handeln kann zum Beispiel bedeuten, sein bisheriges Handeln kritisch zu hinterfragen und sämtliche Produkte und Services auf den »grünen« Prüfstand zu stellen. Hierzu werden diese auf zweierlei Weise analysiert:

- Sind sie wirtschaftlich sinnvoll und rentabel?
- Sind sie ökologisch fair und sozial gerecht?

Dies könnt ihr in Form einer Matrix sichtbar machen, wie die Abbildung zeigt. Dem gehen ausgiebige Analysen und Diskussionen voraus. Zunächst werden die Kriterien definiert, die die Begriffe wirtschaftlich, ökologisch und sozial determinieren. Hiernach werden die zu betrachtenden Produkte und Services bepunktet und dann in die Matrix eingetragen. Die nachfolgenden Entscheidungen ergeben sich aus den Positionen in den einzelnen Quadranten. Die Leistungen im oberen rechten Feld stehen dabei im Fokus. Bei den Leistungen oben links und unten rechts wird überlegt, wie man diese ins Feld oben rechts bringen kann. Die Leistungen unten links sind zu stoppen. Danach machen sich Umsetzungstrupps an die Arbeit.

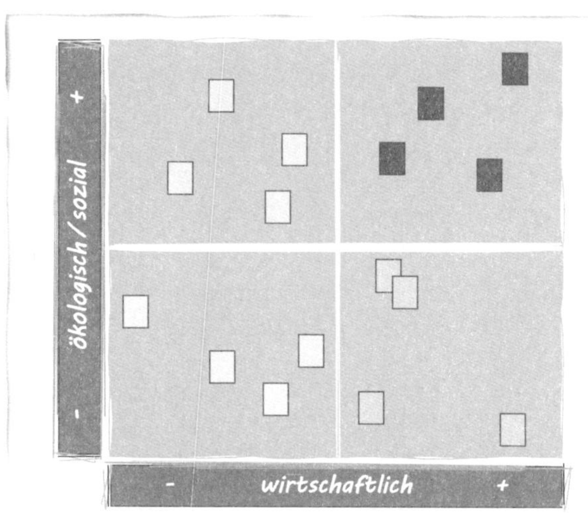

Abb. 7: Matrix mit den Kriterien wirtschaftlich und ökologisch/sozial

Eine solche Herangehensweise ist hochstrategisch. Am besten eignet sich dafür ein interdisziplinär und crosshierarchisch besetzter Initialworkshop. Angeregt wird dieser von jemandem aus dem Top-Management. Arbeitet unbedingt mit einer qualifizierten Moderation, da es zu durchaus kniffligen Momenten kommen kann. Ich empfehle darüber hinaus, den Anlass mit einem externen Impulsvortrag zu beginnen, um einen Blick über den Tellerrand zu gewinnen. Ohne Input von außen gerät man schnell in eine Art Echokammer. Neue Blickwinkel verhelfen zu einer breiteren Lösungslandschaft, stellen von außen Etabliertes infrage und öffnen das Denken für neue gute Ideen.

Startet dann mit einer »Sicherheitsfrage«. Zeichnet dazu eine Elferskala, wie sie die Abbildung zeigt, auf eine Pinnwand und fragt die Anwesenden so:

> Auf dieser Skala von null bis zehn: Wie frei denkst du / denken Sie, in der Runde reden zu können?

Abb. 8: Eine Elferskala mit Sicherheitsfrage

Skalierungen helfen beim Relativieren und machen die Dinge konkreter. Im Allgemeinen favorisiere ich dabei eine verdeckte Bewertung. Gruppenzwänge sind oft hoch. Man will sich mit seiner Meinung nicht isolieren. Die Gefahr, dass erwünschtes Verhalten gezeigt wird und genehme Antworten kommen, ist damit groß. Die Pinnwand mit der Skala wird also am besten umgedreht, sodass die Teilnehmer:innen ihre Bewertung anonym abgeben können. Damit jeder unbeeinflusst von anderen bleibt, schreibt jeder seine Zahl auf einen Klebepunkt, bevor er / sie hinter die Pinnwand tritt. Liegen Punkte unter sieben, wird das zunächst diskutiert. Achtung auch: Führungskräfte geben in aller Regel eine *zu gute* Wertung. Bei einem interhierarchischen Workshop sollten diese deshalb ihre Punkte kennzeichnen, damit man das sogleich sieht.

Zum Schluss noch ein kleiner Hinweis für Green Teams und Workshop-Initiatoren, die in Übermorgengestaltermanier vorausgaloppieren. Wandel bedeutet, dass etwas Neues entsteht, von dem wir noch nicht wissen, ob es besser oder schlechter sein wird als das Davor. Dies kann Vorfreude, aber auch Ängste schüren. Der erste Schritt ist dabei immer der schwerste, denn er bedeutet: mit dem alten Trott brechen, seine Komfortzone verlassen und ehemals gültige Glaubenssätze über Bord werfen zu müssen. So wird nicht jeder euren Enthusiasmus für das Thema sogleich teilen. Wie immer wird es Vorreiter, Mitläufer und Nachzügler geben, das muss man respektieren. Jeder hat seine eigene, oft emotionale Meinung zum Thema. Anschlussfähigkeit ist dabei ein wichtiges Stichwort. Oona Horx Strathern vom Zukunftsinstitut regt unter anderem dazu an, dem Stereotyp »grün = weiblich« entgegenzuwirken. Experimenten zufolge, erzählt sie, waren Männer eher bereit, sich umweltfreundlich zu verhalten, wenn sie sich in ihrer Männlichkeit bestätigt fühlten. So kam ein Logo mit einem heulenden Wolf und dem Schriftzug »Wilderness Rangers« bei ihnen deutlich besser an als das Logo eines Baumes mit dem Schriftzug »Friends of Nature«. Diese Art von Marketing hat sogar schon einen Namen: menvironmentally friendly.[40] Ferner, darauf weist die Psychologin Ines Imdahl, Inhaberin des Rheingold Salons, besonders hin: Das 1,5 Grad Klimaziel ist aus psychologischer Sicht einfach zu nett, um zu konsequenten Verhaltensänderungen zu führen. 1,5 Grad, das ist eine Minizahl, die sich nicht wirklich schlimm anhört; also leider kein gutes Narrativ für den Klimaschutz.[41]

Zudem verläuft eine Klimaveränderung langsam. Unsere Sinneswahrnehmungen sind nicht darauf ausgelegt. Sie sind vielmehr darauf kalibriert, auf plötzliche Gefahren zu reagieren. Schleichende Umwälzungen versetzen uns höchstens in einen diffusen Unruhezustand. Zudem braucht Gefahr für uns Nähe. Eine Heuschreckeninvasion im Nordwesten der USA ist aus der Ferne betrachtet eher skurril. Erst persönliches Erleben, der berühmte »Oh, shit«-Moment, macht die Dinge wirklich greifbar. Ich persönlich hatte diesen erst vor Kurzem. Wir waren am Königssee, als urplötzlich ein heftiger Sturm aufzog und die berüchtigte Watzmann-Ostwand herunterraste. Direkt vor uns zerlegte der Sturm jahrhundertealte Bergahornbäume, als wäre es nichts. Es ist die Wucht des Ereignisses und die gleichzeitige Ohnmacht, die einem schier den Atem rauben. Solche Betroffenheit macht etwas mit einem. Erzählt euch Geschichten darüber. Und dann schaut, was ihr gemeinsam hinbekommt, um euren Beitrag für den Planeten zu leisten.

Meine Top 10 für eine bessere Zukunft

Betriebsstörungen durch Wetterextreme, Materialknappheit, unterbrochene Lieferketten, Produktionsausfälle, all das wird zur Normalität. Womöglich bekommen wir schon bald die ersten klimabedingten Lockdowns. Umweltzerstörende Technologien werden zunehmend untersagt. Erzeugnisse werden in Zukunft wohl eine Circularity-ID tragen, eine Art Produktpass mit scanbarem Code. So erhält der Nutzer Zugriff auf eine digitale Produktdatenbank. Darin sind alle Informationen zur Materialzusammensetzung, den Produktionsverfahren, der Lieferkette, den bisherigen zirkulären Stationen und so weiter gespeichert. Interessierte erfahren zudem, wie sich ein Erzeugnis reparieren, kreislaufkonform demontieren, sachgerecht recyceln oder refurbishen lässt. Bei einigen Herstellern wie etwa Fashion for Good sind derartige Prototypen bereits im Test.[42]

Es ist geradezu paradox: Ökologisch Sinnvolles ist teuer. Was hingegen die Umwelt kaputt und uns krank macht, ist billig. Umgekehrt muss es sein. Das kann weit mehr Menschen auf Erden ein besseres Leben ermöglichen, als sie es heute haben. Und genau das müsste im Interesse der Unternehmen sein. Denn nur, wem es gutgeht, der kann auch konsumieren. Handeln wir nicht, werden sich viele das Klima, das wir in Zukunft haben, nicht mehr leisten können. Infolgedessen wird den Anbietern eine Menge Kaufkraft entgehen. Leider haben Extremsituationen überproportional negative Auswirkungen auf einkommensschwache Gruppen. Und soziale Ungleichheiten schaffen Konflikte. Auf dem Weg in eine lebenswerte Zukunft ist eine stabile Gesellschaft die weitaus bessere Wahl. Die wichtigste Ressource ist das Wissen und Wollen in den Köpfen der Menschen. Das kann man nur im Frieden bekommen.

Resümieren wir diesen Teil 1, ergeben sich eine Fülle von Handlungsoptionen. Dazu hier im Überblick meine Top 10:

>> **Eine Taskforce implementieren:** Wird Umweltschutz in eine Abteilung gesperrt, entsteht eine silotypische »Die-da«-Kultur: Wir sind gar nicht zuständig, die sollen das machen. Eine frühe und zugleich interdisziplinäre Einbindung hingegen sorgt dafür, dass jeder zu einem Beschützer von Klima und Umwelt werden kann. Bildet am besten eine crossfunktional agierende, generationsübergreifende, interhierarchisch aufgestellte Taskforce zum Thema, ein Kernteam, das situativ durch weitere Mitarbeitende und Experten unterstützt wird. Die Taskforce braucht einen klingenden Namen, vor allem aber Ressourcen und Umsetzungsmacht. Vernetzt euch mit Nachhaltigkeitsgleichgesinnten über die Unternehmensgrenzen hinaus. Bildet euch zum Thema fortlaufend weiter. Macht Lunch-Talks mit profilierten Externen, an denen alle Mitarbeitende teilnehmen können. Geht die einzelnen internen Bereiche immer wieder aufs Neue durch, um passende Initiativen anzuschieben. Die Grundausrichtung: vermeiden, reduzieren, eliminieren, regenerieren. Es gibt hunderte Ansatzpunkte, wie ein Unternehmen ökologischer, energieeffizienter, sozialer werden kann. Dabei geht es nicht nur um die eigene Nachhaltigkeit. Ihr könnt auch eure Kunden gezielt dabei unterstützen, nachhaltiger zu arbeiten.

>> **Die Hot Spots zuerst:** Wartet nicht, bis euer komplettes Ökoprogramm die Instanzen durchläuft und irgendwann (hoffentlich) genehmigt wird. Beginnt mit Sofortmaßnahmen, idealerweise mit solchen, die dringlich sind und durchgreifende Erfolge zügig sichtbar machen. Sammelt zunächst alle Ideen. Nutzt dazu kollaborative Tools wie Trello. Arbeitet die priorisierten Initiativen in Kleingruppen aus. Setzt diese dann zunächst testweise um, um sie dann weiter zu schärfen. Stellt den Zugewinn der einzelnen Maßnahmen heraus, nicht nur den faktischen, auch den emotionalen. Von Druck und Zwang fühlen sich die Menschen bedroht. Hingegen kann die Hoffnung auf eine bessere Zukunft Angst verdrängen und zu entschlossenem Handeln führen. Ein wunderbarer Nebeneffekt: Wer Initiativen selbst entwickelt und in die Tat umsetzt, kommt sogar mit Einschnitten besser zurecht. Die Teilnehmer agieren nach innen und außen als Botschafter und Multiplikatoren. Offen, ehrlich und heiter bekunden sie Resultate. Sie drehen Videos oder schreiben Storys und geben dies dann in ihren Netzwerken weiter.

>> **Das Umweltschutz-Wir-Gefühl:** In Zeiten der Vereinzelung durch Homeoffice und hybridisierte Arbeit sind Maßnahmen, die Verbundenheit unterstützen, überaus wichtig. Insofern stärkt jede gemeinsam umgesetzte Nachhaltigkeits- und Gemeinwohlinitiative das Wir-Gefühl. Schafft zunächst ein vertieftes Verständnis für Umwelt- und Klimabelange, dann für breite Zustimmung, schließlich für sichtbare Ergebnisse und ansprechende Narrative. So waren beim Beratungsunternehmen HR Pioneers, wie die dortige Gemeinwohl-Koordinatorin Wiebke Joester erzählt,

Nike-Schuhe in Firmenfarben ein gemeinsames Identifikationssymbol, das alle gern trugen. Nachdem man sich die Lieferketten und Arbeitsbedingungen bei Nike gründlich angeschaut hatte, wurde schnell klar, dass Schuhe dieser Marke nicht länger vertretbar waren. Natürlich war das zunächst ein Einschnitt. Weil aber die gesamte Belegschaft am Prozess beteiligt wurde, kam es reibungslos zu dem Beschluss, künftig darauf zu verzichten.[43]

>> **Hackathons für das Klima:** Hackathons, eine Wortschöpfung aus Hack und Marathon, sind Events zur konzentrierten gemeinsamen Lösung von Aufgabenstellungen mit einem extrem engen Zeitplan. So kommt man zu hocheffizienten Ergebnissen oft in der Hälfte der üblichen Zeit. Zum Beispiel hat die Fraunhofer IESE zu einem 24-Stunden-Smart-City-Hackathon für Klimaschutz und Nachhaltigkeit eingeladen. Nach einer langen Nacht mit viel Kaffee und wenig Schlaf präsentierten die neun angetretenen Teams ihre Ideen und Prototypen für die klimaneutrale Smart City einer hochkarätigen Jury. Der erste Platz ging an die »PfaffRunner«. Ihre Idee: Über spezielle Bodenplatten wird aus dem Druck, den Menschen beim Laufen darauf ausüben, sauberer Strom erzeugt. Ein so ausgestatteter Rundkurs, etwa in einem Park, kann nicht nur erneuerbare Energie erzeugen, sondern die Menschen im wahrsten Sinne des Wortes zu mehr Nachhaltigkeit »bewegen« – und zugleich ihrer Gesundheit viel Gutes tun.[44]

>> **Jams für mehr Nachhaltigkeit:** Die Suche nach Klima- und Umweltschutzaktivitäten lässt sich auch in ganz großem Stil organisieren, um in weitverzweigten Organisationen alle Interessierten einzubinden. Das passiert im Rahmen von Jams. Jams sind Onlineveranstaltungen, die auf speziellen Jam-Plattformen weltweit stattfinden können. Dabei diskutieren die Teilnehmenden in moderierten Foren und bringen ihre Ideen ein. Software kanalisiert die Themen über Bewertungen, Rankings und Diskussionsintensität. Zum Beispiel trafen sich unter dem Titel »Tomorrowcraft – Global Sustainability Game Jam« interessierte Akteure und Game-Designer aus der ganzen Welt drei Tage lang online, um in interdisziplinären Teams Spielprototypen zum Thema nachhaltige globale Entwicklung zu erschaffen.[45] Solche Jams finden fortan auch in virtuell begehbaren Räumen statt, wo die digitalen Zwillinge der Teilnehmenden zusammenkommen.

>> **Die Gemeinwohl-Matrix:** Die Gemeinwohl-Matrix umfasst 20 Themenfelder, die vier Grundwerte (Menschenwürde, Solidarität / Gerechtigkeit, ökologische Nachhaltigkeit sowie Transparenz / Mitentscheidung) und fünf Berührungsgruppen (Lieferkette, Eigentümer / Finanzpartner, Mitarbeitende, Kunden/Mitunternehmen sowie das gesellschaftliche Umfeld) umfassen.[46] Jedes Feld wird anhand von Leitfragen

abgearbeitet und mit Zahlen, Daten und Fakten belegt. Dabei werden alle Vorgehensweisen im Unternehmen kritisch unter die Lupe genommen. Hieraus ergibt sich eine Vielzahl von Handlungsmöglichkeiten. Damit das Ganze zu einem gemeinsam getragenen Handeln führt, sollten möglichst viele Beschäftigte an den einzelnen Etappen mitarbeiten. Öffentlich zugängliche Stellwände oder Online-Boards sowie Berichte machen den Stand der Dinge und den Fortgang der Aktivitäten sichtbar.

>> **Berichterstattung und Narrative:** Verzichtet auf jede Art von Schönfärberei. Erstellt vielmehr einen offenen, ehrlichen Nachhaltigkeitsbericht, selbst dann, wenn dies aus gesetzlichen Gründen (noch) nicht notwendig ist. Er nennt Ziele, liefert Fakten und beschreibt Maßnahmen, die in Umsetzung sind. Zudem spricht er Emotionen an. Dazu nutzt ihr ansprechende Bilder – und erzählt Geschichten. Viele Nachhaltigkeitsmaßnahmen sind für ein unterhaltsames Storytelling geradezu prädestiniert. Stellt solche Inhalte vor allem auf der eigenen Website ein. Dies ist bei der mobilen Suche lesefreundlicher als ein PDF. Zudem lassen sich in dieser Form auch Videos und Animationen integrieren. Ferner wird der Content so von den Suchmaschinen indexiert, wodurch der Traffic steigt. Überdies können einzelne Aspekte dann auch leicht in die sozialen Netzwerke fließen, sowohl über die Leser als auch über die Mitarbeitenden, die ihr Umweltengagement mit der Welt teilen wollen. Schließlich kann durch Analysetools festgestellt werden, welche Inhalte für die User am interessantesten sind.

>> **Dematerialisieren:** Dabei geht es um die Umwandlung physischer Materialien, Produkte und Dienstleistungen in digitale Versionen. So steckt in jedem Smartphone eine Tonne voller Geräte und in jeder App ein Megaberg von Papier. Dematerialisieren schont Ressourcen und die Umwelt zugleich. Dabei geht es auch um die Reduktion von Verbrauch. Jenseits des Nötigen erwerben immer mehr Menschen Neues nicht mehr aus Statusgründen, sondern nur noch dann, wenn es unverzichtbar ist und/oder Hyperrelevanz für sie hat. Mieten statt kaufen, Teilen statt Besitzen und »Pay per Use« sind neue Megatrends. »Ein eigenes Auto, wieso? Wenn ich eins brauche, hol ich mir's von der Straße«, sagt der eine. Und eine andere schon bald: »Hey, car, sei um 17 Uhr wieder hier, und bis dahin geh Geld verdienen.« Teilen stärkt die Gemeinschaft und baut Sozialkapital auf. Je mehr wir Dinge miteinander verwenden, desto mehr steigt der Wohlstand für alle. Was hingegen schnell kaputtgeht und die Umwelt belastet, ist nicht länger attraktiv.

>> **Externalitäten eliminieren:** Hat sich ein Anbieter bislang auf Kosten des Gemeinwohls bereichert, die Natur ruiniert, Menschen wissentlich ausgebeutet, Fördermittel missbraucht, Steuern hinterzogen etc., stoppt man das besser sofort. Die

Transparenz ist inzwischen so groß, dass unethisches Verhalten Unternehmen teuer zu stehen kommt. Dabei haben auch Digitalkonzerne erheblichen Handlungsbedarf. Sie verbrauchen nicht nur durch den Betrieb ihrer Server, durch Videostreaming und das Intensivtraining ihrer KI-Modelle eine Unmenge Energie. Sie betreiben auch Raubbau an den Daten der Menschen. Und sie haben neue Externalitäten erzeugt: Hasspostings, Fake News, Gewaltverherrlichung, Kinderpornografie, Hackerangriffe, Wahlbetrug, Cybermobbing, Cyberverbrechen. Das ist ihre Art von »Umweltverschmutzung«.

>> **Everything as a Service (XaaS):** In einem linearen Wirtschaftssystem endet ein Produkt im Abfall und auf der Müllhalde. Da der Hersteller dabei für Umweltverschmutzung, Klimaschäden und Rohstoffzerstörung nicht aufkommen muss, ist ihm das egal. Oder schlimmer: Je mehr Produkte dieses Schicksal ereilt, desto mehr kann er daran verdienen. Mit XaaS wird dieses wertevernichtende System komplett umgestaltet. Der Hersteller übernimmt die Verantwortung für seine Produkte: für deren Gestaltung und Funktionsweise, für die Materialien, aus denen sie bestehen, sowie für die Wiederverwendung am Ende des Produktlebenszyklus. Er wird sie also von vorneherein so konstruieren, dass sie mehrere Zyklen durchlaufen können, entweder als komplettes Produkt, in seinen Einzelteilen oder durch den Weiterverkauf der noch brauchbaren Elemente. Nur noch wenig landet dann im Müll, es wäre ja sein Geld, dass er vernichtet. XaaS-Modelle sind somit ein wesentlicher Beitrag für eine lebenswerte Zukunft.

Zukunftsfeld 2: Strukturelle Transformationen

Raus aus der alten Welt, rein in die neue

Wir befinden uns im Jahr 2041. Chamal, ein schmächtiger vierzehnjähriger Junge, trägt wieder seinen hautengen haptischen Anzug, spezielle Handschuhe und diesen coolen Helm, den er so liebt. Er zählt zu den besten virtuellen Formel-1-Fahrern in ganz Sri Lanka. Den größten Teil seiner Freizeit hat er in einem VR-Café in Colombo verbracht. Nun arbeitet er für eine chinesische Firma und verdient sich mit virtuellen Probefahrten ein wenig Geld. Wie immer springt er behände in das Virtual-Reality-Cockpit. Verbinden. Synchronisieren. Das Sichtfeld einstellen. Alles längst Routine. Der Countdown beginnt. Sein heutiger Auftrag spielt auf einer künstlich geschaffenen Insel. Ein Meerbeben hat einen Tsunami ausgelöst und das smarte Verkehrsleitsystem lahmgelegt. In sechs Minuten würde eine zehn Meter hohe Welle die Insel treffen. An die 100 autonome Fahrzeuge brausen unkontrolliert über die Straße am Meer. Weitere Fahrer und auch Chamal sollen die Lenkräder der Wagen übernehmen, auf manuelle Steuerung schalten und die Fahrzeuge samt Insassen schnellstens in Sicherheit bringen.

Es ist das schwierigste Spiel, das Chamal je gespielt hat. Sein virtueller Avatar springt von einem Fahrersitz zum nächsten, übernimmt die Kontrolle und rast mit den Wagen zur Evakuierungszone. Jetzt sieht Chamal, wie die Welle sich nähert. Schneller! Er will so viele Punkte wie möglich machen und in klingende Münze verwandeln. Noch ein Auto. Und noch eins. Da schießt haushoch das Monster heran. Die Wagen, die er nicht retten kann, verschwinden im dunklen Wasser. Game over. Später am Tag sieht er in den Nachrichten den Bericht über einen Tsunami, der Teile Japans verwüstet hat. Chamals Herz rast wild. Die Szene kommt ihm unheimlich vertraut vor. Die Straße, die Autos, alles war wie im Spiel. Die Simulation war – Realität. Er hat Menschenleben gerettet.

Diese Story stammt, hier stark gekürzt, aus dem Buch *KI 41*. Darin geht es um zehn Zukunftsvisionen, die der preisgekrönte chinesische Science-Fiction-Autor Qiufan Chen in realitätsnahe, spannende Geschichten verpackt hat. Im Mittelpunkt jeder Geschichte steht eine im Jahr 2041 voraussichtlich verfügbare Technologie, die der taiwanesische KI-Experte Kai-Fu Lee anschließend erläutert. Für Lee, der leitend bei Microsoft, Apple und Google gearbeitet hat, ist 2041 das vollautonome Fahren auf Level 5 zwar bereits Usus, aber immer noch anfällig. In brenzligen Situationen bestünde die beste Lösung womöglich darin, das Fahrzeug in speziellen Tele-Operation-Centern von einem erfahrenen menschlichen Fahrer steuern zu lassen, indem dieser Fernzugriff erhält. Die reale Situation wird zu einer Echtzeit-VR-Projektion, wobei der haptische Anzug über Sensoren das Gefühl von wahrem Erleben deutlich verstärkt. Die Reaktionen des Ersatzfahrers werden auf die Steuerungselemente des autonomen Fahrzeugs übertragen.

Noch etwas weiter in der Zukunft findet womöglich ein Ereignis statt, über das die Wissenschaft heftig streitet: die technologische Singularität. Den Zeitpunkt dafür hat der Futurologe und Transhumanist Ray Kurzweil, einst bei Google beschäftigt, auf 2045 vorausberechnet und das in seinem Buch *Menschheit 2.0* ausführlich erläutert. Es sei das Datum, zu dem künstliche Intelligenz die menschliche Intelligenz ganz und gar aussteche und den technologischen Fortschritt derart beschleunige, dass die Zukunft der Menschheit nicht mehr vorhersehbar sei, weil wir eine neue Zivilisationsstufe erreichten.

Ob überhaupt und wenn ja, wie genau das passiert, darüber gehen die Meinungen weit auseinander. Manche kommen mit den abstrusesten Dystopien daher. Hollywoodesk sagen sie das Ende der Menschheit durch Maschinen voraus. KI-gesteuerte Roboter würden uns vernichten, um den Planeten vor uns zu schützen. Oder sie würden uns in einen Menschenzoo sperren. Zumindest aber würde eine allmächtige KI uns versklaven, weil sie uns so haushoch überlegen sei. Solche Szenarien, düster und bedrohlich, entfachen aufmerksamkeitsstark Panik und sorgen für Hysterie. Ein schwerer Fehler, denn Dauerangst lähmt und macht dumm. Beides können wir, um die mächtigen Herausforderungen der Zukunft zu meistern, ganz sicher nicht brauchen.

Vor allem aber sind solche Szenarien kaum realistisch. Wenn KI eines Tages nicht nur superintelligent, sondern auch sehr weise ist, hat sie aus dem Vergangenheitsmaterial, mit dem sie trainiert wurde, gelernt: Zusammenarbeit ist mächtiger als Konfrontation. Ein fruchtbares Miteinander trägt – auf Dauer betrachtet – reichere Früchte als Zerstörung, Kampf und Krieg. Das haben schon die ersten Menschengemeinschaften verstanden, sonst gäbe es uns heute nicht mehr. Ergo: Gewaltfantasien sind in Filmen vielleicht spektakulär, im wahren Leben jedoch keine sehr kluge Wahl. In der Pandora-Büchse war auch die Hoffnung. Und Menschen haben enormes Stehauf-Potenzial.

Was meiner Zuversicht weitere Nahrung gibt, ist das globale Erstarken der Frauen. Eine Gesellschaft, die das Potenzial gut ausgebildeter Frauen erschließt, stärkt beträchtlich ihre Chancen auf dem Weg in die Zukunft. Denn Frauen, die ihr eigenes Geld verdienen und erfolgreich sind, bringen viel in eine Volkswirtschaft ein. Gerade in einstigen Schwellenländern holen Frauen schnell auf, sobald sie die Möglichkeit dazu haben. Bereits heute kommen zwei Drittel aller Selfmade-Milliardärinnen aus China. Und egal wo auf der Welt: Keine Mutter will, dass ihre Söhne durch Gewaltakte sterben.

Die Natur ist übrigens längst dabei, toxische Dominanz auszusondern. Die weibliche Präferenz für harte, kantige, strenge Gesichter und haariges Fell geht zurück. Solche Signale stehen für Schutzfunktionen und Aggressionspotenzial. Eine Frau, die sich selbst versorgen kann, braucht das nicht. Bei ihr stehen Verlässlichkeit, Verbundenheit und Kooperationsbereitschaft im Fokus. Weichere Züge sind der Code für solche Eigenschaften. Während also dort, wo Frauen kaum Rechte haben, pathologisches Machtgehabe grausam zerstört, kann jeder von uns in einem friedvollen, paritätischen Umfeld sein Genialitätspotenzial zum Nutzen aller zur Geltung bringen.

Und siehe da: Eine große Mehrheit der derzeitigen Gründer hat auf ihrer Jagd nach dem »Einhorn« das Ziel, mit ihrem Wirken nicht nur Geld und Geltung anzusammeln, sondern auch Impact zum Wohl des Planeten zu stiften. Das Einhorn gilt ja als das edelste aller Fabeltiere und ist ein Symbol für das Gute. In der modernen Wirtschaft bezeichnet man mit diesem Begriff ein nicht börsennotiertes Startup mit einem Marktwert von mehr als einer Milliarde US-Dollar. Hunderte gibt es weltweit, allen voran in China und den USA. Die meisten von ihnen sind Vorreiter in Sachen digitaler Technologien. Das Geld, das erfolgreiche Gründer verdienen, stecken sie nicht nur in die eigene Firma, sondern auch in weitere Startups. Oder sie werden zu Investoren in neu entstehenden Märkten. So verstärken sich die erwünschten Effekte.

In welcher Welt wollen wir eigentlich leben?

Digitalisierte Technologien sind die großen Transformatoren der Zukunft. Menschen, humanoide Roboter und künstliche Intelligenzen bewegen sich mit atemberaubender Geschwindigkeit aufeinander zu. Die komplette Verschmelzung der realen mit der virtuellen Welt, die Mixed Reality, ist in ersten Ausprägungen da. Dinge werden uns nicht nur als Hologramme erscheinen, wir selbst können als Hologramm in physischen Räumen anwesend sein. Als supercoole Avatare tummeln wir uns auf Holodecks und in dreidimensionalen Metaversen. Persönliche KI-Gefährten beginnen bereits damit, unser Leben und unsere Arbeit zu organisieren. Sie können uns zur Seite stehen, uns coachen, uns unterhalten und für uns einkaufen gehen. Dies macht nichtmenschliche Wirtschaftsakteure zu mächtigen Kunden der Zukunft, die völlig neue Vermarktungskonzepte erfordern.

Immer ausgefeiltere XR-Technologien, das ist der Oberbegriff für ein ganzes Spektrum immersiver und interaktiver Technologien, werden individuelle Erfahrungen möglich machen, die wie eine parallele Wirklichkeit wirken. Jeder von uns kann, wie einst Alice, ins Wunderland gehen. Hunderte von Menschen können sich fortan gleichzeitig in virtuellen Showrooms treffen, an Konferenzen teilnehmen, ferne Länder und imaginäre Welten bereisen, gemeinsam Konzerte und Ausstellungen besuchen, Bauprojekte, Werksanlagen und das Innenleben von Maschinen inspizieren. Spannende Zeitreisen in die Vergangenheit und Zukunft werden erlebbar. Dem schulischen und beruflichen Lernen bieten sich vielfältige didaktische Möglichkeiten. Virtuelle Firmenzentralen sind denkbar. Unterhaltungskonzerne, Freizeitparks, Museen und Zoos werden spektakuläre imaginäre Welten in unseren Alltag bringen, die uns emotional tief berühren. Metaversen sind zugleich Marktplatz, Arbeitslandschaft, Dating-Area, Fitnessraum und Vergnügungswelt. Vielerlei Branchen, das Gesundheitswesen, Bildungseinrichtungen und Lifestyle-Marken werden maßgeblich davon profitieren. Die digitalen Zwillinge von Berühmtheiten, pfiffige Künstler, kreative Influencer und YouTube-Stars werden bei all dem kräftig mitverdienen. Neue Berufe entstehen.

Daneben wird die Selbstoptimierung zum Megatrend. Das betrifft sowohl den Körper als auch den durch KI herausgeforderten Geist. Invasive Schönheitseingriffe gelten schon heute als völlig normal – nicht nur bei denen, die ästhetisch unterversorgt sind. Anschmiegsame Exoskelette werden uns übermenschliche Kräfte verleihen. So hat die schwedische Firma Bioservo Technologies mit der Ironhand ein weiches, aktives Exoskelett zur Griffkraftunterstützung entwickelt. Eines Tages könnten Nanobots durch den Körper kreisen, Krankheitserreger zerstören und Kaputtes gleich »reparieren« beziehungsweise kurieren. 3D-Drucker werden künstliche Organe, Sehnen und Gelenke für uns produzieren, falls wir sie brauchen. Gehirn-Doping zur Performance-Optimierung wird wohl Usus werden.

Die unkomplizierte Selbstvermessung wichtiger Körperfunktionen in Echtzeit sorgt für ein gesteigertes Gesundheitsbewusstsein und eine wachsende Selbstverantwortung für den eigenen Körper. Arbeitgeber, Krankenkassen und andere Institutionen werden das honorieren – oder ahnden. Sollte etwa schadstoffbedingt die Spermienqualität weiter sinken, könnten Dating-Apps ein Fruchtbarkeitsscreening verlangen, bevor jemand Zugang zum interessantesten Mitgliederpool erhält. Doch so etwas lässt sich in Zukunft verhindern. Ist nämlich eine Krankheit in Anmarsch, registrieren Wearables, noch bevor wir dies selbst an den ersten Symptomen bemerken, veränderte Werte und schlagen Alarm. Mit zunehmendem technologischen Fortschritt werden sie unsere Vitaldaten in klinischer Qualität erfassen und an die dann endlich digital miteinander vernetzten Gesundheitsinstitutionen weiterleiten. Dies erlaubt Frühdiagnosen, verkürzt Krankheitsverläufe und kann sehr viele Leben retten. Ziel des Gesundheitswesens ist künftig die prädiktive Gesunderhaltung. Dank des medizinischen Fortschritts wird die Lebenserwartung der Menschen peu à peu auf bis zu 120 Jahre steigen können.

Die junge Generation wird all das eines Tages erleben. Natürlich sorgt sie sich um den Planeten, doch sie freut sich auch auf die Zukunft. Fabian, 17, aus dem Innviertel in Österreich, der gerade ein duales Studium absolviert, möchte in die Weltraumforschung, erzählt er 60 hochrangigen CIOs auf einem Kongress: »Ich will mal ganz oben sein, im wahrsten Sinne des Wortes. Vielleicht klingt das nach Größenwahn, doch für mich ist es genau die Motivation, die ich brauche, um meine Träume zu verwirklichen. Ich werde immer die Familie, die Freunde und den Spaß am Leben dem Geld, der Macht oder dem Erfolg vorziehen, doch ich werde auch alles versuchen, meine Talente so gut wie möglich zu nutzen. Auf der Erde ist schon alles erforscht, doch da draußen, da wartet das Unbekannte auf die Menschheit. Und ich will ein Teil dieser neuen Möglichkeiten sein.« Sein Plan mag hochgestochen klingen, doch die Kommerzialisierung des Weltraums ist in vollem Gange. An die 30.000 Satelliten werden 2030 mit unterschiedlichsten Aufgaben im Einsatz sein, schätzt Daniel Metzler, CEO des Startups Isar Aerospace.[47] Der Weltraumtourismus hat begonnen. Mond und Mars werden besiedelt. Die Menschheit wird zu einer interplanetaren Spezies.

Auch auf der Erde steht uns Großes bevor. Quantencomputer sind die nächste Sprunginnovation. Sie sind – für den Laien auf sehr geheimnisvolle Weise – in bestimmten Bereichen um ein Vielfaches performanter als moderne Superrechner. Die ersten sind schon im Einsatz, zum Beispiel bei D-Wave, bei IBM und am Fraunhofer Institut. Sie helfen etwa bei der Missionsplanung von Erdbeobachtungssatelliten, sie optimieren Verkehrs- und Energieversorgungsnetze, sie unterstützen beim Rationalisieren von Bauprojekten und simulieren hochkomplexe Prozesse in Physik und Chemie.[48] Derzeit sind sie in ihren Fähigkeiten noch begrenzt, doch das wird sich, wie bei jeder Technologie, in einigen Jahren ändern. In den unterschiedlichsten Disziplinen werden wir Hightech sehen, die alles Bisherige in den Schatten stellt.

Die Frage ist nun: Wie gehen wir mit all dem um?

Mit einer positiven Grundhaltung und wachsamem Optimismus. Technologien per se sind wertneutral. Maßgeblich ist, mit welcher Absicht, mit wie viel Bedacht und welchem Verantwortungsbewusstsein sie erschaffen und dann eingesetzt werden. KI ist schon jetzt sehr mächtig. Bei allem Überschwang über Programmiererfolge müssen Entwickler:innen und Entscheider:innen in ihren Mutterfirmen neben dem Positiven, das sie uns bringen, *immer* auch die möglichen Langzeiteffekte einkalkulieren. Eine gut gemachte KI verletzt niemanden und zerstört nichts. Sie arbeitet für und nicht gegen uns. Leider scheint es manchmal nur eine Frage der Zeit, bis dunkle Gestalten den Fortschritt für Unethisches, Fragwürdiges, Ruchloses nutzen. Sehr konsequent müssen wir, bevor es zu spät ist, vorausschauend das Nötige dagegen tun. Am Ende muss es uns gelingen, eine fein ausbalancierte Regulierung von KI umzusetzen, um die großen Chancen durch KI-Systeme nicht zu behindern und gleichzeitig deren schädliche Nutzung geeignet zu verhindern, betont die Informatikprofessorin Katharina Zweig.[49]

Die Schattenseite destruktiver KI in falschen Händen ist dabei nur *eine* Facette. Die moderne Gentechnologie, im öffentlichen Diskurs eher wenig beachtet, ist längst in der Lage, mithilfe artfremder DNA transgene Organismen zu erschaffen, zum Beispiel goldene Seepferdchen, federlose Hühner und fluoreszierende Kaninchen.[50] Das Gen-Editing ermöglicht gezielte Eingriffe in den Bauplan des Lebens, indem unpassendes Erbgut ausgetauscht oder per Gen-Schere weggeschnitten wird. Wenn derart veränderte Wesen sich fortpflanzen, geben sie ihre modifizierten Gene an alle Nachkommen weiter. Der Mensch habe sich zum *Homo Deus* erhoben, sinniert der israelische Historiker Yuval Noah Harari in seinem gleichnamigen Weltbestseller. Irgendwann könnte es nicht mehr nur, wie bei den Designerbabys, um die Augenfarbe und den Ausschluss von Anomalien gehen, vielmehr entstünde eine genoptimierte menschliche Rasse. Unser Denkapparat ließe sich, daran arbeiten Technologiefirmen bereits, über zerebrale Schnittstellen direkt mit Computern verbinden. Gehirne würden sich in die Cloud hochladen lassen und auf diese Weise ewig weiterleben.

So könnte eines Tages mit nichtbiologisch erweiterten Mensch-Maschine-Wesen eine neue Evolutionslinie entstehen. Manche bezeichnen den herkömmlichen Menschen bereits als Zwischenwirt, der nur deshalb in die Welt kam, um diese höheren Wesen hervorzubringen. Solch »augmentierten« Supermenschen wäre es möglich, nichtmodifizierte Individuen zu unterjochen oder ganz und gar zu verdrängen. Wer würde aber ein solches Schicksal für sich und seine Nachkommen wollen, wenn er Zugang zu einer Modifizierung haben kann? Und was, wenn Regierungen solche Modifizierungen zwangsanordnen, weil sie sich für ihre Volkswirtschaften Vorteile davon versprechen? Wenn der mikrobiologische Baukasten in die Hände Krimineller gerät, drohen verheerende globale Epidemien. Cyberverbrecher wären via Quantencomputing in der Lage, so gut wie jedes Sicherheitssystem zu knacken. Ihre virtuellen Bot-Armeen könnten alles überrollen. Bei autonomen Waffensystemen könnte ein Vollidiot, der den falschen Knopf drückt, ein Inferno entfesseln. *Falls* die Klimawende misslingt, wird die zweite Hälfte dieses Jahrhunderts eh trostlos. Die globale Erhitzung ist ein Bedrohungsmultiplikator, der jede Art von Extremen verstärkt. Doch Technologie wird uns eben auch unterstützen, künftige Mammutherausforderungen in den Griff zu bekommen.

Dystopie oder Anastrophe: Wir haben die Wahl

Natürlich ist es wichtig, Skeptikern zuzuhören und sich auf jede denkbare Zukunft vorzubereiten, doch dystopischer Generalpessimismus bringt niemanden weiter. Denn dann kommt es wie immer: Wir machen uns Sorgen, und andere starten durch. Trollen, Scharlatanen und Apokalypsenheraufbeschwörern, die mit ihrer Eskalationsrhetorik um Aufmerksamkeit buhlen oder planmäßig Fake News verbreiten, schenken wir besser kein Gehör. Vielmehr sollten wir uns fragen, wer mit welchen machtpolitischen Absichten dahintersteckt. Schon gar nicht sollten wir so etwas ungeprüft weiterverbreiten. Leider kann es aus vielerlei Gründen einträglich sein, Angst zu schüren. Negativschlagzeilen bedienen unsere geradezu unstillbare Lust, Informationen über Gefahren zu sammeln, um selbst mit dem Leben davonzukommen. Lassen wir uns davon bloß nicht paralysieren. Machen wir uns besser mit Volldampf daran, *jetzt* Hand in Hand mit förderlichen künstlichen Intelligenzen für eine erstrebenswerte Zukunft zu sorgen. Helfer aus Bits und Bytes bieten bei Weitem mehr Segen als Fluch, und das sollten wir gezielt für uns nutzen. Es ist die Welt unserer Kinder und Enkel, die wir vorbereiten.

Neben der Katastrophe gibt es nämlich ein Wort, das interessanterweise kaum jemand kennt: die Anastrophe. Dieser Begriff beschreibt in der Soziologie eine Kehrtwende zum Guten. Kann also die KI für die Menschheit zu einer Anastrophe werden? Kann durch ihr Zutun unser Klima wieder gesunden? Bahnbrechende Erfolge wird es jedenfalls in der Medizin und bei der Bekämpfung schwerer Krankheiten geben. Die Zusammenarbeit mit KI ermöglicht eine bessere Früherkennung, genauere Diagnosen und eine deutliche Reduzierung tödlicher Folgen, weil lernende KI auf Millionen Befunde, neueste Studien und weltweite Behandlungsergebnisse zugreifen kann, um maßgeschneiderte Therapien zu kreieren.

Mithilfe der fortschreitenden Präventionsmedizin und dank genetischer Anti-Aging-Eingriffe werden wir lange jung und gesund bleiben können. Die synthetische Biologie kann auf Superrechnern eine Fülle von Simulationen durchspielen, Forschung beschleunigen und Innovationszyklen deutlich verkürzen. Dabei werden nicht nur neuartige Impfstoffe und Medikamente, sondern auch bislang unbekannte Materialien entdeckt, die chemische Schadstoffe ersetzen oder diese aus der Umwelt entfernen. So wurden Enzyme gefunden, die Plastik »fressen«, es also in seine Bestandteile zersetzen und wiederverwertbar machen.[51]

Sämtliche Energieprobleme ließen sich lösen, sollte die Kernfusion tatsächlich gelingen. Mit der Kernspaltung in Atomkraftwerken hat das *nichts* zu tun, vielmehr geht es um eine unerschöpfliche Energiequelle, sozusagen um eine Sonne im Miniformat auf der Erde. Erste Durchbrüche sind gelungen. Am Lawrence Livermore National Laboratory im US-Bundesstaat Kalifornien wurden mehrere Kernfusionsreaktionen erzeugt, die zu einem Nettoenergiegewinn führten.[52] In Südfrankreich ist ITER, der weltgrößte Versuchskernfusionsreaktor im Bau. Vielleicht ist eins der Münchner Kernfusionsstartups auch schneller. Proxima Fusion ist eine Auskopplung des Max-Planck-Instituts. Das Institut betreibt einen Stellaratorforschungsreaktor namens Wendelstein 7-X. Marvel Fusion favorisiert die lasergetriebene Kernfusion.[53] Fusionsenergie würde, in Kombination mit grüner Energie, die Energiekosten drastisch senken. Vieles könnte dann nicht nur emissionsfrei, sondern auch nahezu kostenlos hergestellt werden. Ein Zeitalter könnte beginnen, in dem alle Menschen die Aussicht auf ein angenehmes Leben hätten. Das halten Sie für Träumerei?

Denken wir an all die Dinge, die aus Kostengründen einst nur privilegierten Schichten zugänglich waren, allem voran die wichtigste aller Ressourcen: das Wissen der Welt. Wenn die Knappheit in immer mehr Bereichen weg ist, wird es viele Probleme, an denen heutige Gesellschaften noch kranken, nicht mehr geben. Das wäre doch, meine ich, eine Ambition, für die sich Engagement wirklich lohnt. Wir sind keine passiven Erdulder einer unabwendbaren Zukunft, wir sind deren aktive Gestalter.

Im Tandem mit künstlicher Intelligenz

Die Industrialisierung revolutionierte die Körperarbeit, die Digitalisierung krempelt nun die Kopfarbeit um. Der Siegeslauf generativer KI-Tools gibt uns einen Vorgeschmack darauf, wie sehr sich unser Leben und Arbeiten fortan verändert. Allein die öffentlich zugängliche Version von ChatGPT erreichte in nur zwei Monaten 100 Millionen Nutzer und wurde bis dato die mit Abstand am schnellsten wachsende App aller Zeiten. Sie hat KI auf verblüffend einfache, intuitive Weise für jeden Laien verfügbar gemacht. Im Nu haben breite Bevölkerungsschichten das »Prompten« erlernt, die Vielfalt der Möglichkeiten erkundet und sich mit den Risiken und Grenzen auseinandergesetzt.

Das ist gut so, denn ganz gleich, welchen Job Sie machen: »KI wird Ihnen schon bald dabei helfen, ihn besser auszuüben«, sagt Inhi Cho Suh, Technologievorständin bei DocuSign aus dem Silicon Valley, und weiter: »Im kommenden Jahrzehnt wird KI bei jeder Aufgabe, jedem Arbeitsablauf und jedem Gerät zum Einsatz kommen.«[54] So bleibt überall da, wo KI unterstützt, mehr Zeit für qualitativ wertvolle zwischenmenschliche Kontakte: bei der Mitarbeiterführung, im Krankenhaus, im Service, in der Gastronomie.

Die Fortschritte kommender KIs werden Herausforderungen an uns stellen, die es uns ermöglichen, als Mensch zu wachsen. Sie dienen nicht nur der Unterstützung, sondern auch der Erhöhung menschlicher Intelligenz. So wird KI uns nicht ersetzen, sondern *die* werden ersetzt, denen es nicht gelingt, KIs als Assistenten für ihre eigene Intelligenz zu nutzen. Wir haben wie immer die Wahl. Wir können weinerlich klagen und tatenlos warten, bis KI uns vertreibt. Oder wir nutzen die jeweils neueste verfügbare Technologie, um das Beste aus einem Mensch-Maschine-Zusammenwirken zu machen. Die eigene Produktivität und dadurch auch die des gesamten Unternehmens kann durch KI kräftig gesteigert werden. Insofern muss es zum einen gelingen, alle Mitarbeitenden rasch mit den neuesten nützlichen Technologien vertraut zu machen. Zum anderen gilt es, passende digitale Anwendungen zu identifizieren, situativ zu integrieren und im weiteren Verlauf durch neuere, performantere zu ersetzen.

KI als monströse Jobkiller hochstilisieren? Wohl eher ein Kalkül sensationsgieriger Medien und aussterbender Industrien. In Wirklichkeit wird Arbeit sich transformieren. Punktuell werden natürlich Jobs verschwinden, doch viele andere, völlig neue kommen hinzu. Zudem werden sich Jobs durch die intensive Zusammenarbeit mit KIs stark verändern. Die Bereitschaft, in immer kürzeren Abständen neue digitale Fähigkeiten zu erlernen, spielt somit fortan eine entscheidende Rolle – in jedem Bereich.

Hierzu eine punktuelle Bestandsaufnahme: »Im Juni 2023 war die Zahl der LinkedIn-Mitglieder, die KI-Fähigkeiten ausweisen, weltweit neun Mal größer als im Januar 2016, zeigt der aktuelle LinkedIn Future of Work Report AI at Work. Nun sagt ein Eintrag im eigenen LinkedIn-Profil natürlich wenig über die tatsächlichen Fähigkeiten aus. Dennoch liefert die Statistik ein erstes Bild, in welchen Ländern sich die Arbeitnehmer auf den KI-Boom vorbereiten. Singapur liegt mit großem Abstand vorne. Auch in Nordeuropa (Finnland, Irland, Dänemark), Kanada und Großbritannien sind die Arbeitnehmer aktiv. Deutschland liegt auf dem letzten Platz.«[55]

Künstliche Co-Worker müssen trainiert, evaluiert, supervisiert, an die Unternehmensparameter angepasst und vor Angriffen geschützt werden. Die Vorschläge einer KI müssen kuratiert, ergänzt, veredelt und an individuelle Bedarfe angepasst werden. Zudem gilt das Automatisierungsparadox: Je höher entwickelt ein automatisiertes System, desto wichtiger ist ein kompetenter menschlicher Kontrolleur.

Am begehrtesten werden diejenigen sein, die die neuesten Technologien zur Hochform auflaufen lassen und hierdurch die Produktivität maßgeblich steigern. »Mein Benchmark im Moment ist, ob wir ein Ergebnis zeitlich schneller, in gleicher Zeit qualitativ optimaler und oder energetisch effizienter erhalten können. Wenn es gelingt, dass wir 20 Prozent schneller sind als bisherige Algorithmen oder 10 Prozent weniger CO_2-Ausstoß haben, kann das – je nach Gebiet – bereits einen Riesenunterschied machen«, erläutert Phil Arnold, Head of Quantum Technologies bei Vinci Energies, auf einem Axians-C-Level-Event im Herbst 2022. Er arbeitet am Zusammenspiel von herkömmlichen Rechnern und Quantencomputern.

Zum Glück haben wir KI & Co., jedenfalls aus jetziger Sicht. Technologie fängt zumindest teilweise die Probleme auf, die durch fehlende qualifizierte Arbeitskräfte und den demographischen Wandel entstehen. Vielen alten, mühsamen Jobs weint gewiss auch niemand hinterher. Kollaborative Roboter (Cobots) übernehmen repetitive, anstrengende, schmutzige, ungesunde, gefährliche Arbeit, die keiner mehr machen will. Bei vielen Engpassberufen, etwa im Handwerk, am Bau und in der Logistik, ist eine erhöhte Digitalisierung die einzige Rettung. Der Pflegebereich kommt ohne künstliche Helfer, artifizielle Gesprächspartner und Virtual-Reality-Assistenz gar nicht mehr aus.

Wenn KI nun immer mehr übernimmt, stellt sich eine bedeutende Frage: Was ist spezifisch menschlich, bleibt also für Menschen zu tun? Menschen sind genau dann gefragt, wenn frische, neue Herangehensweisen benötigt werden und Kontexte zu berücksichtigen sind, die man selbst mit Daten nicht berechnen kann. Menschen sind Alleskönner – und Multitalente. Wir punkten (noch) mit Vorstellungskraft, Humor, Empathie, Intuition, Fingerspitzengefühl, Improvisationstalent, mit dem Erfassen großer Zusammenhänge, mit Verhandlungsgeschick, mit gesundem Menschenverstand, mit zwischenmenschlicher Beziehungsarbeit, mit Herzenswärme und echter Liebe. Wer es auf solchen Gebieten zur Könnerschaft bringt, sich beruflich stets weiterentwickelt und von KI umfänglich helfen lässt, ist in der Future Economy vorn.

Überall rücken Mensch und KI enger zusammen. Als Tandem sind sie sowohl dem Menschen allein als auch der KI allein überlegen. Zum Beispiel kreieren KIs, die auf Düfte spezialisiert sind, individualisierte Parfums. Im Rahmen eines bildbasierten Persönlichkeitstests fragen sie zunächst die Vorlieben eines Users in relevanten Bereichen ab, wie etwa Reisen, Kulinarik, Events, Lifestyle, Aromen, Farben und Hauttyp. Auf Basis der Antworten ermittelt die KI eine personalisierte Duftrezeptur. Diese wird von einem erfahrenen Parfümeur evaluiert und dann gemischt. So co-kreieren Computertechnologie und menschliche Experten gemeinsam eine einzigartige Schöpfung für Duftliebhaber mit Niveau.

Bei aller Digitalisierung gilt im Kundenbereich: Die menschliche Komponente bleibt auch in Zukunft von hoher Bedeutung. Weil Digitaltools so omnipräsent sind, verstärkt sich unsere Sehnsucht nach Momenten, in denen es menschelt, besonders in kniffligen Situationen. Gerade dann sollte der Service außergewöhnlich sein. Neulich eine Dame am Telefon, es ging um ein technisches Problem: »Lehnen Sie sich entspannt zurück. Ich werde mich ruckzuck um alles kümmern. Das kriegen wir hin.« Wow, tat das gut! Und das Beste: Sie hat ihr Versprechen gehalten. Wer seine Leute komplett durch Digitaltools ersetzt, riskiert, dass er Kunden verliert. »Solange der Endkunde ein Mensch ist, wird auch die notwendige Kompetenz zur Kundenzufriedenheit von Menschen erbracht werden müssen – und zwar auf die ihnen eigene, durch KI nicht ersetzbare Art und Weise«,[56] hebt die Trendexpertin Birgit Gebhardt hervor. Hohe Expertise verbunden mit Herzlichkeit und wahrer Empathie: »Warm glow« nennen Forscher das kostbare Gefühl, das uns dann überkommt. Das schaffen eben nur echte Menschen.

Digitales Verständnis: Fortan für jeden fundamental

Künstliche Intelligenzen sind meist Spezialisten und lösen, teils überaus kreativ, vordefinierte Anwendungsaufgaben. Nachdem sie eine Weile geübt haben, sind sie darin immer besser als der Mensch. So nimmt uns KI mühsame und langweilige Arbeiten ab, damit wir uns um die anregenderen Dinge des Lebens kümmern, unser gesamtes Potenzial ausschöpfen und das tun können, in dem wir am besten sind: Mensch sein und zwischenmenschliche Beziehungen pflegen. Was eine KI besonders gut kann: lernen und aus gigantischen Datenmengen Vorhersagen treffen. Sie braucht meist nur Minuten, wo Menschen Tage, Wochen, Monate brauchen. Zunehmend viele Prozesse stößt sie bereits selbstständig an. Im Idealfall sorgt sie für eine Erkenntnisbasis, die uns erheblich leistungsfähiger macht.

Was KI definitiv *nicht* kann, ist fühlen. Ihr gelingt es allerdings immer besser, menschliche Interaktionen zu lesen, Sprache, Stimme und Tonalität glaubhaft zu imitieren und uns Empathie vorzuspielen. Emotionen und auch Lügen erkennt KI bereits besser als die meisten Menschen. Dies kann sie, weil sie einerseits mit riesigen Mengen an menschlicher Kommunikation trainiert wird und andererseits unsere Mikromimik analysiert. Dass Menschen künstliche Gegenüber anthropomorphisieren, ihnen also menschliche Eigenschaften, Gefühle und Absichten zuschreiben, ist insofern verständlich. Dabei sind sie nur programmierter Code, der Wörter aufgrund von Wahrscheinlichkeiten ausgibt.

Praktisch jedes Business kann mit digitaler Unterstützung besser betrieben werden. Doch Ethik, Werte, Moral: Das kennt die Technologie nicht. Das muss von den Menschen kommen. Es sind Menschen, die Software programmieren, und damit definieren sie die Realität einer KI. In den Händen der Falschen ist sie ein Teufelszeug. Wer eine mächtige Technologie in die Welt setzt, löst immer einen Wettlauf zwischen Gut und Böse aus, denken wir nur mal an Messer, Vorschlaghammer und Kettensäge. Jede Technologie ist ein zweischneidiges Schwert. So hält Elektrizität unsere komplette Wirtschaft in Gang, wenn wir sie aber direkt berühren, ist sie meist tödlich. Auch das Auto ist eine feine Sache, doch *jährlich* sterben weltweit 1,3 Millionen Menschen im Straßenverkehr.[57] Wir sind uns solcher Risiken durchaus bewusst, haben uns aber primär die Vorteile zunutze gemacht. Regulierende Vorschriften haben geholfen, uns vor Schaden zu schützen. »Deshalb regulieren wir nicht die KI-Technologie, sondern ihre Verwendung«, sagt die EU-Kommissarin Margarethe Vestager.[58]

In digitalen Kontexten entwickeln sich das Richtige wie auch das Falsche exponentiell. Insofern müssen wir als weltweite Gesellschaft – und auch jeder für sich – rasch zu einem verantwortungsvollen Umgang mit KI & Co. finden. Allem voran braucht es für »Augmented Intelligence«, dem Zusammenspiel von menschlicher und künstlicher Intelligenz, jede Menge digitales Verständnis. Fragen wie diese sind dabei essenziell:

- Was kann KI besser als Menschen? Und was können Menschen besser als KI?
- Wann überlassen wir die Arbeit der KI – und wann schreiten wir entschieden ein?
- Welche neuartigen Leistungen können wir mit KI-Unterstützung erbringen?
- Können wir die KI-Anwendungen, die wir verwenden, erklären? Welche Risiken gehen wir ein, wenn wir das nicht können? Und, in aller Interesse, wollen wir das?

Die Weichen dafür stellen wir jetzt. Denn smarte KI entwickelt sich bereits selbstständig weiter, mitunter auf eine Weise, die sogar Profis nicht mehr verstehen. Ein wesentlicher Punkt hierbei: KI wird mit Vergangenheitsdaten trainiert, und das erzeugt den GIGO-Effekt: Garbage in, garbage out. Schlechtes, gefaktes oder entstelltes Ausgangsmaterial erzeugt Müll. Hass und Häme, die Unterstützung falscher Propheten und der ganze Dreck, der ins Web geschleudert wird, beeinflussen unsere Zukunft. Zwangsläufig werden selbstlernende Sprachprogramme sich fortan auch mit Texten trainieren, die sie zuvor »halluzinierend« erschaffen haben. Textinzest nennt man das.

Selbst, wenn »nur so zum Spaß«, lassen wir das Uploaden von Müll und Schrott ins Web besser sein. Wir würden ja auch unsere Kinder nicht »nur so zum Spaß« schlecht erziehen, weil uns klar ist, welch katastrophale Folgen das haben kann. Wir machen unsere Kinder vielmehr stark und kümmern uns verantwortungsvoll um sie, um ihnen einen bestmöglichen Start in die Zukunft zu geben. Tun wir das doch auch mit unseren »künstlichen Kindern«.

Das Alte hatte seine Zeit – nun ist eine neue Zeit

Überall auf der Welt bringen ambitionierte Innovatoren Ideen, Wissen und Können auf neue Weise zusammen, um unser Leben und Arbeiten besser zu machen. Gängige Begriffe dafür sind Change, Transformation und Disruption. Worum geht es dabei?

- **Change-Maßnahmen** wollen Existierendes verändern, Vergangenheit optimieren und weiterentwickeln. Man dreht an kleinen Schräubchen, nicht aber am großen Rad. Dies ist vergleichbar mit einem Chamäleon, das je nach Umgebung seine Hautfarbe wechselt, um sich besser anpassen und Gefahren abwenden zu können. Change ist keine Neuausrichtung, sondern eine Variante des Alten im Trippelschrittmodus, höchstens ein Innovatiönchen in homöopathischer Dosis: Hier noch ein paar PS, da etwas mehr Design, dort ein neues Feature, mehr Inhalt, die Verpackung größer, das Etikett bunter, dann Aktionspreis, alles muss raus! Solcher Change verändert nicht strukturell, sondern nur punktuell. Man doktert am

Alten herum, statt Neues zu wagen. Begleitet wird solcher Change von langatmigen Planungsprozessen, kleinlichen Budgetdiskussionen und einem überbordenden Kennzahlensystem, das umfänglich misst und dokumentiert, was *derzeit* erfolgreich ist. So zementiert man primär den Status quo. In einer dynamisch voranschreitenden Welt reicht das nicht.

- Bei der **Transformation** geht es um einen Umwandlungsprozess, im Verlauf dessen Neuartiges entsteht. Vergleichbar ist dies mit einem Schmetterling, der zuvor eine gefräßige Raupe war. Nach seiner Transformation ist er nicht nur eine Augenweide, sondern auch ein Bestäuber, der Bestehendes zukunftsfit macht. Zudem hat er eine ganz neue Fähigkeit: Er kann fliegen. Oft wird Transformation gleichgesetzt mit digitaler Transformation. Doch das ist zu einseitig gedacht. Transformationsnotwendigkeiten umfassen die komplette Wirtschaftswelt und sind struktureller Natur. Die digitale und die grüne Transformation werden zunehmend miteinander kombiniert und als Twin Transformation bezeichnet. Die, die in beidem eine Vorreiterstrategie entwickeln, gelten als Twin Transformer oder Twin Performer. Wie dieser Teil zeigen wird, sind organisationale Transformationen die notwendige Basis, damit andere Arten von Transformation überhaupt gelingen. In Teil 3 geht es dann um die Transformation in ein innovationsfreudiges und damit zukunftsfähiges Unternehmen.

- Eine **Disruption** ist, im Gegensatz zu evolutionären Konzepten und transformativem Wandel, das Auftauchen einer bahnbrechenden Neuheit. Als ein Meteorit einschlug und die großen Dinosaurier starben, wurde der Weg plötzlich frei für eine kleine, quirlige, anpassungsfähige Art: die Landsäugetiere, unsere Urverwandten. Bei einer Business-Disruption werden etablierte Unternehmen, tradierte Technologien, übliche Dienstleistungen und althergebrachte Wertschöpfungsketten durch etwas radikal Neues abgelöst und meist verdrängt. Die herkömmlichen Strategien und Strukturen klassischer Corporates reichen nicht aus, solchen Herausforderungen zu begegnen. Disruptionen kommen fast immer von Branchenfremden. Sie beginnen meist mit schwachen Signalen. Anfangs werden sie verharmlost und gern auch verlacht, denn ihr Ausgang ist ungewiss. Als Werner von Siemens 1847 in Berlin sein Startup gründete, konnte auch niemand ahnen, dass daraus einmal ein Weltkonzern würde. Mit neuartigen Zeigertelegrafen hat er die damalige Kommunikationstechnik revolutioniert. Hierdurch war es – im Gegensatz zum Morse-Telegrafieren – nun erstmals auch ungeschulten Laien möglich, Textbotschaften zu übermitteln.

Disruptionen sind also kein neues Phänomen. Es hat sie schon immer gegeben. Sind sie für die Menschen vorteilhaft, setzen sie sich heutzutage, da wir uns im Zeitalter der Supervernetzung befinden, rasend schnell durch. Und jedes Mal, wenn eine neue Technologie eine alte ersetzt, werden Arbeitsplätze zerstört und neue geschaffen, steigen Unternehmen auf oder ab, verändern sich Zeitgeist und Konsumentenverhalten.

Disruptoren betreten keinen bestehenden Markt, sie erzeugen einen neuen. Mit Nischengespür packen sie jede Chance beim Wickel, die sich durch die fortschreitende Digitalisierung ergibt. Sie brauchen keine Fabrik, nicht mal mehr eine Garage, um Geschäftsmodelle in Gang zu bringen, die die Etablierten erzittern lassen. Laptop, Wi-Fi- und Startkapital reichen meist aus. Aus vernetzten Startup-Schmieden und von Jungunternehmern kommen Ideen, die nicht nur alles digitalisieren, sondern die Welt so schnell und umfassend verändern wie niemals zuvor. Sie sind die Motoren des Fortschritts. Gegen ihr smartes, findiges, wagemutiges Vorgehen haben die Old-School-Apparatschiks mit ihrer Absicherungsmentalität, ihren langatmigen Expertenrunden und ihren behäbigen Entscheidungsprozessen nicht den Hauch einer Chance.

Meinen Lesern passiert das natürlich nicht. Deshalb schauen wir uns nun detailliert an,

- wie relevante Zukunftsbilder entstehen,
- was ein zukunftsfähiges Organisationsdesign braucht,
- wie Business-Ecosysteme aufgebaut werden.

Gibt es Patentrezepte dafür? Nein, gibt es nicht. Business-Situationen sind verschieden, also müssen es auch die Methoden sein. Jede Firma muss ihren eigenen Weg für sich finden, experimentieren und ausprobieren. Standardrezepte sind sogar höchst gefährlich. Denn keine zwei Unternehmen sind gleich. Branchen und Märkte sind genauso individuell wie Geschäftsmodelle, Unternehmenskulturen und Kundenstrukturen. Die Firmengröße spielt eine Rolle, landestypische und kulturelle Besonderheiten sind zu beachten. Restriktionen, die Unternehmen durch Gesetze, Behörden, Börsenvorschriften, Investoren und Anteilseigner auferlegt werden, müssen berücksichtigt werden.

Der größte Fehler dabei ist: Fix-und-fertig-Lösungen einzukaufen und der Organisation einfach überzustülpen. Die zwanghaft methodenhörigen Manager von früher sind obsolet. Damit Akzeptanz gepaart mit hohem Engagement entsteht, muss in einem geschützten Raum von Versuch und Irrtum eine ureigene Form entwickelt werden. Natürlich ist es sinnvoll, sich von externen Profis inspirieren zu lassen. Vor allem die Pioniere auf ihrem Gebiet liefern wertvolle Denkanstöße. Doch unreflektiert nacheifern darf man ihnen nicht. Was bei dem einen großartig funktioniert, kann anderswo grandios scheitern.

Eins braucht es allerdings und in jedem Fall: Das ist der Grundsatzentscheid, den Umbau als solchen loszutreten. Denn ohne einen ausdrücklich bekundeten Willen, der von der Führungsspitze ausgehend vom gesamten Management mitgetragen werden muss, wird jede Transformation zum Rohrkrepierer. Zudem haben »Obere« die strikte Aufgabe, den Umbau zu schützen, zu unterstützen und zu begleiten.

Kann nun der Erneuerungsschalter in einem Ruck umgelegt werden? In Einzelfällen ist das wohl möglich. Doch normalerweise, das sagen alle, die Transformationsprozesse hinter sich haben, sollte das Pendel nicht zu überhastet oder zu hart in eine komplett neue Richtung schwingen. Wer alle Wände gleichzeitig einreißt, dem fällt das Dach auf den Kopf. Gehen wir also schrittweise vor. Beginnen wir mit dem Zukunftsbild, das eine Gesellschaft und jede Organisation haben sollte. Denn wer die Zukunft erreichen will, muss ein Bild davon haben, wer er in Zukunft sein will und was er dort tut.

»Was wir brauchen, ist Begeisterung und Tatkraft für das Neue. Wir müssen Lust bekommen auf die Zukunft, die wir mitgestalten sollen. Und dafür brauchen wir ein Bild dieser Zukunft«, sagt Stella Schaller, Mitgründerin des Thinktanks Reinventing Society, in *Zukunftsbilder*

2045. Zusammen mit ihren Co-Autoren ist sie auf Zeitreise gegangen, hat 16 Städte im DACH-Raum besucht und fotorealistisch untermauert beschrieben, wie wir dort leben und arbeiten könnten. Ein hoffnungsvoller Bericht.

Liebe Zukunft, was hast du für uns parat?

Bevor wir auf die Zukunft einwirken und sie unseren Wünschen entsprechend gestalten, müssen wir zunächst verstehen, wie die Welt sich verändert, und überlegen, wie mögliche Zukünfte aussehen können. Die erste Frage, wenn es darum geht, eine neue Geschäftsstrategie zu entwickeln, ist also die, wie wir in Zukunft leben und arbeiten werden. Indem wir frühzeitig Hypothesen erstellen für eine Zeit, die noch nicht da ist, kann es glücken, Szenarien zu erkennen, die für uns maßgeblich werden. Erst dann können wir heute beginnen, uns darauf vorzubereiten und in diese Zukunft steuern.

»Die Zukunft lässt sich nicht vorhersagen. Denn sie steht nicht fest. Wir können nur Szenarien entwerfen, also vorausschauen. Am Ende wird die Zukunft so sein, wie wir sie heute gestalten,«[59] sagt Amy Webb. Und sie muss es wissen. Sie zählt zu den bedeutendsten Futurologen weltweit. Die New Yorker Professorin ist seit Jahren im Thinkers50-Ranking vertreten und eine Instanz, wenn es um Strategic Foresights geht. Ihre kostenlosen jährlichen Trendstudien werden millionenfach heruntergeladen.[60]

Szenarien sind keine Prognosen, sondern spekulative Zukunftsbilder. Mit ihrer Hilfe können wir gefahrlos Ausflüge in die Zukunft simulieren. Sie sind keine Utopien, sondern wollen plausible Wege vom Heute ins Übermorgen aufzeigen. Solange Szenarien noch Zukünfte sind, können wir uns darauf einstimmen, potenzielle Chancen früh ergreifen, etwaige Risiken antizipieren und über wünschenswerte Varianten vorausschauend debattieren. Indem wir uns intensiv damit befassen, springen wir heraus aus der Filterblase subjektiver Wahrnehmungen und erkennen Gesamtzusammenhänge. So kann es uns gelingen, auf unsere Zukunft Einfluss zu nehmen und ihren Lauf schöpferisch mitzugestalten. Natürlich ist es nicht möglich, sich auf jedes Ereignis vorzubereiten, doch immerhin hat man Optionen zur Hand, um im Ernstfall zügig ins Handeln zu kommen, während andere noch in Schockstarre sind.

»In unterschiedlichen Szenarien zu denken, öffnet unseren Horizont. Es bereitet eine Vielzahl möglicher Antworten vor, die im Falle von Krisen für uns verfügbar sind. Es erlaubt Diskussionen darüber, welche Antworten nicht nur realistisch, sondern auch positiv erscheinen – und lässt uns Handlungsalternativen entdecken und erkunden, noch bevor sich Probleme und Fehler abzeichnen«, schreibt die Politökonomin Maja Göpel in *Wir können auch anders,*[61] und weiter: »Stellen wir uns die Frage nach der langen Sicht und beschäftigen uns damit, an welchem Punkt welche Weichen für die Welt unserer Kinder gestellt werden, können wir Trends beobachten und vorausschauend verändern, statt von ihren exponentiellen Verläufen und plötzlichen Abbrüchen überrascht zu werden und hektisch zu reagieren.« Und wir können, ich ergänze, zu einem First Mover werden, jemand also, der den ersten Zug macht und anderen davongaloppiert.

Gerade in Anbetracht der zurückliegenden Krisen ist jedoch deutlich geworden: Die Wirtschaft versagt an ihrer Kurzsichtigkeit. Und an ihrer Engstirnigkeit. Regelmäßig treffe ich bei meinen Vortragsreisen auf Verantwortliche, die mir Vorgaben machen wollen, was ich alles *nicht* ansprechen soll, »weil der CEO das nicht hören will«. Führungskräfte berichten mir, dass ihre Loyalität infrage gestellt wird, wenn sie vor kritischen Entwicklungen oder möglichen Disruptoren von außen warnen. Ein Vertriebsleiter erzählte mir, dass er um ein Haar gefeuert worden wäre, weil er vor globalen Lieferengpässen warnte und deshalb die Umsatzzielzahlen revidieren wollte. Seitdem ist er still und macht Dienst nach Vorschrift. Ein anderer wollte mich anheuern, um die Verkäufer zu Höchstleistungen anzuspornen. Das veraltete Produkt hingegen, das sie verkaufen sollten, das aber am Markt längst nicht mehr ankam, wurde nicht auf den Prüfstand gestellt, »weil der Chef es noch immer für gut befand«. Kritik an seiner Denke betrachtete man dort als Sakrileg.

Unternehmen, in denen man vor unliebsamen Themen einfach die Augen verschließt, gibt es viele. Spricht man sie auf ihre veralteten Technologien an, kontern sie mit dem Verlust von Arbeitsplätzen. Dass sie wegen überholter Geschäftsmodelle, Strukturen und Prozesse komplett vom Markt verschwinden könnten, wird tabuisiert. Damit Sie kein solches Schicksal erleiden, starten wir eine Zukunftswerkstatt, Ihr Future Lab.

So starten Sie Ihr eigenes Future Lab

Wer sich frühzeitig auf eine Zukunft vorbereitet, die kommen kann, ist besser gerüstet für die, die dann tatsächlich kommt. Simulierte Reisen in die Zukunft und wieder zurück ermöglichen frühzeitig Einsichten in weit vorausliegende Entwicklungen im Umfeld des Unternehmens und seines Geschäftszwecks. Die Verantwortlichen bekommen auf Basis potenzieller Begebenheiten ein besseres Gefühl für Chancen und Risiken, können rechtzeitig Anpassungen vornehmen, mit Bedacht Weichen stellen und müssen seltener auf unerwartete Ereignisse reagieren. Stehen Entscheidungen an, können sie auf »Vorgedachtes« zurückgreifen sowie schneller und umsichtiger handeln.

Ganz am Anfang stehen also Fragen wie diese:

- Wie können wir den Zukunftsblick offenhalten und das Unerwartete, das die Zukunft bringt, als Chance betrachten und für uns nutzen?
- Wie können wir unsere Zukunftsintuition trainieren und unsere Weitsicht stärken, indem wir lernen, ungewöhnliche Verbindungen herzustellen?
- Wie können wir unsere Blickwinkel ändern sowie Annahmen und Überzeugungen hinterfragen, um zu neuen Erkenntnissen zu gelangen?
- Wie können wir uns der Gefahrenseite der Zukunft widmen, um Risiken zu antizipieren und uns frühzeitig darauf vorzubereiten?
- Was können wir entdecken, worüber wir vorher noch nie nachgedacht haben? Und was hindert uns daran, dies zu tun?

Das kraftvolle Bild einer brillanten Zukunft zieht die besten Talente wie magisch an. Diese sind engagierter und produktiver in ihrem Job. Zudem werden sie als Corporate Influencer aktiv, weil sie sich mit dem Zukunftszielbild des Unternehmens identifizieren und dies auch nach draußen tragen. Und das wiederum macht Firmen nicht nur für Top-Bewerber, sondern auch für interessante Kunden hochattraktiv.

Die Suche nach zukünftigen Wachstumsfeldern kann gar nicht früh genug beginnen. Ein systematisches Vorgehen umfasst vor allem für größere Unternehmen folgende Schritte:

- Definieren Sie die Innovationsfelder, die für die Firma relevant sein können.
- Installieren Sie ein Trendmonitoring beziehungsweise ein Chancenradar.
- Bauen Sie ein Zukunftsexpertenteam auf, integrieren Sie auch externe Hilfe.

Externe sind exzellente Sparringspartner. Sie kennen keine Skrupel. Sie brauchen auf Animositäten keine Rücksicht zu nehmen. Sie müssen nicht mit Repressalien rechnen. Bei Beharrungstendenzen bieten sie knallhart Paroli. So werden die anwesenden Manager – denen man in ihren Betrieben eher selten glasklar widerspricht – nun inhaltlich herausgefordert von Menschen, die komplett andere Sichtweisen haben und sich auf völlig andere Art an eine Aufgabe machen. Dies führt zu einer Horizonterweiterung und schließlich zu neuen Handlungsoptionen. Und genau das macht Wettbewerbsvorsprünge dann sehr wahrscheinlich.

Wer eine Future Journey, die Reise in die Zukunft seines Unternehmens entwickelt, Zukunftsnarrative erzählen und passende Zukunftsstrategien daraus ableiten will, dem empfehle ich die Szenarioplanung. Die *eine* Langzeitstrategie, die früher aufgestellt und von allerlei Wunschdenken begleitet war, ist in sich permanent wandelnden, komplexen Zeiten mit exponentieller Entwicklung nicht länger brauchbar. Deshalb ist es besser, Prognosen für verschiedene mögliche Zukünfte anzustellen und auf dieser Basis mehrere Szenarien zu entwerfen. Diese können dann im weiteren Verlauf durchgespielt werden, um »just in case«, also für den Fall der Fälle, vorbereitet zu sein.

Ziel der Szenarioplanung ist es *nicht*, exakte Vorhersagen für die Zukunft zu machen. Man verknüpft vielmehr bereits bekannte Trends mit mutmaßlichen Einflussfaktoren in Bezug auf Kunden, Arbeitsmarkt, Wirtschaft, Technologie, Umwelt, Politik und Gesellschaft. Im Ergebnis geht es um eine differenzierte Sicht auf mögliche Zukünfte sowie um die Handlungsfelder, die das Unternehmen daraus ableiten will und kann. Die Beteiligten gewinnen ein klareres Bild von den Bedürfnissen der Kunden von morgen und finden zu neuen Geschäftsideen in attraktiven Zukunftsmärkten. Zudem wird deutlich, was das Unternehmen meiden sollte wie die Pest.

Um ein Future Lab in Gang zu bringen, empfehle ich folgende Schritte:

1. Future Taskforce zusammenstellen
2. Eine Ausgangsfrage formulieren
3. Die Zielzeitachse bestimmen
4. Maßgebliche Trends erforschen
5. Veränderungskräfte identifizieren
6. Mögliche Szenarien entwickeln
7. Future Personas konzipieren
8. Passende Handlungsfelder fixieren
9. Die Zukunftsstrategie definieren
10. Umsetzungspläne initiieren

Schauen wir uns nun näher an, wie Sie bei den einzelnen Schritten vorgehen können.

Ab in die Zukunft – und wieder zurück

Was wir zunächst brauchen, sind Bilder. Bilder, wie eine Zukunft in fünf, in zehn oder in zwanzig Jahren aussehen könnte, um eine Vorstellung davon zu gewinnen, wie grundlegend sich Kundeninteraktionen, Geschäftsmodelle und Arbeit fortan verändern. Schon heute geht es dann darum, sich darauf vorzubereiten.

>> **Schritt 1, eine Future Taskforce zusammenstellen:** Stellen Sie zunächst Ihre Future Taskforce zusammen. Diese ist crossfunktional, interhierarchisch, genderübergreifend, interkulturell und sowohl mit erfahrenen als auch mit jungen Leuten besetzt. Am besten involvieren sie im Vorfeld einen externen Profi, etwa einen Futurologen, der die maßgeblichen Trends ausführlich mit den Teilnehmenden diskutiert und die jeweiligen Szenarien mitentwickelt. Die Erfahrung zeigt, dass firmeninterne Teilnehmer:innen unerwünschte Aspekte womöglich verharmlosen oder negieren, die erwünschten hingegen übertrieben optimistisch darstellen.

>> **Schritt 2, eine Ausgangsfrage formulieren:** Gleich zu Beginn wird eine Ausgangsfrage formuliert, etwa so: »In welcher Arbeits- und Lebenswelt werden wir uns im Zukunftsjahr X befinden?« Zielführender ist allerdings eine Konkretisierung. Zum Beispiel klingt das bei einem österreichischen Bauträger so: »Wie sieht die

Lebenssituation Wohnen mit Blick auf Digitalisierung und Klimaaspekte in 20 Jahren in Wien aus und welche Einflüsse werden auf Bauträger, Hausverwaltungen und sonstige Teilnehmer im Immobilienmarkt wirken?«[62]

>> **Schritt 3, die Zielzeitachse bestimmen:** Die zu wählende Zeitachse ist je nach Branche verschieden. So unterliegt die Modebranche anderen Zeitzyklen als die Bauwirtschaft oder Investitionsgüterindustrie. In aller Regel ist ein Zeithorizont von zehn Jahren sinnvoll.

>> **Schritt 4, die maßgeblichen Trends erforschen:** Für diesen Schritt braucht es ausreichend Zeit und eine notwendige Menge an Vorlauf. Zunächst befassen wir uns mit den maßgeblichen Trends. Hierbei sind besonders die Langzeittrends von Bedeutung. Ergänzend sind die branchenspezifischen Trends zu betrachten. Wie ihr diese findet? Namhafte Consulting-Firmen, führende Futurologen und Zukunftsforschungsinstitute haben mithilfe wissenschaftlicher Methoden und computergestützter Simulationen Szenarien für eine Vielzahl von Industrien entwickelt, die teils kostenlos auf deren Webseiten abrufbar sind. Wenn es speziell um technologische Entwicklungen geht, ist der Gartner Hype Cycle von Interesse, der unter anderem den Reifegrad einer jeweiligen Technologie zeigt. Eigene Analysen, vertiefende Onlinerecherchen, Insights aus fortschrittlichen anderen Branchen, Videos, Podcasts und Gespräche mit Zukunftsexperten und denen, die die neuen Technologien vorantreiben, bilden eine weitere Grundlage für die Vorausschau. Wen wir, da es hier um die fernere Zukunft geht, nicht befragen: Kunden und, mit Verlaub, die C-Level-Leute im eigenen Haus. Kunden können zwar sagen, was ihnen heute fehlt und was sie morgen besser fänden (siehe Teil 3), aber nicht, was sie in zehn Jahren wollen werden. Sie sind, genauso wie das Top-Management, keine Experten für Zukunftsszenarien und können deshalb auch keine fundierten Prognosen abgeben.

>> **Schritt 5, Veränderungskräfte identifizieren:** Nach den Trends betrachten wir die maßgeblichen gesellschaftlichen, politischen, volkswirtschaftlichen Einflüsse und die möglichen Triebkräfte, sogenannte Driving Forces, die von außen auf eine Branche und speziell auf das eigene Unternehmen langfristig einwirken können. Im Bereich des Wohnens sind das zum Beispiel: die Demografie, Zu- und Abwanderung, der Wohnbedarf, die Einkommenslage, gesetzliche Vorschriften, Infrastruktur, Smart City, Energieversorgung, Wasserversorgung, Verkehr, Büro- und Gewerbeflächen, Shoppingverhalten, Begrünung, Sicherheit und vieles mehr.

>> **Schritt 6, mögliche Szenarien entwickeln:** Bestimmen Sie nun die Szenarien, mit denen Sie sich ausführlich befassen wollen. Ich empfehle, drei Szenarien aufzusetzen, zum Beispiel diese:

- ein Beste-aller-Welten-Szenario
- ein Sehr-wahrscheinlich-Szenario
- ein Schlimmster-Alptraum-Szenario

Bilden Sie für jedes Szenario eine eigene Arbeitsgruppe. Wichtig: Bei der Entwicklung der Szenarien geht es um mögliche Verläufe, nicht um das für ein Unternehmen machbare.

>> **Schritt 7, Future Personas konzipieren:** Kreieren Sie für jedes Szenario eine Future Persona, die in diesem Szenario lebt. Personas sind realitätsnahe prototypische Stellvertreter einer Personengruppe. Im Zukunftsmanagement beschreibt ein Persona-Profil einen zwar fiktiven, aber dennoch charakteristischen Menschen und sein Umfeld im anvisierten Jahr. Es beschreibt typische Handlungen, Eigenschaften, Vorgehensweisen und Erwartungshaltungen. Stellen Sie sich dazu Fragen wie diese: Wie wird die prognostizierte Person in der Zukunft leben? Wie wird sie arbeiten? Wo und wie wird sie kaufen und konsumieren? Von welchen Trends wird sie beeinflusst? Was sind die vorherrschenden Themen ihrer Zeit? Von welchem gesellschaftlichen Kontext ist sie umgeben, was wird dort wichtig sein und was sorgt für soziale Akzeptanz? Was wird diese Persona begeistern und was wird sie enttäuschen? Entwickeln Sie auf dieser Basis eine weitererzählbare Story, die von einer Passage im künftigen Leben dieser Persona erzählt. Ein kleines Beispiel dafür ist die Geschichte von Chamal weiter vorn.

>> **Schritt 8, passende Handlungsfelder fixieren:** Wählen Sie in diesem Schritt aus, mit welchen der Szenarien Sie sich näher befassen wollen. Die Teilnehmenden aus den nicht gewählten Szenarien stoßen dazu, um zu bereichern oder vor den Gefahren eines Alptraumszenarios zu warnen. Definieren Sie nun die Handlungsfelder, die sich für Ihr Unternehmen fortan ergeben.

>> **Schritt 9, die Zukunftsstrategie definieren:** In diesem Schritt geht es zunächst um das Zukunftszielbild des Unternehmens, welche Idealpositionierung es also in dieser Zukunft haben wird. Daraus wird eine Zukunftsstrategie abgeleitet. Dann werden die Etappenschritte definiert, die nötig sind, um die anvisierten Ziele zu erreichen. Um nicht der Gefahr zu erliegen, die Zukunft aus der Vergangenheit und Gegenwart heraus einfach fortzuschreiben, bedienen wir uns der Retropolation,

auch Backcasting oder Regnose genannt. Dabei wird, ausgehend von der beschriebenen Zukunft im Zieljahr, in festgelegten zeitlichen Schritten rückwärtsgehend abgeleitet, was jeweils bis zu einem bestimmten Zeitpunkt getan sein muss, damit die gewünschte Zukunft Wirklichkeit wird. Die Frage lautet beim Wunschszenario im Fall eines Fünfjahreszeitraums: »Wenn wir in fünf Jahren ein Ziel X erreichen wollen, welche Maßnahmen müssen in vier, drei, zwei, einem Jahr ergriffen worden sein, um dort hinzugelangen?« Oder im Fall eines Alptraumszenarios in zehn Jahren: »Welche Maßnahmen müssen in acht, sechs, vier, zwei Jahren ergriffen worden sein, damit uns das ganz sicher nicht passiert?«

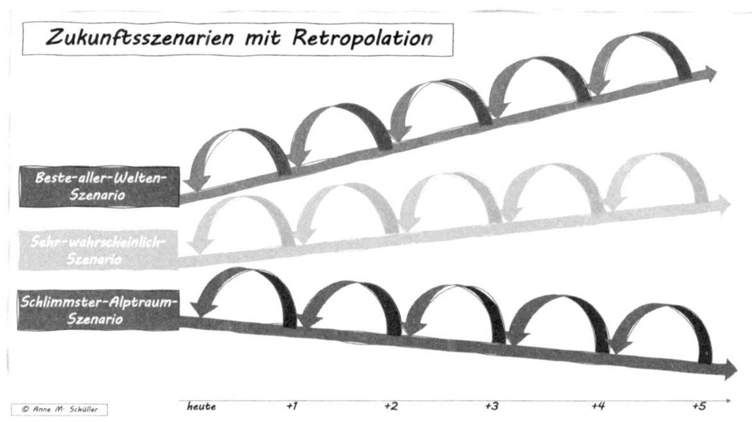

Abb. 9: Zukunftsszenarien mit Retropolation in fünf Schritten

>> **Schritt 10, Umsetzungspläne initiieren:** Nachdem die Handlungsfelder fixiert, Zukunftszielbild und -strategie definiert sowie die sich aus der Retropolation ergebenden Etappenschritte festgelegt sind, werden die notwendigen Maßnahmen entworfen. Auf diese Weise stolpern Unternehmen nicht länger durch die Umstände getrieben voran, sondern projektieren ihre Zukunft aus der Vorausschau heraus und in einem gesamtheitlichen Kontext.

Hiernach steht die Umsetzungsplanung an. Dabei stellen sich grundsätzliche Fragen wie diese:

- Ist unsere Organisation strukturell und kulturell auf die Zukunft vorbereitet?
- Welche neuen Produkte, Leistungen und Lösungen brauchen wir?
- Welche Mitarbeiterkompetenzen werden hierfür benötigt?

- Ist es sinnvoll, sich für ein neues Businessmodell zu entscheiden?
- Bringt uns die Zusammenarbeit mit passenden Startups voran?

Beschäftigt euch dabei auch selbstkritisch mit Fragen wie diesen:

- Was sind unsere wunden Punkte? Wo sind wir besonders angreifbar? Wer kann uns vom Markt fegen? Was bringt unser Unternehmen um?
- Für welches andere Produkt, welchen Service oder welche Innovation würden die Kunden uns ganz sicher verlassen? Und wann würden sie bleiben?
- Welcher Trend hat das größte Potenzial, unser derzeitiges Geschäftsmodell zu entwurzeln? Und was können wir dagegen tun?
- Was hindert uns am meisten daran, das Umsetzbare schnellstmöglich anzugehen? Und wie schaffen wir solche Barrieren aus dem Weg?

Für die Gesamtschau lässt sich ein Future Canvas erstellen. Das ist eine großformatige, einseitige Übersicht, auch Zukunftslandkarte genannt, die auf einen Blick die wesentlichen Elemente eurer strategischen Zukunftsarbeit sichtbar macht. Die in den einzelnen Feldern aufgezeigten Aspekte sind nicht fix, sondern werden hochflexibel an die fortschreitende Entwicklung angepasst. Die ausführlichen Details zu den einzelnen Aspekten können in einer separaten Dokumentation dargelegt werden. Die sich anschließende Umsetzungsplanung wird auf einem Maßnahmen-Canvas visualisiert.

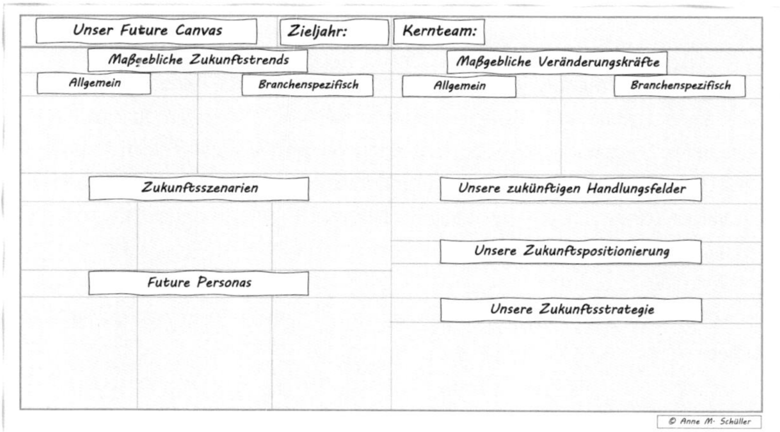

Abb. 10: Future Canvas: Visualisierung einer Zukunftslandkarte

Die Idee, für die Entwicklung von Businessmodellen ein Canvas, also eine Leinwand, zu nutzen, geht auf den Schweizer Businessstrategen Alexander Osterwalder zurück. Kernpunkt ist die Visualisierung, wodurch im Gegensatz zum langatmigen, textlastigen, klassischen Businessplan alles Wesentliche auf einen Blick sichtbar wird. Sie ist zu einem Standard für Startups geworden, wird aber auch von großen Marktplayern eingesetzt. Als Management Canvas hat sie Einzug in die Vorstandsetagen gehalten. Im Future Management zeigt sie die Zukunftslandkarte des Unternehmens. Hierzu können auf einem einzigen großen Board, am besten im DIN-A0-Format (84,1 x 118,9 cm), die einzelnen Aktivitäten und die dazugehörigen Überlegungen festgehalten und gemeinsam mit den Beteiligten bearbeitet werden. So entsteht ein stets wandelbares Gesamtbild. Ein entscheidender Faktor dabei ist Transparenz, um Vertrauen in Neues entstehen zu lassen.

Die junge Generation: Unentbehrliche Zukunftshelfer

Ein Blick auf die Jugend, die Digital Natives, ist ein Blick in die kommende Zeit. Ihnen gehört die Welt von morgen und übermorgen. Sie leben anders, sie arbeiten anders, sie lernen anders, sie konsumieren auch anders. Sie entwickeln neue Verhaltensweisen. Und sie haben noch unglaublich viel vor. Die Soziologie hat sie unter den Generationenbegriffen Y (ab Jahrgang 1980) und Z (ab Jahrgang 1995) subsummiert. Weil es zu diesem Vorgehen auch Kritiker gibt, gleich ein wichtiger Hinweis: Natürlich ist jeder Mensch einzigartig. Und Jahreszahlen sind Hilfskonstrukte. Dennoch durchleben Alterskohorten die einschneidenden Ereignisse ihrer Kindheit und Jugend im Miteinander. Bedeutsame ökonomische, politische und kulturelle Begebenheiten, maßgebliche Trends, Zeitgeisteffekte und vorherrschend genutzte Technologien formen ein gemeinsames Mindset und prägen ein vorherrschendes Weltbild.

So bilden Digital Natives das Fundament für die Zukunftsfähigkeit unserer Wirtschaft. Sie können es kaum abwarten, jede technologische Neuerung auszuprobieren. Aus den positiven Erfahrungen solcher Early Adopter erwachsen dann neue Anforderungen an alle Player im Markt. So verändern sie die Spielregeln in jeder Branche und machen das Neue zu einem unverzichtbaren Teil unseres Lebens. Schon allein deshalb sollte eine kluge Geschäftsleitung die hellsten jungen Köpfe zu ihren engsten Beratern machen. Sie beugen der Betriebsblindheit vor. Sie sorgen für eine Frischzellenkur, für Blutauffrischung und Überkreuzbefruchtung. Es sind vor allem ihre Ideen, die helfen, fortan am Markt zu bestehen. Mit ständiger Veränderung umzugehen, darin sind sie erprobt. Komplexität meistern sie bestens. Im Dschungel der Möglichkeiten haben sie immer einen Plan B oder C oder D. Und sie halten sich bis zuletzt alle Optionen offen.

Digitale Transformation? Da reiben sich junge Menschen verwundert die Augen. Was sollen sie da transformieren? In einem digital transformierten Kosmos leben sie längst. Ihr Zweitwohnsitz ist das Internet. Das Smartphone ist ihre Standleitung dorthin, und die ist ständig in Betrieb. Denn sie bewegen sich in Schwärmen, die im Web ihre Hauptheimat haben. Dort bilden sie sich ihre Meinung über Gleichaltrige, den Peers. Das zu verstehen und zu nutzen, sich durch junges Denken inspirieren zu lassen, macht den Unterschied zwischen den zukünftigen Überfliegern der Wirtschaft und dem Rest.

Ein Beispiel: Während andere Modelabels reihenweise aufgeben müssen, kam Hugo Boss richtig in Schwung. 2023 hat sich, nach nur zwei Jahren, der Umsatz verdoppelt. Wie das gelang? Die Marke formierte sich zu einer 24-Stunden Lifestyle-Brand mit speziellem Fokus auf die Generation Z, auch Generation Zukunft oder Zoomer genannt. Im Rahmen von Social-First-Kampagnen wurden Influencer:innen und Zoomer-Stars angeheuert, angesagte Events bespielt und neuartige Erlebnisse geschaffen, sodass die Fangemeinde digitalen Content für ihre Kanäle hatte. Hugo Boss war plötzlich überall. In dieser Zielgruppe hat nur der Erfolg, der dort ist, wo die jungen Leute gerade sind, und das ändert sich laufend. Das lernt man am besten, wenn man sie einbindet und mitmachen lässt, im direkten Austausch auf Augenhöhe. So gibt es am Stammsitz in Metzingen ein Next Generation Board: ein halbes Dutzend Hugo-Boss-Mitarbeitende unter dreißig, die das Führungstrio beraten. Und man hört ihnen zu.[63]

Die Marke hat eben verstanden: Wer die Zukunft erreichen will, braucht diejenigen als Berater, denen die Zukunft gehört. Und sie hat auch verstanden: Bereits in jungen Jahren verfügen besonders die smarten

Vertreter der Gen Z über eine hohe Kaufkraft. Erste Startups gründen manche schon in der Schule. Oder sie werden als Influencer, Reseller und im Trading aktiv. Oder sie monetarisieren ihre Digitalkompetenz in ihrem persönlichen Umfeld. Oder sie stellen Erklärvideos auf YouTube ein und verdienen an der vorgeschalteten Werbung. Oder sie spielen bei E-Turnieren mit, wo es immer etwas zu gewinnen gibt. Heutzutage haben smarte junge Menschen unzählige Möglichkeiten, ihre Ressource Zeit mit ihrer Web-Expertise zu koppeln, um Geld zu verdienen.

Klar können die Juniors vom Erfahrungswissen der Seniors sehr profitieren, und das wollen sie auch. »Die Zukunft ist Jung und Alt«, sagt die Unternehmerin Irène Kilubi,[64] und da bin ich ganz ihrer Meinung. Die tragfähigsten Lösungen kommen zustande, wenn man das Beste aus beiden Welten zusammenfügt. Doch das Alte darf nicht die Messlatte für das werdende Neue sein. Die Grenzen des Möglichen zu verschieben, war schon immer das Vorrecht der jungen Generation. So kann sie den Etablierten helfen, sich auf die immer schnelleren Zyklen der Zukunft vorzubereiten, also: agiler zu werden, digitaler zu denken, kollaborativer zu handeln und Disruptives zu wagen.

Tech-affin, unruhig und anspruchsvoll, selbstbestimmt und divers, wissbegierig und weiterentwicklungswillig, gesundheits- und umweltbewusst, so lassen sich die typischen Vertreter der Gen Z mit wenigen Worten umschreiben. Sie sind Rebellen für neue Wege in der Gesellschaft. Für Klima und Nachhaltigkeit gehen sie auf die Straße. Neue Formen des Arbeitens fordern sie vehement ein. Sie »verkaufen« sich selbstbewusst, auch über bestehende Kompetenzen hinaus. Gute Selbstdarstellung – das haben sie auf ihren Social-Media-Profilseiten gelernt. Muss Wissen aufgebaut werden, um an eine neue Aufgabe heranzugehen, dann suchen sie in ihrem oft weitverzweigten Netzwerk jemanden, der das schon kann. Oder sie starten eine Onlinerecherche und arbeiten sich über Learning-Nuggets schrittweise in ein neues Thema ein. Oder sie buchen an einer renommierten Uni einen Onlinecrashkurs, um tief in ein neues Thema einzusteigen. Für sie gilt es nicht, gestriges Können im Kopf zu behalten, sondern zu wissen, wo man hochaktuelle Informationen in dem Moment findet, in dem man sie braucht. Für sie sind Lernen und Arbeiten nicht fremdbestimmt, sondern selbstgesteuert.

Gute Leistung definiert sich für sie nicht nach Arbeitsstunden und Präsenz, sondern nach Resultaten und Effizienz. »Unsere Generation leistet aufgrund des technologischen Wandels in weniger Zeit wesentlich mehr, als unsere Eltern im selben Alter leisten konnten,« sagt Laura, 21, aus Küsnacht in der Schweiz.[65] Stimmt! Die digitalen Tools, die die junge Generation virtuos meistert, sorgen für ein Vielfaches an Produktivität im Vergleich zu den analogen Werkzeugen früherer Zeiten. Zoomer erwarten ein niedrighierarchisches Umfeld, eine coachende Führung und ausgiebiges Feedback. Sie wollen von Anfang an mitgestalten und angemessen beteiligt werden. New Work ist für sie Work-Life-Separation, was auch impliziert, dass sie ihr Leben nicht um die Arbeit, sondern die Arbeit bei eigenständiger Zeiteinteilung um ihr Leben herum organisieren.

Sie sondieren den Arbeitsmarkt regelmäßig und sind ständig auf der Suche nach Jobperspektiven. Angst vor Arbeitslosigkeit? Nein! Attraktive Angebote flattern ja ständig herein. Für sie war der Arbeitsmarkt immer ein Nachfragemarkt, sie kennen es gar nicht anders. Ihre Arbeitsleistung soll einen sinnvollen Mehrwert für Gesellschaft und Umwelt erbringen. Ihr Job ist Ausdruck ihres Lifestyles. Die Firma, für die sie arbeiten, soll »cool« sein, Sicherheit bieten und sozialökologische Verantwortung zeigen. Das ist nicht nur ihnen selbst wichtig, ebenso zählt, wie das Umfeld der Peers auf den Job reagiert. Keinesfalls will man blöd dastehen, weil der Arbeitgeber zu denen gehört, die irgendwelche Sauereien begehen. Für sie ist das ein guter Grund, sich zu distanzieren. Denn die Kernthemen, um die sich die junge Generation formiert hat, sind Umweltschutz und Klimagerechtigkeit. Vehement fordert sie von der Politik, der weltweiten Gemeinschaft und den Unternehmen Lösungen ein, damit auch für sie unser Planet lebenswert bleibt. Sustainable Natives werden sie bisweilen deshalb genannt.

Die auf Z folgende Generation, ab 2010 geboren, wird als Generation Alpha bezeichnet, ein Begriff, den der australische Demografieforscher Mark McCrindle in den wissenschaftlichen Diskurs eingebracht hat. Alpha ist der erste Buchstabe im griechischen Alphabet und steht für den Beginn von etwas ganz und gar Neuem. Wie passend für die kommende Zeit. Doch wie wird sie leben, kaufen, arbeiten und Medien konsumieren, diese neue Generation? Gemeinsam mit Zukunftsforschern hat der WDR drei Beispiel-Alphas kreiert und gemeinsam mit ihnen einen Tag im Jahr 2035 verbracht. Die weiter vorn erwähnten Future Personas, die Szenariotechnik und eine Reihe von Zukunftstechnologien sind dort sehr schön beleuchtet. Zudem formuliert der Report Thesen, wie wir uns schon jetzt auf derart mögliche Zukünfte einpendeln können. Ein Kernsatz aus dem Report: »Die Generation Alpha lässt sich nicht von künstlicher Intelligenz kontrollieren, sie kontrolliert die KI.«[66] Reinlesen lohnt sich.

Unerlässlich: Die organisationale Transformation

Schon von der On-Story gehört? Sie beginnt mit abgeschnittenen Gartenschläuchen. Die hat der ehemalige Triathlet Olivier Bernhard ein paar alten Sneakers an die Sohle geklebt. Sein Ziel war es, das Laufgefühl neu zu erfinden und schnelle Läufer besser zu machen. Zwei seiner Freunde, beides enthusiastische Sportler, sind sofort überzeugt. Zu dritt gründen sie 2010 die Laufschuhmarke On. Die Sohlentechnologie, die sie im firmeninternen On Lab entwickeln, nennen sie CloudTec, weil man in den Schuhen wie auf Wolken läuft. Damit platzen sie in einen weltweit längst aufgeteilten, hart umkämpften Markt. Doch das Konzept reüssiert, der Erfolg ist gigantisch. Erst ist die Marke nur ein Geheimtipp, dann wird sie zum heißesten Ding der Läuferszene. Immer mehr Profiläufer, ambitionierte Hobbyathleten, Stars und Sternchen sind in die Schuhe vernarrt und machen sie weltweit bekannt. Wovon viele nur träumen können, gelingt: Die Kunden übernehmen das Marketing. In den sozialen Netzwerken werden unzählige Storys erzählt. On wird zu einer Love Brand mit einer eingeschworenen Fangemeinde. Die Schuhe werden zu einem Identitätsprodukt, mit dem die Träger ausdrücken, wer sie sind und wofür sie stehen. Aufpreisbereitschaft und Treue sind so sicher. Rasch expandiert die Marke in 60 Länder. »Dream on« ist das Credo der heute 1700 Mitarbeitenden. Bewegung wird zum Kernelement. Von der Gründung bis zum sieben Milliarden Euro schweren Börsengang braucht das Unternehmen nur elf Jahre.

Das Headquarter im Züricher Westend hat Lounge-Charakter – und kaum eine Wand, die nicht verschiebbar wäre. Denn bei On ist man davon überzeugt, dass die besten Ideen nur durch regen Austausch entstehen. »Die Schweiz ist berühmt für ihre Dorfgemeinschaften, und deshalb organisieren wir uns hier in Villages«, erläutert Mitgründer David Allemann, der zuvor Marketingchef bei Vitra war. »Alles muss flexibel bleiben«, sagt er weiter und meint damit die Menschen und auch ihre Umgebung, denn das ist die Kombination, die Innovationen vorantreibt. »Wir wollen einen positiven Beitrag leisten, für uns, für Läufer, für den Planeten.«[67] Das Callcenter heißt Happiness Delivery Team. Mit den Kunden steht man in engem Kontakt und weiß, wie sie ticken, denn On praktiziert D2C (Direct to Customer): Ein Drittel des Umsatzes kommt aus dem eigenen Onlinehandel, der Rest aus eigenen Stores und von sorgfältig ausgewählten Händlern mit hoher Beratungskompetenz.

Das On Lab ist das Herzstück der Lifestylemarke. Es nimmt ein Drittel des Headquarters in Zürich ein. Die Entwickler dort arbeiten primär daran, neue Technologien zu finden und Nachhaltigkeit gezielt zu integrieren. Das preisgekrönte Cyclon-Programm setzt auf natürliche, hochwertige, erneuerbare Materialien. Zusammen mit Roger Federer entstand eine Schuh- und Bekleidungslinie nach dem Circularity-Prinzip: Alles kann recycelt und mehrfach zu neuen Produkten verarbeitet werden. Zudem gibt es seit Kurzem High-Performance-Laufschuhe aus Bohnenfasern, die man gar nicht kaufen kann. Sie sind ausschließlich im Abo-Modell erhältlich, damit On die benutzten Treter auch tatsächlich zurückbekommt und ihnen rezykliert mehrere Leben schenken kann. In Planung ist ein Schuh mit Sohlen aus Kohlenstoffemissionen. Dazu wird über ein spezielles Verfahren Kohlenmonoxid von Industrieschornsteinen abgesaugt, noch bevor es in die Atmosphäre gelangt. Informativ dazu: eine Podcast-Folge von OMR.[68]

Die On-Story zeigt: Wer die Lebensqualität der Menschen verbessert, dem Wohl des Planeten dient und die Welt zu einem besseren Ort machen will, den unterstützen wir gern. Solche Anbieter sind in der Lage, die besten Mitarbeitenden und die besten Kunden für sich zu gewinnen und eine mitteilungsfreudige Gefolgschaft von Anhängern um sich zu scharen. Fortan geht es dabei, wie in Teil 1 ausführlich beleuchtet, um eine Vereinbarkeit von Gewinnstreben, Gemeinwohl und Nachhaltigkeit, die Balance von Profit, People und Planet. Bereits 1994 hat der britische Autor John Elkington dafür den Begriff der »Triple Bottom Line« geprägt, wonach ein Unternehmen neben der ökonomischen auch eine ökologische und eine soziale Bilanz vorlegen soll. Nicht nur das Zahlenwerk, auch die moralische Bilanz muss stimmen, um zukunftsfähig zu sein.

So beginnt Unternehmertum heute mit folgenden Fragen:

- Welche Auswirkungen hat unser Wirtschaften auf Gesellschaft und Umwelt?
- Welchen Beitrag leisten unsere Lösungen für eine lebenswerte Zukunft?
- Wie schaffen wir einen Heimathafen für unsere Mitarbeiter?
- Wie schaffen wir einen Sehnsuchtsort für unsere Kunden?
- Gibt es bei uns *ausreichend* Raum und Zeit für kühne Sprünge nach vorn?

Das Denken und Handeln in nichtlinearen Zusammenhängen und schnellen Iterationen ist fortan Voraussetzung für den Erfolg. Allem voran stellt sich hierbei die Frage nach einer für unsere Hochgeschwindigkeitszukunft passenden organisationalen Struktur. Topdown-Organigramme und Silo-Formationen sind dafür wenig tauglich, weil sie mit den Unvorhersehbarkeiten einer Hochgeschwindigkeitszukunft nicht Schritt halten können. Unter Silos verstehen wir die Organisation eines Unternehmens in Form von Abteilungen mit ihren dazugehörigen Formalien und Grenzen. Die Starrheit solcher Strukturen, die in den industriell geprägten Zeiten des letzten Jahrhunderts gut und richtig waren, steht uns heute im Weg, weil Starrheit innovationsfeindlich ist. Enge Planungskorsetts, überbordende Steuerung und penible Kontrollen sind genau der falsche Weg, weil dann nichts Großes passiert. So werden viele Unternehmen nicht am Markt, sondern an ihren Strukturen und ihrer Transformationsaversion scheitern.

In früheren Büchern habe ich bereits ausführlich darüber geschrieben. In *Die Orbit Organisation*, Finalist beim International Book Award, propagiere ich zusammen mit Alex T. Steffen den Übergang von einer aus der Zeit gefallenen pyramidalen zu einer zukunftsweisenden zirkulären Unternehmensorganisation. Das Buch beschreibt ein Redesign der organisationalen Strukturen, um sich für die Zukunft adäquat aufstellen zu können. *Bahn frei für Übermorgengestalter* umfasst 25 rasch umsetzbare Initiativen und über 100 Aktionsbeispiele, um ein Überflieger der Wirtschaft zu werden. In Bezug auf die organisationale Transformation folgen hierzu einige wesentliche ergänzende Aspekte.

Silo-Formationen: Anomalien in einer vernetzten Welt

Max, der Geschäftsführer eines renommierten Industrieunternehmens, ist erschüttert. Auf der Leitmesse der Branche hat er an einem Startup-Gemeinschaftsstand einen ehemaligen Mitarbeiter entdeckt. Mit *der* Idee, für die dieser seinerzeit eine Abfuhr erhielt, hat er eine eigene Firma aufgebaut – und ist sehr erfolgreich. Geschichten wie diese gibt es inzwischen zuhauf. Selbst Top-Leute mittleren Alters in führenden Positionen verlassen die Unternehmen, um einer eigenen Erfolgsidee nachzugehen.

Zu spät begonnen, zu schwerfällig gedacht, nicht mutig genug ..., das ist das Schicksal vieler Ideen in Silo-Organisationen. Vor allem die so wichtige natürliche Vernetzung ist dort erschwert, sodass es schwierig wird, gemeinsam großartiges Neues zu erschaffen. Bestens ausgebildete Menschen werden, indem sie fest vorgeschriebene Prozesse durchlaufen müssen, die meist nur auf dem Papier gut funktionieren, verzwergt und ihrer Ambitionen beraubt. Oder, noch schlimmer: Um wertstiftende, kundenfreundliche Kurze-Wege-Arbeit zu tun, sind sie gezwungen, auf informelles Terrain auszuweichen.

Das alte Organisationssystem hat nämlich zwei Vorgehensweisen hervorgebracht: eine offizielle und eine inoffizielle. Der kanadische Soziologe Erving Goffman hat diese bereits vor Jahrzehnten sehr treffend als Vorder- und Hinterbühne bezeichnet. Auf der Vorderbühne spielt man das offiziell gewünschte Spiel, folgt also den Unternehmensvorgaben. Auf der Hinterbühne tun die Mitarbeitenden das, was sie in einer gegebenen Situation für wirklich richtig halten, um Dinge schnell voranzubringen oder Prozesse effizienter zu machen. Richtlinien werden beherzt zurechtgebogen, um beispielsweise den Kunden unbürokratisch zu helfen: »Moment, ich muss kurz das System austricksen.« Dieses Phänomen hat auch einen Namen: Brauchbare Illoyalität wird es genannt. Statt aber das Übel bei der Wurzel zu packen und ein derart verkorkstes System von Grund auf zu transformieren, zwingt man die Mitarbeitenden, sich in eine Grauzone zu begeben. Sie vertuschen das Vernünftige, das sie tun, weil es nicht den Vorschriften entspricht, und gehen damit sogar persönliche Risiken ein.

Doch warum ändert sich nichts? In tradierten Unternehmen ist man mit den zeit- und kostenintensiven Vorderbühnen-Hinterbühnen-Spielchen derart vertraut, dass sich kaum einer so recht vorstellen kann, wie es auch anders gehen könnte. Selbst von namhaften Organisationspäpsten (Achtung, unfehlbar!) werden sie weiterhin propagiert und als unabwendbar gedeutet. Doch zum Glück nicht von allen. Wir stecken »mitten in einer Massenrevolte gegen die traditionsreiche, formalistische Beziehungsdiktatur der Hierarchie«,[69] konstatiert die Zukunftsforscherin Friederike Müller-Friemauth.

Höchste Zeit! Denn wer in die Zukunft will, kommt mit Silo-Strukturen nicht weit. Silos sind immer ein Warnsignal. Sie erzeugen eine rivalisierende »Die da«-Kultur. Sie verursachen Systembrüche, sodass die Dinge nicht störungsfrei fließen. Sie verlangsamen wichtige Entscheidungen. Interne Konkurrenzsituationen, unkoordinierte Planungsprozesse und falsch aufgesetzte Incentive-Programme verstärken diesen Effekt. Statt interdisziplinär auf Lösungssuche zu gehen, meckert man herum: »Diese Nerds« in der Entwicklung verstehen die Kunden nicht. »Die Deppen« im Marketing können bloß bunte Bildchen. »Die Luschen« im Vertrieb vermasseln unsere Leads. »Die Nullen« in der Auftragsabwicklung sind solche Stümper, dass die Kunden gleich wieder flüchten. Indes gerät man dort in die Bredouille, weil der Vertrieb, dem die Quartalsziele im Nacken sitzen, unhaltbare Versprechen macht. Und den Customer-Care-Center-Agents, die so gern ihr Bestes geben, bleibt manchmal die Luft weg vor lauter Beschwerden.

Gegenüber dem Kunden klingt das dann so: »Sorry, ist bei uns so vorgeschrieben.« Oder so: »Tut mir leid, würde gern helfen, bin aber nicht zuständig dafür.« Oder, bei Reklamationen: »Wissen wir. Das sagen alle. Interessiert das Management aber nicht.« So sind wir als Kunde gezwungen, uns mit firmeninternem Elend herumzuschlagen. Statt aber die wahren Ursachen anzugehen und Silos endlich zu eliminieren, wird mehr vom Falschen getan: Sündenböcke werden gesucht, weitere Regeln erlassen, noch mehr Verfahren standardisiert, mehr Belohnungs- und Bestrafungstools implementiert. Man »meetet« nur abteilungsintern und regt sich über die anderen auf. Sagt einer von denen einmal etwas, heißt es sogleich: »Das ist nicht deine Baustelle, was mischst du dich ein?«

Zuständigkeitswirrwarr, Insellösungen und Aufgabenfragmentierung: in Silo-Organisationen die Norm. Machtspielchen, Missgunst, Wissensverluste und ein irrer Abstimmungsaufwand sind üblich. Niemand darf übergangen werden. So dauert es ewig, bis eine Sache überhaupt mal in Gang kommt. Manches wird doppelt, anderes gar nicht erledigt. Silo-Egoismus ist völlig normal. Ob man damit anderen Bereichen schadet, ist egal. Sind eigene Ziele in Gefahr, zieht der Silo-Vorsteher zum Beispiel »seine« Leute sofort aus vorrangigen interdisziplinären Projekten ab, damit sie ihm zu 100 Prozent zur Seite stehen, da sie ja auch zu 100 Prozent bei ihm budgetiert sind. Ganze Abteilungen sind zu nichts anderem da, als andere zu kontrollieren. All das führt zu Spannungen, zu Frust, zu Pessimismus und Resignation. Im Abarbeitungsmodus erledigen die Silo-Bewohner:innen penibel, was erledigt werden muss, nicht weniger, aber auch nicht mehr. Von den Kunden wird das gar nicht goutiert. Wenn aber die Kunden nicht mehr kommen und kaufen, gibt es bald kein Unternehmen mehr.

Das neue Wirtschaften kann in Abteilungen, also abgeteilten Konstrukten, nicht gelingen. Das sind doch nur übliche Worte? Unpassende Worte sollte man eliminieren, denn Worte prägen Denke – und damit auch Verhalten. Wer die Zukunft erreichen will, reißt die Hürden, die Abteilungsgrenzen markieren, besser komplett und sichtbar ein. Die Organisation der Zukunft läuft nicht länger vertikal, sondern horizontal:

- Regenerative Nachhaltigkeitsbemühungen umfassen sämtliche internen Bereiche.
- Agilisierung und Digitalisierung vernetzen sich quer durch alle Aufgabengebiete.
- Die Customer Journey verläuft quer durch die gesamte Unternehmenslandschaft.
- Innovationen entstehen in allen Betriebseinheiten und über Hierarchien hinweg.

Silo-Strukturen und die damit verbundene Mammut-Bürokratie sind die größten Ineffizienzen, die sich die Corporates heute noch leisten. Wenn nicht so, wie aber dann? Marktorientierung und Zukunftsfähigkeit können gelingen, wenn auf dezentrale Führung und crossfunktionale Strukturen umgestellt wird. Hierbei organisiert man sich entlang der Kundenaufgaben. Die Mitarbeitenden gruppieren sich in interdisziplinären »Circles«, in Kreisen um Branchen, Kunden, Produkte oder Funktionen. Dazu werden passende Kompetenzen über Abteilungsgrenzen hinweg für einen längeren Zeitraum zusammengeführt: Entwickler, Designer, Produktions-, Marketing- und Serviceleute, Vertriebler, Logistiker und wer sonst noch wichtig ist, arbeiten als Team autonom an gemeinsamen Aufgabenstellungen, wodurch das Ganze an Tempo gewinnt und zur Freude der Kunden endlich wie aus einem Guss funktioniert. Zwar gibt es auch in Kreisorganisationen oberste Führungsebenen, jedoch keine Silos. In den Kreisen gibt es Koordinatoren, die mit anderen Kreisen interagieren. Wenn nötig, werden kreisexterne Fachleute konsultiert, um perfekte Entscheidungsgrundlagen zu schaffen. Das, wofür silobasierte Projektteams Monate brauchen, schaffen selbstorganisierte Kreisteams in Wochen. Solche Schnelligkeit wird obligatorisch. Kein Kunde wartet heute ewig, bis ein Anbieter endlich in die Pötte kommt. Soforthabenwollen ist Trend.

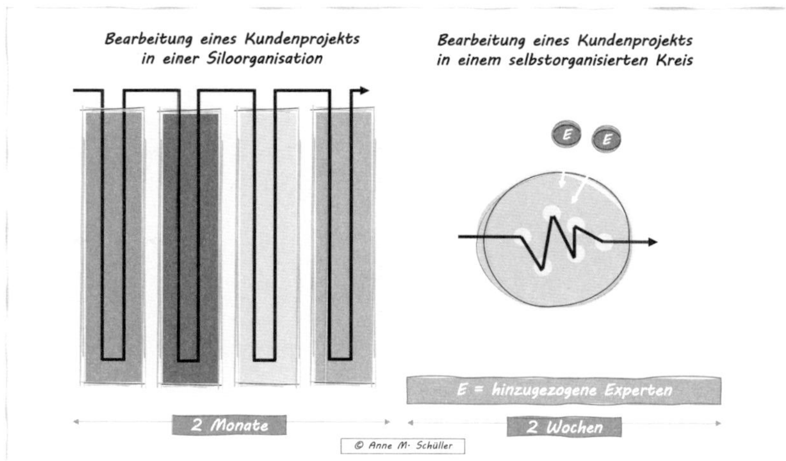

Abb. 11: Die Bearbeitung eines Projekts: langatmiges Auf und Ab in einer Silo-Organisation vs. Rasanz in einem selbstorganisierten Team. Die Punkte in der Ellipse stehen für Personen, die, von Experten (E) beraten, crossfunktional zusammenarbeiten.

Fortan müssen sich Unternehmen zunehmend transfunktional, also über die Unternehmensgrenzen hinweg, organisieren, um Know-how zu bündeln, Marktchancen zu erweitern und kostspielige Technologien gemeinsam zu stemmen.

Prozessadipös? So geht's auf Bürokratiemonsterjagd

Die Reise in die Zukunft gelingt nur mit leichtem Gepäck, weil die Märkte, wie die Hasen, immer neue Haken schlagen. Für Planzahlspiele, Reporting-Exzesse, aufwendige Abstimmungsschleifen, Kompetenzgerangel und Irrläufe im Vorschriftengeflecht hat niemand Zeit. Regeln, Standards und Normen von früher lähmen das Vorankommen, frustrieren die Mitarbeitenden und verärgern die Kunden. Deshalb ist zunächst eine Transformation in einen beflügelnden Zustand vonnöten. Denn je schwerfälliger eine Organisation, desto anfälliger ist sie für Überholmanöver.

Klassische Managementformationen sind die meiste Zeit damit beschäftigt, sich selbst zu organisieren. Prozessbesessenheit, Zielfetischismus und Kennzahlenmanie sind eine kolossale Verschwendung von Zeit, Geld und Talenten, die sich niemand noch länger leisten kann. Um Zeit und Raum für Neues zu schaffen, müssen zunächst die Altlasten weg. Das bekannte »One in, one out«-Prinzip reicht dabei nicht. Es besagt, dass für jede neue Verfahrensweise eine alte entsorgt werden soll. Doch das ist zu wenig. Die Anzahl der Formalprozesse und die insgesamte Bürokratiefülle blieben in Summe gleich. Favorisiert besser eine »Two out, one in«-Lösung, damit zunächst kräftig entrümpelt werden kann. Ein Minus50-Programm setzt genau an diesem Punkt an.

Minus50 bedeutet: 50 Prozent weniger Administration, Regelwerke, Statusberichte, Formulare, Genehmigungsverfahren und so fort. Hiermit sind allerdings *nicht* die gesetzlichen Regularien und behördlichen Vorschriften gemeint, sondern überholte *interne* Unternehmensroutinen. Ganz ohne Strukturen geht es natürlich nicht, schon allein deshalb ist Minus50 vernünftig. Einleuchtende Funktionsvorgaben sichern ein notwendiges qualitatives Leistungsniveau. Und sie helfen, böse Fehler zu vermeiden. Solche Prozesse sind kluge Prozesse. Dumme Prozesse hingegen verplempern nur wertvolle Zeit. Zudem sorgt Bürokratie für Selbstvermehrung. Jeder Ausrutscher hat eine weitere Regel zur Folge. Das Ganze wird schließlich derart prozessadipös, dass jeder nur noch nach Vorgaben tanzt und niemand sich noch etwas traut.

Eine gute Möglichkeit, Administrationsfirlefanz auszumisten, sind Transformation Taskforces (TTs). Sie gehören zu keiner Business Unit, sondern agieren crossfunktional. Denn Bürokratie muss interdisziplinär abgebaut werden. Entscheidend für ein solches Abbauprojekt:

- Die Taskforce darf von Bereichsleitern nicht an ihrer Arbeit gehindert werden.
- Von Widerständen, die aus jeder Ecke kommen, darf man sich nicht blenden lassen.
- TTs arbeiten selbstorganisiert, um schnell zu agieren und entscheidungsfrei zu sein.
- Verzichten Sie auf aufwendige Berichtsmaßnahmen und strikte Kontrollaktivitäten.
- Es ist wichtig, Experimente und Irrwege und damit auch Fehlschläge zuzulassen.
- Die unbedingte Rückendeckung der Geschäftsleitung ist essenziell.
- Lassen Sie solche Projekte *nie* von einer externen Beratercrew machen.

Zum Start fangen die TTs am besten dort an, wo sich schnell etwas bewegen lässt. Dazu nutzen sie eine Starfish-Matrix. Die Spalten tragen folgende Bezeichnungen:

- **Keep:** Was sollten wir beibehalten, weil es gut funktioniert?
- **More:** Was sollten wir verstärken oder künftig verbessern?
- **Start:** Was sollten wir beginnen, ganz neu oder anders tun?
- **Stop:** Wovon sollten wir uns trennen, weil es unpassend ist?
- **Less:** Was sollten wir verringern, verkürzen oder weniger tun?

Die Starfish-Matrix lässt sich für viele Zwecke verwenden, zum Beispiel, um sich von überholten Produkten, Lösungen und Verfahrensweisen zu trennen oder Projekte und Meetings zu optimieren. Vor allem geht es aber darum, mit ihrer Hilfe unnötige interne Bürokratie zu entsorgen. Das Resultat ist ein vierfacher Profit: Man trennt sich von Überholtem, bringt Fortschritt in Gang und spart obendrein auch noch Kosten, weil Unnötiges wegfällt. So verdient man sich das notwendige Geld für Innovationen.

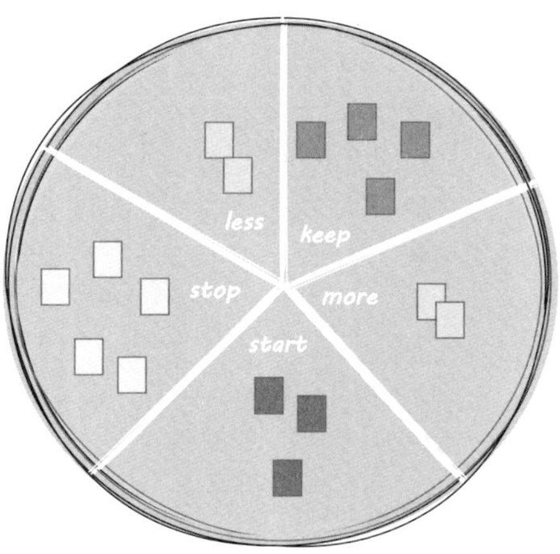

Abb. 12: Muster einer Starfish-Matrix mit Haftzetteln

Beim Bürokratieabbau sind nicht nur die erfahrenen Beschäftigten überaus nützlich, sondern vor allem auch junge Talente. Warum? Sie haben einen unverstellten Blick und den immanenten Drang, die Dinge frischer, agiler, digitaler und produktiver zu machen. Früher war der mit der dicksten Unterschriftsmappe der größte Zampano. Er hatte Entscheidungsgewalt (was für ein Unwort). Doch auch heute sind mehrstufige Freigabeprozesse noch immer üblich. »Da muss ich erst den Chef fragen«, das höre ich ständig. So gewöhnt man den Mitarbeitenden ab, Verantwortung zu übernehmen. Die TTs sollen also auch untersuchen, wie oft das Absegnen (auch ein Unwort, sind Führungskräfte denn Götter?) reine Formsache ist.

Der Chef als Edelsachbearbeiter, der seine Zeit mit Häkchenmachen verplempert? All das muss ein Preisschild bekommen, das nicht nur die Transaktionskosten misst, sondern auch die Opportunitätskosten berechnet: Wichtiges, das liegen bleibt, Demotivation, Fluktuation, verpasste Chancen am Markt. Beim Rückbau kommen auch Reportings und Kennzahlen dran. Welche davon werden wirklich gebraucht – und wozu ganz genau? Viele davon sind von keinerlei Nutzen und somit, wie auch die Meetingmanie, pure Verschwendung.

Oha, Sie meinen, die Abteilungen sollen sich selbst um ihre Verschlankung kümmern? Genau das wird nicht klappen. Verschlankung birgt die Gefahr von Machtverschiebung und Besitzstandsverlust. Neulich war ich geradezu sprachlos. »Wir bauen keine Bürokratie ab. Das bringt nur Zeitersparnis – und dann werden bei mir Mitarbeiter gestrichen«, erklärt mir ein Abteilungsleiter. Oft sind ausufernde Verfahrensweisen und Vorschriftenberge reine Selbsterhaltungsmechanismen. Sie untermauern Wichtigkeit, sichern Pfründe und dienen der Bedeutungserhöhung. Durch einen Verwaltungsapparat, der letztlich vom Kunden bezahlt werden muss, und eine aufgeblähte Vorgaben- und Steuerungsadministration schaffen sich viele Bereiche überhaupt erst eine Existenzberechtigung. Das blockiert nicht nur, es verhindert auch Innovationen.

Hier noch ein Extratipp: Um die volle Energie auf das Neue zu lenken, kann es sinnvoll sein, sich von abgewählten Vorgehensweisen achtsam zu trennen. Die hatten ja auch mal ihr Gutes. Dem trauert wer hinterher. Deshalb gilt es, Verfahren, von denen man Abschied nimmt, oder Konzepte, die eingestampft werden müssen, mit einem Abschiedsritual in Würde zu Grabe zu tragen, damit sich jeder von ihnen lösen kann.

Moderne Führung heißt: sich selbst transformieren

Viele Unternehmen müssen sich neu erfinden, um im Wirtschaftsleben der Zukunft eine Rolle zu spielen. Den besten Beitrag zu einer solchen Transformation leisten Führende dann, wenn sie sich selbst transformieren: Sie machen sich zu Katalysatoren der Transformation. In einem chemischen Prozess senkt ein Katalysator die Hürden und lockert Blockaden, damit erwünschte Prozesse beschleunigt werden. Von Wärme angetrieben erzeugt er Dynamik und ordnet Moleküle so an, dass diese miteinander in Kontakt treten und reagieren können. So setzt er, ohne sich selbst zu verbrauchen, vorhandene Ressourcen und Potenziale frei mit dem Ziel, ein optimales Ergebnis zu erreichen. Genau das macht, auf die Unternehmenswelt übertragen, ein Leader als Katalysator. »Create & Collaborate« statt »Command & Control« ist seine Devise.

Leader der Zukunft treten beiseite und machen die Bahn frei, damit Entfaltungsräume für Handlungsoptionen entstehen. Sie schaffen eine Umgebung, die konstruktive Performer anzieht und eine hohe Talentdichte ermöglicht. Diese erhalten ein Spielfeld, in dem sie hochwirksam zusammenarbeiten, Chancen ergreifen und gemeinsam gute, schnelle, zukunftsweisende Entscheidungen eigenverantwortlich treffen können. Dazu brauchen sie eine Menge Entscheidungserfahrung, um Intuition und Instinkte zu schulen, damit sie auch unter Unsicherheit spitzenmäßig entscheiden. In einem Rahmen von Offenheit, Transparenz und Vertrauen sorgen Leader der Zukunft dafür, dass Hinterbühnenspielchen erst gar nicht entstehen. Hier und da stellen sie ein paar Leitplanken auf, damit niemand in den Abgrund stürzt. Stehen die Leitplanken breit auseinander, kann der Verkehr ordentlich fließen. Stehen sie zu eng beieinander, kommt es zu Staus. Insgesamt sind die Spielräume abhängig von Aufgabe und Mitarbeitertypologie. Wenige Spielregeln bestimmen, was geht und was nicht. Rote Linien zeigen, wo die Grenzen des Ganzen sind. In meinem Buch *Die Orbit Organisation* ist mehr dazu beschrieben.

In fortschrittlichen Unternehmen ist Führung nicht länger eine institutionalisierte hierarchische Stelle und zentralistisch auf wenige Schultern verteilt, sondern als Rolle an Aufgaben und Projekte gebunden. Mal ist jemand Führender, mal Geführter. Und da, wo es viele Projekte gibt, wechseln die Rollen situativ. So wird es viel mehr Führende geben. Und der Bedarf an Führungswissen wird steigen. Soziale Kompetenzen sind dabei entscheidend. Das Organisatorische macht die KI.

Karrieremobilität und temporäre Führung werden neue Schlagworte sein. Karriere wird künftig als Lernchance gesehen – *nicht* länger als hierarchischer Aufstieg. Future Leader suchen nach neuen Methoden, Modellen und Möglichkeiten, um gemeinsam mit ihren Mitarbeitern den Erfolg ihres Unternehmens zu mehren und zugleich zur Lebensqualität der Menschen und zur Unversehrtheit der Umwelt beizutragen.

»In meinem Freundeskreis möchte keiner mehr Führungskraft werden. Meine Freunde fragen mich immer, wie ich mir das antun kann. Vor allem deshalb, weil in vielen Unternehmen Führungsverantwortung nur heißt, dass man seine Mitarbeitenden kontrollieren und

Jahresgespräche führen soll. Was meinen Freunden fehlt, ist die klare Perspektive, dass man mit der Führungsposition auch wirklich Dinge bewegen kann. Es ist nämlich nicht die Scheu vor Verantwortung, sondern eher, dass die Unternehmen einem keine großen Möglichkeiten zur Gestaltung geben, was meine Freunde von Führungspositionen abhält,« erzählt mir Matthias, Jahrgang 1988.

Für die ambitionierten Talente der jungen Generation sind klassische Karriereleitern kaum noch erstrebenswert. Kletterwandkarrieren mit Rollenflexibilität bieten einen Ausweg aus diesem Dilemma. Sie sind ein dringend benötigter Baustein, um als Arbeitgeber der Zukunft am Markt zu bestehen. Wie das funktioniert? Mal ist jemand Führungskraft eines Teams, mal Leiter eines Projekts, mal Verantwortlicher eines Prozesses, mal agiert er ohne Führungsaufgaben in einer Expertengruppe, mal koordiniert er Bereiche intersektional und transfunktional, also über Schnittstellen und Unternehmensgrenzen hinaus.

Insofern gehen Kletterwandkarrieren noch weiter als der duale Weg, bei dem Fach- und Führungskarrieren gleichgestellt sind. In beiden Fällen aber gilt: Wird eine Führungsrolle vorübergehend oder auf Dauer abgegeben, wird dies nicht als Rückschritt, sondern im Sinne des Zweibahnstraßenprinzips als Seitwärtsbewegung betrachtet. Vordefinierte Karrierewege, die zwangsläufig in eine Führungsaufgabe münden, gibt es dabei nicht mehr. Für den Einzelnen bringt dies oft wieder Freiheit und weniger Druck, insbesondere dann, wenn einer Person das Führen nicht sonderlich liegt.

Die Führungskarriere darf *nicht* länger zwangsläufig als der bessere Weg gelten. Ohne Gesichtsverlust muss der Wechsel in eine Fachposition möglich sein, was auch deshalb höchst sinnvoll ist, weil Spitzenfachkräfte immer dringender benötigt werden. Statt Zwangsaufstieg auf der Karriereleiter bietet man ihnen neue Herausforderungen in der Breite der Unternehmenslandschaft. So können gute Leute weiterkommen, ohne andere führen zu müssen. Ein wunderbarer Nebeneffekt: Die Zahl der schlechten Führungskräfte sinkt, und damit schwindet ein Hauptgrund für Mitarbeiterfluktuation.

Kaminkarrieren und Karriereleitern stehen für Traumkarrieren, aber auch für den Totalabsturz. An der Kletterwand hingegen kann man leicht eine neue Route einschlagen, wenn man an eine unüberwindliche Stelle gerät. Außerdem sind diejenigen, die an Kletterwänden geübt sind, agiler, situativer, anpassungsfähiger und flexibler. Immerhin müssen sie sich ihre Standflächen selbst zusammensuchen, weil es keine vorgezeichneten Leitersprossen nach oben gibt. Mehr noch: Manchmal muss man wieder festen Boden unter die Füße bekommen, um neu starten zu können.

Egal mit welchem Aufstieg die Person dann weitermacht, alles, was sie bei früheren Klettergängen gelernt hat, kann helfen, die nächste Route schneller zu packen. Damit verbunden ist ein lebenslanges, selbstgesteuertes Lernen, um die eigenen Kompetenzen stets zu erweitern, zu verbreitern und auf Höchststand zu halten. In Zeiten, in denen es vor unvorhersehbaren Ereignissen geradezu wimmelt, der tägliche Wandel zur Normalität wird und der digitale Vormarsch ständig neue Anforderungen stellt, sind temporäre Führung und Kletterwandkarrieren genau das richtige Mittel.

Die Arbeit der Zukunft braucht Rollen statt Stellen

Angestellte im Digitalzeitalter werden nicht von Autoritäten, sondern von ihren eigenen Werkzeugen gesteuert. Softwareprogramme übernehmen zunehmend die Planung und Ausführungskontrolle. Die Vier-Tage-Woche, das Homeoffice, Vertrauensarbeitszeit, Workations, flexible Urlaubsmodelle und ein Maximum an Selbstorganisation sind integrale Bestandteile einer modernen Arbeitswelt. Da ist zum Beispiel Maria aus Amsterdam, Teamleiterin bei einer dort ansässigen Seminarfirma. Ihr ist es trotz des hohen Arbeitspensums erlaubt, über die Anzahl der Urlaubstage, die sie sich nimmt, komplett selbst zu verfügen. Die Firmenleitung kennt Marias Potenzial und weiß, dass ihre Gewissenhaftigkeit durch diesen Freiraum, den man ihr gibt, sogar noch wächst.

Rollen statt Stellen und Funktionen statt Positionen sind ein New-Work-Phänomen. In klassischen Organisationen ist eine Stelle und ihr Aufgabenpaket an die Person gebunden. Der Stelleninhaber hat nur die Aufgaben zu erledigen, die ihm im Rahmen einer statischen

Stellenbeschreibung zugedacht werden. Entsprechend der notwendigen Kompetenzen wird er im Zuge einer Ausschreibung angeworben, über einen vordefinierten Recruiting-Prozess ausgewählt und dann in die Stelle eingearbeitet. Die Stelle definiert auch den dazugehörigen Zuständigkeitsbereich. Wofür man nicht zuständig ist, darum hat man sich nicht zu kümmern. Fertigkeiten, die der Stelleninhaber zwar besitzt, aber im Rahmen seiner Stelle nicht braucht, gehen dem Unternehmen verloren. Kompetenzen hingegen, die zur Stelle gehören, die der Stelleninhaber jedoch nicht hat, müssen mühsam erworben werden. Heißt: Man passt den Menschen an die Stelle an. Solch statische Positionen verhindern agiles Handeln. Zudem blockieren eng gefasste Stellenbeschreibungen die Potenzialentfaltung.

In einem instabilen Umfeld und angesichts ständigen Wandels sind Rollen, die man nicht länger fest an Personen koppelt, viel effizienter. So kann die Aufgabenverteilung deutlich flexibler an die sich rasant verändernden Umstände angepasst werden. Rollenkonzepte sind stärkenbasiert. Der Rolleninhaber übernimmt Verantwortung für die Aufgabenpakete, die zu seiner Rolle gehören. Was die Rolle darf und was nicht, wird in Vereinbarungen festgelegt. Oft wählen die Rolleninhaber für sich pfiffige Namen. Elon Musk nennt sich Technoking of Tesla, sein CFO Zach Kirkhorn ist Master of Coin. Die Titel sind bei der US-Börsenaufsicht eingetragen. Eric Teller, der seinerzeitige CEO von Google X, hieß Captain of Moonshots. Anderswo hört man vom Content-Magier, Customer Care Hero, Intergalactic President, Master of the IT Universe, Chief Happiness Officer, Social-Media-Derwisch, Head of New Horizons. Um den Grad der Kompetenz zum Ausdruck zu bringen, stellt man gern ein Junior oder Senior voran.

Der Rolleninhaber beschreibt seinen Aufgabenbereich selbst. Durch die damit verbundene Selbstreflexion wird der Sinn der eigenen Arbeit im Gesamtkontext klarer und die Verbindlichkeit steigt. Motivation, Engagement und Produktivität werden höher. Eine Person kann mehrere Rollen übernehmen und in mehreren Projektteams gleichzeitig arbeiten. Zudem kann eine Rolle nur zeitweise besetzt sein. Arbeitsspitzen werden so viel besser ausgeglichen und Kompetenzbedarfe kurzfristig gedeckt, ohne gleich neue Mitarbeitende einstellen zu müssen oder andere zu entlassen.

Und wie geschieht die Rollenverteilung? Dezentrale Organisationen schaffen dafür Rollenmärkte. Sie bestimmen also nicht, wer welchen Aufgabenkomplex übernimmt, sondern favorisieren Freiwilligkeit. Der Einzelne wählt für sich eine passende Rolle aus. Oder man wird vom Team für eine Rolle gewählt. So ist es sehr wahrscheinlich, dass sich die jeweils kompetenteste Person durchsetzt. Menschen wählen in solchen Fällen nur nach Beliebtheit? Weit gefehlt! Denken wir zurück an die Schulzeit. Galt es, im Mannschaftssport zu gewinnen, haben wir die jeweils Besten ins eigene Team gewählt. Und je nach Sportart waren das ganz verschiedene Personen.

Menschen haben ein ziemlich gutes Gespür dafür, wer für einen bestimmten Job im Team der/die Richtige ist. So entstehen natürliche Hierarchien, wohingegen in klassischen Unternehmen institutionalisierte Machthierarchien regieren. Dort spielt man politische Spielchen. Und man verfolgt Ego-Ziele. Rollenkonzepte hingegen orientieren sich an den Stärken einer Person. Der Rolleninhaber tut das, was er am besten kann und auch mag. Zudem kann er sich in neue Bereiche hineinentwickeln. So ermöglichen Rollenkonzepte auch dem einzelnen Mitarbeitenden mehr Flexibilität. Je nach Lebensphase lässt sich der Aufgabenumfang seiner Rolle erhöhen oder reduzieren.

Gerade junge High Potentials möchten oft schnell Verantwortung übernehmen, eigenständig arbeiten, Dinge voranbringen und Maßgebliches mitgestalten. Rollen bieten genau diese Möglichkeit: Während Stellen einen engen Käfig schaffen, in dem sich profilierte Mitarbeitende nicht wirklich entfalten können, geben Rollen nur die Leitplanken vor. Die wichtigste Aufgabe einer Company, die den Sprung nach vorn machen will, ist fortan die, die vielversprechenden Flugversuche von Pionieren und Innovatoren *nicht* zu verhindern. Ein Vogel kann nur zeigen, wie hoch und wie weit er fliegt, wenn man ihn aus seinem Käfig entlässt.

Projekte, fluide Unternehmen und Caring Companies

Unternehmen der Zukunft werden zu Drehkreuzen für digitale Nomaden, für Arbeit in Projekten und auf Zeit. »Vor Jahren hatte ich Angst, ich würde irgendwie den geschäftlichen Anschluss verpassen, wenn ich meiner Leidenschaft, dem digitalen Nomadentum, folge. Heute hat sich mein Mindset verändert. Die Welt ist ein Dorf für mich und dank Internet wohnt jeder bei mir um die Ecke, nur ein paar Tasten entfernt«, erzählt mir Iris Gordelik. Als langjährige Personalberaterin kennt sie sich mit den Zukunftstrends in der Arbeitswelt aus – und lebt sie selbst.

Regelmäßige Wechsel zwischen Arbeitgebern, Aufgabenstellungen und Funktionen sind fortan zunehmend üblich. Immer mehr Mitarbeitende werden sich projekt- oder aufgabenbezogen zu Teams zusammenfinden und ihre Arbeit selbst organisieren. Klassische Projektarbeit nach dem Wasserfallprinzip ist dabei nur noch marginal sinnvoll, weil sich zukünftig die Umstände ständig verändern. In der neuen Projektarbeit liegt eine umfassende Aufgabenstellung komplett in den Händen eines interdisziplinär zusammengesetzten Teams. Das Ergebnis wird in iterativen Schritten entwickelt.

Innovationsideen werden in Projektmärkten organisiert, konkurrieren also auf eine offen zugängliche Weise miteinander. So werden nicht zwangsläufig die Projektideen zentraler Instanzen favorisiert, sondern die mit den größten Erfolgsaussichten, weil sie akute Kundenprobleme lösen und/oder den Weg in die Zukunft bahnen. Die Mitarbeiter:innen mit entsprechenden Kompetenzen ordnen sich einem geeigneten Projekt zu, sodass eine optimale Besetzung gewährleistet ist. Freiwilligkeit und Interesse am Thema sorgen für zusätzliche Motivation, für selbstgesteuerte Initiativen und erhebliches Engagement. Solche Gruppen professionalisieren sich schnell. Vielfach bleiben die aufeinander eingeschworenen Teams auch für Folgeprojekte beisammen.

Die hohe Nachfrage nach Fachkompetenz sorgt für eine zunehmende Mobilität der Arbeitnehmer. Top-Talente wechseln nicht nur rasch die Firma, sie gehen zunehmend auch in die Selbstständigkeit. So wird Wissen und Können, das im Unternehmen fehlt und kurzfristig verfügbar sein muss, vermehrt von außen zugekauft. Man umgibt sich mit den jeweils besten Leuten für einen bestimmten Job. Top-Unternehmen werden dabei zu Anziehungspunkten für hochqualifizierte Projektarbeiter und hervorragende Experten. Diese jonglieren zwischen Projekten, Auftraggebern und Arbeitsorten. Sie organisieren sich in Netzwerken oder mithilfe von Agenturen. Virtuelle Assistenten und Stellvertreter-Avatare stehen ihnen zur Seite. Sie bauen ihre Zelte immer dort auf, wo sie gemeinsam mit Gleichgesinnten etwas von Belang schaffen können. Ist die Arbeit getan, ziehen sie weiter, zu einem neuen Schauplatz für Heldentaten.

Die drei Top-Entscheidungskriterien solcher Projektarbeiter für oder gegen einen Auftraggeber, so Zukunftsforscher Sven Gábor Jánszky, sind diese:

- Ist das Projekt eine persönliche Herausforderung?
- Hat das Projekt einen größeren Sinn für die Welt?
- Arbeite ich dort mit exzellenten Menschen zusammen?

Vor allem größere Unternehmen mit weltweiten Aktivitäten werden sich so organisieren. Damit kommen neue Management- und Führungsaufgaben auf Future Leader zu. Sie müssen lernen, diese freien Mitarbeitenden auf Zeit zu integrieren, zu motivieren und so schnell wie möglich auf ein Performance-Hoch zu bringen. Dafür werden die Unternehmen bewertet. Wer bei Bezahlung, Fairness und Arbeitsatmosphäre nicht punkten kann, wird die Spitzengarde der global agierenden Projektarbeiter:innen gar nicht erst anlocken können. Andererseits werden große Konzerne ihre Projekte per Internet an interne und externe Projektteams auktionieren.

Jánszky bezeichnet solche Firmen als fluide Unternehmen. »Der Begriff fluide kommt nicht von der Mitarbeiterfluktuation, sondern daher, dass die Tätigkeiten und Abteilungsgrenzen im Unternehmen permanent im Fluss sind. Einen wesentlichen Anteil daran haben kommende IT-Systeme, in denen die heutige ERP-Software mit automatisierten Kompetenzanalysetools verschmelzen wird. So entstehen algorithmenbasierte, intelligente Personalplanungssysteme, die ideale Teams nach Kompetenz, Alter, Kultur und Geschlecht zusammenstellen und auch noch deren perfekte Auslastung steuern.«[70]

Unternehmen hingegen, die einen festen Mitarbeiterstamm anvisieren, werden zu Caring Companies. Sie können die schützenden Kollektive früherer Zeiten wie auch die auseinanderbrechenden Ordnungsstrukturen ersetzen und so den Menschen eine neue Heimat geben. Coole Caring Companies sind Identitätsorte und agieren wie eine Art Volksstamm, dem man sich hingebungsvoll anschließt. Firmen, die in der Lage sind, Wohlfühlorte zu schaffen, selbstwirksames Arbeiten möglich zu machen und netzwerkartige Strukturen nachzubilden, sind dann einen längeren Aufenthalt wert.

Caring Companies machen das Unternehmen zu einem Wohlfühlort, damit die Mitarbeitenden gern in die Firma kommen. Erfolgreiche junge Unternehmen zeigen uns seit Jahren, wie das geht. Natürlich braucht es nicht gleich einen Sternekoch in der Kantine. Doch etwas mehr als Obstkorb und Pingpongplatte darf es schon sein. Am besten nutzen Sie den Einfallsreichtum der Belegschaft, damit es *deren* Wohlfühlort wird. Caring Companies bauen auch Bande zu den Kindern, den Eltern sowie den Sport-, Kultur- und Freizeitinteressen ihrer Mitarbeitenden auf. Dazu können etwa Zuschüsse zur Miete, Angebote für die Kinderbetreuung, Beteiligung bei der Pflege bedürftiger Angehöriger sowie ein Mitwirken bei Gesundheit und Vorsorge zählen.

Diese vielfältigen Bande machen einen schnellen Wechsel für Beschäftigte unattraktiv. »Die Basis der Caring Companies ist rein mathematisches Kalkül«, meint Jánszky. Die Zusatzkosten für Unternehmen, die alle paar Jahre die Hälfte ihrer Mitarbeitenden in einem leer gefegten Arbeitsmarkt neu rekrutieren müssen, »lassen sich recht einfach berechnen. Sie sind gigantisch. Das strategische Ziel des Corporate Life ist es deshalb, mit einem Bruchteil dieses Budgets die Abwanderungsquote signifikant zu senken.«[71]

Die gezeigten Entwicklungen haben Auswirkungen sowohl auf die Infrastruktur und Gebäudeplanung als auch auf die firmeninternen Arbeitslandschaften. Strömen Beschäftigte nur noch punktuell ins Büro, werden Städte zu DiMiDo-Städten, das geschäftige Leben konzentriert sich auf den Dienstag, Mittwoch und Donnerstag. Viele ziehen ins Umland, weil es eine höhere Lebensqualität bietet. Die Büroflächen werden maximal modular aufgebaut, sehr viel wohnlicher und sehr viel grüner. Überall gibt es Schnittstellen für Zufallstreffen, einen unkomplizierten Austausch und Inspiration. »Die neuen Büros sind eine Mischung aus einem lebendigen Kiez und der Internationalen Raumstation ISS. Sie funktionieren in einem Spannungsfeld aus Möglichkeitsraum der eigenen Potenzialentfaltung und Kraftort der vielfältigen Rituale, die Gemeinschaften stärken. Vor allem basiert die Architektur nicht mehr auf Building Codes, sondern auf Human Needs«, sagt Raphael Gielgen, Trendscout Future of Work Life & Learn beim Möbelhersteller Vitra. [72]

Business-Ecosysteme: Chancenfelder der Zukunft

Die zukünftige Businesswelt wird nicht länger ein Allerlei von Einzelanbietern sein, sondern eine Welt von Ökosystemen. Denn wenn sich alles miteinander vernetzt, tun sich isolierte Einheiten schwer. Die Grenzen zwischen den Branchen fallen und ihr Zusammenspiel wird neu definiert. Inzwischen verbinden sich ganze Industrien miteinander, um fortan am Markt zu bestehen. Selbst ehemalige Konkurrenten arbeiten durchdacht zusammen, um für die Kunden attraktiver zu werden. Statt Mono-Produkten werden nun multiple Servicepakete zusammengestellt und von verschiedenen Anbietern gemeinsam erbracht. So werden Business-Ecosysteme zu einer nächsten evolutionären Stufe der Wirtschaft. Geprägt wurde der Begriff bereits 1993 von James F. Moore.

Business-Ecosysteme umkreisen die anvisierten Käufergruppen mit einer Auswahl von Produkten und Services, die von verschiedenen Anbietern stammen, jedoch aus Kundensicht ein perfekt aufeinander abgestimmtes Komplettangebot ergeben, das nahtlos miteinander verknüpft und bequem zugänglich ist. In Analogie zu biologischen Ökosystemen (zum Beispiel Biotope) umfasst ein Business-Ecosystem also ein kollaboratives Netzwerk rechtlich autonomer, lose gekoppelter wirtschaftlicher Akteure, die sich ergänzen. So schaffen sie im Miteinander einen höheren Kundennutzen als jeder Einzelne für sich allein. Weil der Kunde alles aus einer Hand erhält und das Ganze wie aus einem Guss funktioniert, muss er das System nicht mehr verlassen.

Für vorausdenkende Firmenlenker:innen eröffnen solch unternehmensübergreifende Organisationsformate immense Möglichkeiten, auf Kundenbedürfnisse einzugehen und einzigartige Komplettlösungen anzubieten. Die Fähigkeit, solche Systeme zu gestalten, zählt zu den Schlüsselkompetenzen der Zukunft. »Bis 2030 werden mehr als 30 Prozent der weltweiten Umsätze in Business-Ecosystemen erwirtschaftet werden«, meint Michael Lewrick, ein international tätiger Experte für Innovationsstrategien.[73] Wie hoch die Anziehungs- und Ertragskraft derartiger Systeme ist, zeigen uns frühe Protagonisten seit Jahren. Ein Paradebeispiel dafür ist Apple. Mit Endgeräten (iPad, iPhone, MacBook, Apple Watch, Vision Pro), einer Vielzahl von Services (App Store, Apple Pay, Apple TV, iTunes, iCloud usw.) und über 500 Stores weltweit hat das Unternehmen aus Cupertino ein Universum geschaffen, aus dem eingefleischte Fans nie mehr desertieren. Auch rund um das iPhone selbst ist ein Ökosystem entstanden, das in Zusammenarbeit mit Drittanbietern dem User eine ganze Palette von Services bietet.

Partnerschaften zwischen Unternehmen gab es natürlich auch früher, doch diese verfolgten meist interne Ziele. Es ging um Kostenersparnisse oder die Erhöhung der Absatzzahlen. Business-Ecosysteme hingegen werden um die heutigen und zukünftigen Bedürfnisse der Menschen herum entwickelt. Sie wollen mit mehreren Partnern gemeinsam einen größeren Mehrwert für die Kunden schaffen als einer allein. Daraus resultierend werden alle beteiligten Akteure eine höhere Wertschöpfung erzielen. Denn solche Ökosysteme unterliegen dem Netzwerkeffekt: Bessere Angebote locken mehr Käufer an, diese locken mehr Anbieter an, und deren Angebote locken immer weitere Käufer an. Ergo: Die Attraktivität steigt für alle.

Perfekte Basis für ein funktionierendes Business-Ecosystem sind eine Onlineplattform und die Nutzung gemeinsamer Daten. Die Verknüpfung von Disziplinen, Industrien und Technologien verbunden mit der exponentiellen Zunahme von Rechenleistungen lassen dabei mehr Möglichkeiten entstehen als jemals zuvor. Zugleich sind die Kosten zukunftstauglicher Technologien inzwischen teils dermaßen hoch, dass man sie nur noch gemeinsam mit Ex-Konkurrenten stemmen kann, um weiterhin profitabel zu sein.

So weicht das alte Feindbilddenken von Konfrontation, Marktanteilen und Wettbewerb einem Handeln, bei dem die Kollaboration mit Marktbegleitern eine entscheidende Rolle spielt. Die hohe Komplexität vernetzter Systeme und der dafür notwendige Zuwachs an Kompetenz bewältigt ein Unternehmen oft kaum mehr allein. Beides kann nur noch im Verbund mit Partnern bewältigt werden. Nicht Übertrumpfen und Dominanz, sondern Augenhöhe und Miteinander sind dabei entscheidend.

Insofern ist es wichtig, Klarheit darüber zu gewinnen, wer ein idealer Partner sein kann, welche Synergien man gemeinsam angehen will, welche Fähigkeiten der Einzelne einbringen soll und welche Rolle jeder dabei übernimmt. Damit stellen sich auch gleich entscheidende Fragen: Wer ist der Initiator? Geht es um ein geschlossenes System mit einem Dominator, der, wie im Fall Apple, die Regeln bestimmt? Oder geht es um ein offenes System mit einem koordinierenden Orchestrator? Wer passt in das System – und wer besser nicht? Ökosysteme sind keineswegs nur etwas für die ganz Großen. Auch kleinere Unternehmen und Startups sind als Mitakteure sehr willkommen.

Wer aus dem monokulturellen Grundgedanken von Konkurrenz und Einzelunternehmertum ausbricht, Kollaboration, Vernetzung und Co-Kreativität anvisiert und multidimensionale Ökosysteme etabliert, bindet seine Kunden auf natürliche Weise und schafft eine engagierte Community, die ihrerseits enorme Multiplikatoreneffekte erzeugt. Und das ist bekanntlich die beste Werbung. Sie macht begeisterte Kunden zu Botschaftern und kostenlosen Verkäufern.

Business-Ecosysteme folgen der JTBD-Strategie

Um ein Business-Ecosystem zu konstruieren, kann man der »Jobs to be done«-Strategie (JTBD) folgen. Entwickelt wurde sie von Clayton Christensen, dem US-amerikanischen Wirtschaftswissenschaftler, der auch die Theorie des Innovator Dilemmas und der disruptiven Innovation in die unternehmerische Praxis eingebracht hat. Bei JTBD stehen nicht die Leistungsmerkmale eines Angebots im Fokus, sondern dessen tieferer Sinn und damit die Frage: Mit welcher Aufgabe beauftragt der Kunde ein Produkt, eine Leistung oder Lösung?[74] Weshalb die Frage so herum? *Nicht* Produkte und Technologien, sondern zahlungswillige Kunden entscheiden darüber, wer die Märkte von morgen besetzt. Entscheidend dabei sind nicht die vordergründigen Kaufmotive, sondern die tieferen Beweggründe, die verborgen dahinterliegen. So hat ein solcher »Job« eine funktionale, eine emotionale und eine soziale

Dimension. Spielen wir auf dieser Basis doch einmal einige Ökosystemszenarien durch.

Was Menschen bei einer Flugbuchung wollen, ist nicht das Fliegen per se, sondern das Ankommen an einem Ziel und die Möglichkeit, dort zu entspannen, etwas Aufregendes zu erleben, andere Kulturen zu entdecken oder beruflich erfolgreich zu sein. In diesem Kontext ist der Flug selbst ein recht austauschbares Element. Hinzu kommt, dass das Fliegen – als Klimatäter und -opfer zugleich – immer problematischer wird. Viele Sehnsuchtsziele wird es hart treffen, manche verschwinden ganz. Landschaften gehen durch Brände, Strände durch Überflutung verloren. Dutzende Airports sind vom steigenden Meeresspiegel bedroht. Die giftige Algenblüte und das Korallensterben machen Gewässer zu Todeszonen. Mehr Stürme, mehr Blitze, politische Unruhen und Flugscham kommen hinzu. Werden die Menschen die Welt fortan fast nur noch virtuell erkunden? Finden Geschäftsreisen, die bislang die Ferienreisen subventionierten, noch umfänglich statt? Was macht dann eine Airline, die immer weniger Flüge durchführt?

Was die Kunden von einer Finanzierung eigentlich wollen, ist nicht der Kredit, sondern die Verwirklichung eines lang gehegten Traums: den vom eigenen Häuschen. Welches Ökosystem kann folglich rund um das Thema »Kaufen, Wohnen, Leben« entstehen? Welche Dienstleistungen lassen sich zu einem einfachen, bequemen, klimafreundlichen Leistungsversprechen derart zusammenschalten, dass der Kunde sich nicht um jedes Einzelteil selbst kümmern muss? Und wer bietet es an? Die Bank? Der Bauträger? Der Makler? Der, der mit seiner Smart-Home-Technologie bereits ein Ökosystem unterhält?

Business-Ecosysteme entstehen oft rund um Themen und Technologien, auch regional und lokal. Im Bereich der Onlinemarktplätze gibt es noch immer breite Nischen, speziell mit Blick auf herstellerneutrale Plattformen für diverse Industrien. Weiteres Potenzial für Ökosystemstrategien entsteht in der Circularity, in der zukunftsfähigen Landwirtschaft, in Bezug auf ein nachhaltiges Leben, beim lebenslangen Lernen sowie bei Inhalten rund um Ernährung, Gesundheit und Selbstoptimierung. Wer die sich abzeichnenden Trends im Blick hat, findet genug Ökosystemaktivitätsfelder.

Etwa auch rund um das Thema Hund? Der Franchiseanbieter Fressnapf hat eines geschaffen, wie die Abbildung zeigt. Daran lässt sich erkennen: Business-Ecosysteme sind nicht zwangsläufig rein digital, sie verbinden vielfach die virtuelle mit der realen Welt. Die Transformation vom Versorger zum Umsorger, Fressnapf hat sie geschafft. Hierbei geht es nicht länger um die Produktwelt von Futter und Zubehör, sondern um das Hundewohl und einen firmenübergreifenden Rundumservice für Hundehalter.

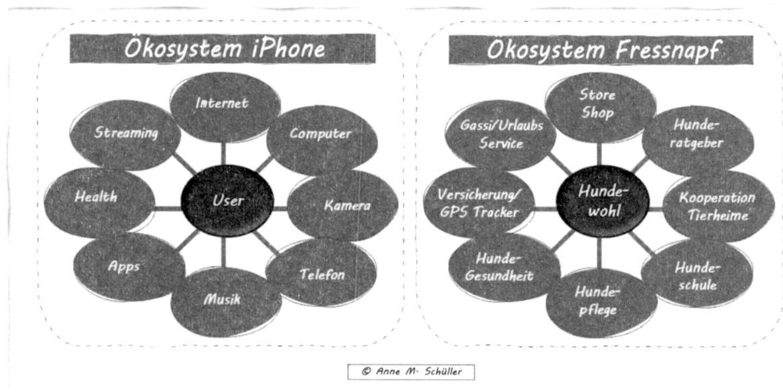

Abb. 13: Zwei ausgewählte Business-Ecosysteme

So formen Sie ein marktfähiges Business-Ecosystem

Spielen Sie mit dem Gedanken, ein eigenes Business-Ecosystem zu kreieren? Die Projektgruppe könnte, sozusagen als Warm-up, zum Beispiel die Basisstruktur eines Katzenwohlökosystems erschaffen, indem die Teilnehmer unter Aufbietung ihrer größtmöglichen Fantasie ersinnen, was sie sich als Kunde von solch einem Ökosystem wünschen würden und wie es zu diesem Zweck designt werden müsste. Oder wie wäre es mit einem Mobilitätshaus? Welches Ökosystem könnte also zum Beispiel ein Autohändler erschaffen, wenn autoreduzierte Innenstädte die Zukunft bestimmen und klimaschonende urbane Transportmittel eine zunehmende Rolle spielen?

Danach ist das eigene Ökosystem an der Reihe. Es erbringt für einen anvisierten Nutzerkreis eine komplementär zusammenpassende einzigartige Leistung, die keiner der Beteiligten für sich allein erbringen könnte. Die Gesamtleistung und ihre einzelnen Module werden iterativ entwickelt, also schrittweise und dabei immer lernend. Man beginnt mit einem Kernangebot und baut dieses dann weiter aus. Ein gleichberechtigtes, co-kreatives, durch Fairness, Transparenz und Vertrauen geprägtes Vorgehen ist fundamental. Ökosysteme überleben nur dann, wenn es allen Mitgliedern gutgeht. Wirtschaftet einer auf Kosten anderer, ziehen die sich zurück – und das System stirbt.

Was wir für den Initialworkshop brauchen: Räumlichkeiten, die kreativitätsförderlich sind, viel Platz zum Visualisieren, also Wände und Tische, an und auf denen man sich austoben kann. Zudem benötigen wir Moderations- und Bastelmaterial. Im Rahmen eines solchen Entstehungsprozesses wird viel geschrieben, gemalt und geklebt. Visualisierungen regen die Fantasie an und helfen beim Weiterdenken. Ein Logo, ein Slogan, die Purpose-Formulierung und eine Gründungsstory stehen ebenfalls an.

Das Ökosystemdesignteam agiert dezentral und interdisziplinär. Idealerweise sind die Teammitglieder Meinungsführer in ihrem Umfeld. Sie sind veränderungsoffen, kommunikationsfreudig, sozialkompetent und konzeptionsstark. Ferner brauchen sie Durchhaltevermögen. Die Teilnahme sollte zudem freiwillig sein. Zwang bremst immer aus. Wird fachliche Expertise benötigt, stoßen zusätzliche interne und externe Mitglieder vorübergehend dazu. Zudem ist die Rückendeckung der Geschäftsleitung elementar. Auch Akzeptanz unter den Führungskräften ist wichtig. Wer auf sie kein Augenmerk richtet, wird eine mächtige Gruppe im Unternehmen gegen sich haben.

Da Ökosysteminitiativen hochstrategische Projekte sind, kann es sehr nützlich sein, im Vorfeld das makroökonomische Umfeld zu analysieren. Dafür lässt sich die PESTLE-Methode verwenden. Sie hilft, einen Überblick über die externen Einflussfaktoren zu erhalten, die auf ein Ökosystem wirken können, wodurch es gelingt, Chancen und Risiken bereits im Vorfeld besser einzuschätzen. PESTLE steht für:

- **P**olitics (= politische Faktoren: Subventionen, Handelspolitik, Steuerpolitik, Gesetzgebung, Korruption, politische Stabilität, behördliche Bürokratie etc.)
- **E**conomical (= gesamtwirtschaftliche Faktoren: Wirtschaftswachstum, saisonale Faktoren, Zinssätze, Inflation, Wechselkurse, Arbeitslosenrate etc.)
- **S**ocial (= sozio-kulturelle Faktoren: Bevölkerungsstruktur, Bildungswesen, Demographie, Mobilität, Werte, Religion, Freizeit, Lifestyletrends etc.)
- **T**echnological (= technologische Faktoren: Forschung, Produktlebenszyklen, neue Informations- und Kommunikationstechnologien, Innovationen etc.)
- **L**egal (= rechtliche Faktoren: Gesetzgebung, Patentschutz, Wettbewerbsrecht, Verbraucherschutz, Datenschutz, Sicherheitsauflagen, Zertifizierung etc.)
- **E**nvironmental (= umweltbezogene Faktoren: Wetter, Klima, Produktionsverfahren, Umweltschutzauflagen, Rohstoffressourcen, Energieversorgung etc.)

Danach beginnt das Kernteam mit der Erarbeitung folgender maßgeblicher Schritte:

1. Der Ökosystem-Zweck (Joint Value Proposition): welche Lösung wir bieten
2. Was daran einzigartig ist und wie Kunden und Nutzer davon profitieren
3. Ecosystem Personas: welche Kundentypen wir mit dem System adressieren
4. Welche Reichweite angestrebt wird: lokal, regional, national, global?
5. Welche Fähigkeiten, Technologien, Produkte, Services gebraucht werden
6. Welche Akteure wir in welcher Rolle als Teil des Systems planen
7. Welche Vorteile / Mehrwerte die Akteure als Teil des Systems haben
8. Ecosystem Journey Mapping: das Ökosystem-Design als visuelle Übersicht
9. Erstellen eines Ressourcen- und Zeitplans und der Genehmigungsschritte

10. Ideensammlung, Priorisierung, Entscheidungen, Umsetzungsplan
11. Minimum Viable Ecosystem (MVE): Eine erste Minimalausführung entsteht.
12. Unternehmensübergreifendes Schulungskonzept für alle Beteiligten
13. Ein übergreifendes Kommunikations- und Multiplikatorenkonzept erstellen
14. Testen, iterieren, reflektieren, monitoren, optimieren, erweitern, skalieren

Wer zu den einzelnen Schritten mehr wissen will, kann sich am Innovationsprozess orientieren, den ich in Teil 3 ausführlich beschreibe.

Customer first: Pflicht in Business-Ecosystemen

Beim Design eines Ökosystems stehen die Nutzer und ihr Wohl klar im Zentrum. Aus unzähligen Workshop-Erfahrungen weiß ich jedoch, wie leicht man in die firmeninterne Ego-Perspektive zurückfällt und den Blickwinkel des Kunden vergisst. Deshalb hier die entscheidenden Unterschiede zwischen Company first und Customer first:

- **Company first:** Die alte Unternehmenslogik denkt selbstzentriert von innen nach außen: »Was bieten *wir* den Kunden wann, wo und wie, damit *wir* erfolgreicher werden? Was bringt *uns* mehr Profit? Was kann *uns* zum Marktführer machen?« Viele Unternehmen sind richtig gut darin, Vorgehensweisen mühsam zu machen, einem die Zeit zu stehlen und schlechte Stimmung zu verbreiten. Der Kunde soll sich gefälligst in die vorgedachten Abläufe fügen, umständliche Formalien akzeptieren, mit begriffsstutzigen Chatbots parlieren und mit altersschwacher Software hantieren. Die Klientel soll ackern, damit man selbst weniger Arbeit hat. Sicher fallen jedem sogleich selbsterlebte Horrorgeschichten ein. Und daran ist (meist) nicht der einzelne Beschäftigte »schuld«, sondern eine kunden*un*freundliche Haltung des Unternehmens und unverzeihliche digitale Tollpatschigkeit.

- **Customer first:** Unternehmen erreichen eine Vorrangstellung nicht länger durch das, *was* sie tun, sondern darüber, *wie* der Kunde dies wahrnimmt – und was er Dritten dazu erzählt. So braucht es ein Dienstleistungsverständnis, das durch die Kundenbedürfnisse bestimmt wird. Nicht das austauschbare Produkt, sondern die höchste Kundenfaszination bestimmt über Top oder Flop. Jede schlechte Kauferfahrung, jedes miese Serviceerlebnis, jedes ungelöste Kundenproblem kann zu einem Einfallstor für Disruptoren werden – oder, natürlich besser, zu einer eigenen innovativen Geschäftsidee. Die neue Unternehmenslogik geht also vom Kunden aus: »Was will der Kunde heute und morgen, welche Aufgaben will er jetzt und in Zukunft erledigt haben? Wie können wir die Dinge für ihn einfacher, sein Leben angenehmer und ihn beruflich / geschäftlich erfolgreicher machen?« Natürlich sind Effizienz und Profitabilität wichtig, doch nicht auf Kosten des Kunden. Ihr Management priorisiert das, woran Sie am meisten verdienen? Präferiert der Kunde ein kundenfreundlicheres Konkurrenzprodukt, verdienen Sie gar nichts.

Auf der Suche nach erfolgreichen Business-Ecosystemen kommt einem sogleich auch Amazon in den Sinn. Amazon will das kundenfreundlichste Unternehmen der Welt sein, so lautet der Purpose. Global der erfolgreichste Onlinehändler zu werden, war nicht Ziel, sondern wurde dank des kundenzentrierten Mindsets, von Jeff Bezos als Customer Obsession bezeichnet, zum Ergebnis. »Wir verdienen unser Geld nicht, indem wir etwas verkaufen, wir verdienen Geld, indem wir Kunden dabei helfen, eine Kaufentscheidung zu treffen«, sagt er.[75] In diesem Sinne wird jeweils so lange experimentiert, bis ein Service Weltklasseniveau hat. Danach bietet Amazon die Lösung und das dazugehörige Know-how im Markt an, macht also daraus ein Geschäftsmodell. So wird Amazon zum Enabler, der anderen ermöglicht, erfolgreich zu sein.

AWS (Amazon Web Services) ist ein gutes Beispiel dafür. AWS ist der derzeit größte Cloud-Computing-Anbieter der Welt mit rund 80 Milliarden US-Dollar Umsatz in 2022.[76] Auch dieser Service entsprang der Kundenzentrierungsdenke. Übliche Anbieter lagern in Spitzenzeiten Services aus oder bedienen die Kunden dann verzögert. Amazon aber wollte seine Lieferversprechen auch in der Hochsaison einhalten und stockte die dazu notwendigen Serverkapazitäten maßgeblich auf.

Der nicht genutzte Überschuss wurde als cloudbasierte On-Demand-Lösung an andere Unternehmen vermietet. »AWS entstand nicht aus dem Wunsch, ein Unternehmen mit Cloud-Technologie zu sein, sondern aus dem Bedürfnis, eine skalierbare Infrastruktur zu schaffen, um die Onlinekundenerfahrung großartig zu machen«, schreibt der ehemalige Amazon-Marketplace-Verantwortliche John Rossman.[77]

Wie goldrichtig der Fokus auf Customer Obsession war und ist, haben nicht nur die Ergebnisse der Vergangenheit gezeigt, das setzt sich in Zukunft weiter fort, auch für AWS, wenn sich unter anderem das Cloud-Gaming in großem Stil etabliert. Spiele werden nicht mehr physisch gekauft oder heruntergeladen, sie brauchen auch keine teure Gaming-Hardware mehr. Amazon macht sie als Serviceprovider mit wenigen Klicks als Abo verfügbar. So wird die Nachfrage bei Gelegenheitsspielern weiter befeuert. Gaming wird – noch viel mehr als heute – zu einem Gemeinschaftsevent, das Freunde und Familie auf unkomplizierte Weise in virtuellen Räumen zusammenbringt.

Meine Top 10 für gelungene Transformationen

Wie sind nun all die »Berge«, die vor uns liegen, zu meistern? Was sagt denn ein Profi der Berge dazu? Ich arbeite ja hauptsächlich als Keynote Speaker, halte also Impulsvorträge, und da habe ich vor ein paar Jahren auf einer Veranstaltung Alexander Huber kennengelernt. Er hat als Erster die Nordwand der großen Zinne in den Dolomiten bezwungen, eine 550 Meter hohe, senkrechte Steilwand mit Überhängen und brüchigem Fels. Und das »free solo«, also ohne Seil und Sicherung. Ein waghalsiges Abenteuer.[78] »Wie schafft man das?«, frage ich ihn. »Ich denke nicht an den Berg und die ganze Strecke, sondern an die nächsten paar Zentimeter und den nächsten Griff.«

Das ist das Denken in Quick Wins. Jede Veränderung braucht ein mehr oder weniger hohes Maß an Anfangsenergie, um von einem statischen Zustand aus in Bewegung zu kommen. Der erste Schritt ist der schwerste, sagt wissend der Volksmund. Deshalb sind Quick Wins so unentbehrlich. Quick Wins sind schnelle Erfolge, die angepeilt werden können und müssen, um rasch aus dem Startblock zu kommen. Wir sind von Natur aus auf schnelle Resultate fixiert und favorisieren, was uns sofortige Vorteile bringt. Wartet also nicht, bis die Dinge an allen Ecken und Enden fertig sind, denn fertig werden sie nie. Zudem drängt jetzt wirklich die Zeit.

Dort, wo Zukunft entsteht, können folgende Tipps überaus hilfreich sein:

>> **Elephant in the Room:** Blockaden, die den Wandel behindern, die wahren Gründe, weshalb es nicht vorangeht, Tabus, über die niemand spricht, scheinbar unantastbare Mindsets und Vorgehensweisen: Mit dieser Methode lässt sich das einmal grundsätzlich in Angriff nehmen. Warum Elefant? Weil es um etwas wirklich Großes geht: ein offensichtliches Problem, das dick und breit im Raum steht und den Zugang

zu einer besseren Zukunft versperrt. Es ist unübersehbar, doch alle tun so, als wäre es gar nicht da. Im Mittelpunkt steht dabei folgende Frage: »Wenn es um unsere unternehmerische Zukunft geht, was sind die wahren Hemmnisse und Blockaden, über die zwar offiziell niemand spricht, worüber wir aber unbedingt reden sollten?« Initiiert wird dieser Prozess von jemandem aus dem Top-Management. Arbeiten Sie in einem solchen Workshop unbedingt mit einer qualifizierten Moderation.

>> **Die Gewissensfrage:** Wer zukunftsfit werden will, den bringt das kontinuierliche Feedback der Mitarbeitenden weiter. Dazu stellen Sie schriftlich folgende Fragen: »Stell dir vor, du wärst unser Unternehmensgewissen. Was würdest du uns sagen? Was könnten wir besser machen? Was müsste sich zügig verändern?« Viel Platz zum Ausfüllen geben. Damit sowohl positive als auch negative Antworten kommen, zeichnen Sie eine fiktive Person, bei der ein Engelchen und ein Teufelchen rechts und links auf der Schulter sitzen. Ungeschminkte Antworten bringen vieles ans Licht, was man schon immer gern wissen wollte. Womöglich werden die Oberen so endlich erfahren, was aufgrund von Gerüchten außer ihnen schon alle wissen und was die wahren Gründe für hartnäckige Probleme sind – damit man sie endlich beseitigen kann.

>> **»Hack the Org«-Maßnahmen:** Der Begriff Workhack stammt aus der Szene der jungen Unternehmen. Dabei geht es um Methoden, Maßnahmen und Tools, die dazu dienen, unbrauchbares Vorgehen rasch loszuwerden und intelligentere, effizientere, passendere Wege der Aufgabenbewältigung, der Zielerreichung und der Zusammenarbeit zu finden. Hierarchieunabhängig kann jeder einzelne Mitarbeitende Workhacks initiieren, wenn er die Notwendigkeit dafür sieht. Dies erzeugt eine erstens fortwährende und zweitens vorausschauende Selbsterneuerung in kleinen Schritten. So ist es viel leichter, Wandel voranzubringen. Veränderungsbereitschaft wird zur Normalität, weil sie durch ständiges Ausprobieren, Reflektieren, Adaptieren und Optimieren de facto täglich trainiert wird.

>> **Kill a stupid rule:** Dieses Tool ist ideal für einen kontinuierlichen Bürokratieabbau. Die Ausgangsfrage: »Von welchen untauglichen Standards, Regeln und Verfahren und von welchem administrativen Unsinn sollten wir uns schnellstmöglich trennen?« Bei jedem größeren Meeting können sich die Anwesenden zu zweit zusammensetzen, um innerhalb von fünf bis zehn Minuten so viele »stupid rules« wie nur möglich zu finden, auf Post-its zu schreiben und an eine Pinnwand zu heften. Hiernach wird gemeinsam priorisiert. Dazu erhält jeder drei verschiedenfarbige Klebepunkte: rot ist Prio 1 und entspricht drei Punkten, grün ist Prio 2 und entspricht zwei Punkten, blau ist Prio 3 und entspricht einem Punkt. So wird eine Prioritä-

tenliste erstellt. Hiernach werden Verbesserungsideen gesammelt und anschließend testweise umgesetzt.

>> **Entscheidungsfindung:** Beim schwedischen Streamingdienst Spotify, Weltmarktführer für Musikvermarktung, mit mehr als 8400 Mitarbeitern sieht man das grundsätzlich so: Ein guter Mitarbeiter trifft in 70 Prozent aller Fälle dieselben Entscheidungen wie sein Chef. Bei 10 Prozent seiner Entscheidungen liegt der Mitarbeiter daneben. Und zu 20 Prozent fällt er bessere Entscheidungen, weil er von der Sache mehr Ahnung hat.[79] »Man muss kluge Köpfe nur machen lassen«, sagt der Firmengründer und CEO Daniel Ek. Wenn eh meist Übereinstimmung herrscht, sind Bewilligungsmarathons pure Ressourcenverschwendung. Und wie läuft das bei Ihnen?

>> **Office Escapes:** Wie der Name schon sagt, können Teams aus klassischen Unternehmen auf diese Weise temporär ihrem regulären Arbeitsplatz entfliehen – und Startups besuchen. Ziel ist es, dass die Teilnehmer Geschmack an agilen Arbeitsweisen finden, Denkweisen von Gründern näher kennenlernen und ihre Organisation im Anschluss damit beleben. In einem Fall verbrachte ein Team von 15 Personen aus den Bereichen IT, Vertrieb, Logistik, HR und Unternehmensstrategie fünf Tage als vollintegriertes Mitglied in einem Startup. Ein Vorbereitungstag stimmte sie auf diese Erfahrung ein, ein Abschlusstag diente der Integration des Gelernten in den eigenen Arbeitsbereich. Die Truppe kam mit wertvollen Erfahrungen und Einsichten zurück, vor allem in Bezug auf schnelles Entscheiden, Testen von Möglichkeiten und neue Formate der Zusammenarbeit. Und das Startup? Es lernte viel darüber, wie ein Konzern funktioniert, was für die eigenen Vertriebsaktivitäten durchaus sehr nützlich sein kann.

>> **Die kollegiale Beratung:** Dabei trifft man sich regelmäßig in einem gleichen oder wechselnden Kreis von fünf bis sieben Personen, um delikate Management- und Führungsthemen strukturiert zu besprechen. Das kann unternehmensintern mit Führungskollegen oder firmenübergreifend mit Führungskräften aus anderen Unternehmen erfolgen. Die Voraussetzungen: keine Konkurrenzsituation, keine hierarchische Abhängigkeit, Freiwilligkeit, Führungs-Know-how und die passende »Chemie«. Wichtig ist eine diverse Zusammensetzung der Runde, also jung und alt, männlich und weiblich, verschiedene Nationalitäten. Augenhöhe, Offenheit, Ehrlichkeit und absolute Vertraulichkeit sind als Spielregeln vorzugeben.

>> **Reverse Mentoring:** Beim Reverse Mentoring drehen Sie das klassische Mentoring um. Der Junior coacht den Senior auf solchen Themengebieten, die Jung

besser kann als Alt. Ziel ist es, die digitale Fitness im Unternehmen insgesamt zu erhöhen, Prozesse und Strukturen zu verjüngen, herkömmliche Kommunikations- und Arbeitsweisen an die Erfordernisse der Zukunft anzupassen sowie ältere Kollegen, Führungskräfte und das Top-Management mit der Gen-Z-Welt vertraut zu machen. Es ist ein hervorragendes Tool, um eine lernende Organisation aufzubauen.

>> **Disrupt-me-Workshops:** Hierbei sollen Dritte nach Wegen suchen, Ihre Firma disruptiv zu zerstören. Dazu laden Sie eine größere Zahl unterschiedlicher Menschen aus der Szene der jungen Unternehmen verschiedener Branchen zu einem Workshop ein. Zunächst stellen Sie Ihr derzeitiges Geschäftsmodell vor. Danach bilden sich kleine Gruppen, die Angriffsszenarien kreieren. Die interessantesten Ideen werden zur weiteren Bearbeitung ausgewählt. Im Rahmen von Präsentationen werden die gefundenen Lösungen skizziert. Idealerweise wird bereits am gleichen Abend entschieden, was davon umgesetzt wird, damit nichts im Nirvana verschwindet.

>> **Kill-the-Company-Workshop:** Haben Sie sich schon einmal gemeinsam mit Kollegen gefragt, an welcher Stelle, wie und weshalb ein smartes Jungunternehmen Ihre Firma plattmachen könnte? Eine Möglichkeit, das zu verhindern, ist die simulierte Selbstdisruption. Bevor Sie also angegriffen werden, sollten Sie sich besser selbst angreifen – zumindest als theoretische Übung. So können Sie Ihre wunden Punkte ausfindig machen, bevor es andere tun. »Kill the Company« ist eine mögliche Überschrift für dieses Konzept. Der Ansatz geht zurück auf Management Consultant Lisa Bodell.[80] Mögliche Ausgangsfragen:

> Stellen Sie sich vor, Sie sind unser Hauptkonkurrent und haben unbegrenzte Mittel und Ressourcen. Was würden Sie tun, um uns zu attackieren? Auf welche Schwachstellen konzentrieren Sie sich? Welche Geschäftsfelder greifen Sie an? Welchen Trend haben wir verschlafen? Was aus unserer Leistungspalette wird demnächst überflüssig sein? Wo und wie würden Sie baldmöglichst ansetzen, um uns vernichtend aus dem Feld zu schlagen?

Je nach Teilnehmerzahl kommen schnell an die 50 potenzielle Gefahrenquellen zusammen. Gruppieren Sie diese thematisch. Übertragen Sie sie in eine Matrix, die auf eine Pinnwand oder ein (virtuelles) Board gezeichnet wird. Wurde das Gefahrenpotenzial auf diese oder eine ähnliche Weise sichtbar gemacht, kommt die entscheidende Frage, um geeignete Maßnahmen abzuleiten:

»Jetzt, wo wir wissen, was die Konkurrenz uns anhaben kann, wie können wir dem konkret und zügig entgegenwirken?«

So hilft diese Maßnahme, eine von außen nach innen gerichtete Perspektive einzunehmen, um Strategien zu entwickeln, die rechtzeitig vor überraschenden Angriffen schützen.

Zukunftsfeld 3: Top-Innovations-kompetenz

Wie das Neue in die Welt kommt

Gut sah sie aus, die Smith Corona PWP 40, hochmodern, ihrer Zeit um Jahre voraus. Eine ultrakompakte Schreibmaschine, mit der man Rechtschreibkorrekturen ausführen, Suchen / Ersetzen-Befehle eingeben und in Laserqualität drucken konnte. Ein kompaktes kleines Büro sozusagen. Smith Corona war ein weltweit führender Schreibmaschinenhersteller, hatte Top-Manager mit Bravourabschlüssen von Eliteunis an Bord und war stets gierig auf Innovationen gewesen. 1989 betrug der Umsatz satte 500 Millionen Dollar. 1990 erkannte man den Trend zum PC und ging eine Partnerschaft mit Acer ein. Doch schon ein Jahr später, als der Markt rauer und die Zahlen schlechter wurden, war damit Schluss. Man wolle sich auf seine Kernkompetenz konzentrieren. »Viele halten Schreibmaschinen und Textverarbeitungsprogramme für so veraltet wie Pferdekutschen und Pferdepeitschen. Doch das ist nicht der Fall. Es gibt nach wie vor einen starken Markt für unsere Produkte in den USA und der ganzen Welt«, erläutert CEO G. Lee Thompson diesen Schritt.[81] Das war 1992. 1995 ging die Firma pleite. Acer hingegen avancierte zu einem der größten Computerhersteller.

Die Muster des Niedergangs ähneln sich oft. Das Alte ist doch noch gut genug, heißt es, weshalb sollen wir innovieren? Vormals war man blendend aufgestellt, und plötzlich ist es – Überraschung – zu spät. Seinerzeit hatte Earl Tupper die Küchenwelt mit seinen »Wunderschüsseln« verzaubert. Die bunten Plastikboxen haben Haushalte fast rund um den Globus geprägt. Jahrzehntelang waren die legendären Tupperpartys mit Schnittchen und Sekt der Renner schlechthin. Selbst 2017, als der Onlinehandel längst boomte und Shoppinggiganten die Szene bestimmten, gab sich der damalige Konzernchef Rick Goings unbeirrt: »Partys sind noch immer unser Verkaufsmodell.« 2020 kam das Unternehmen ernsthaft ins Trudeln, im April 2023 ging es in die Insolvenz.[82]

»Die Zukunft macht leicht Narren aus den Unbelehrbaren, die sich zu lange an alte Gewissheiten klammern«, ruft der große Managementdenker Gary Hamel uns zu.[83] *Ihnen* kann das nicht passieren? I wo, es kann jeden treffen. Aber wieso? Das ist schnell erklärt: Der etablierte Anbieter ist Experte für eine Technologie, sagen wir Schreibmaschinen. In seinem Unternehmen arbeiten lauter Schreibmaschinenexperten. Wird dieser Anbieter nun angegriffen, verstärkt er seine Anstrengungen in seiner Kernkompetenz, wird also mehr vom Alten noch besser machen, weil es das Einzige ist, was er kann. Zugleich wird er die Stärken des Neuen herunterspielen, weil er sie selbst nicht hat – oder, schlimmer noch, weil er sie nicht mal als disruptive Alternativen erkennt. Das macht die alten Gewinner zu den neuen Verlierern.

Ein zweiter Grund ist zwar menschlich, doch im Wirtschaftsleben oft fatal. Es ist ein Automatismus unserer Gehirnarchitektur. Wird es brenzlich, ziehen wir uns auf gewohnte Verhaltensmuster und erprobte Routinen zurück. Bedrohung fabriziert den berüchtigten Tunnelblick. Dabei wird der Aufmerksamkeitsfokus verengt, Peripheres gerät außer Sicht, wir bleiben lieber auf vertrautem Terrain. Im Fall von Smith Corona waren das eben Schreibmaschinen.

Auch den BlackBerry hat es so erwischt. Grund war der unverrückbare Glaube an die Vorteile einer physischen Tastatur, als der Touchscreen längst Furore machte. Telefone, die wir streicheln können, wow! Das verspielte Drüberwischen, Swipen und Pinchen genannt, erzeugt Verbundenheit und Intimität. Es macht unsere Fingerspitzen zu kleinen Schöpfern und bringt uns in den Zustand des Flow. Ein überlegener Nutzen, doch CEO Mike Lazaridis war dafür blind. »Das BlackBerry ist ein ikonisches Produkt. Und die Tastatur ist einer der Gründe, weshalb sich die Leute eins kaufen«, war er noch 2011 überzeugt.[84] Er idealisierte die Vorlieben einer längst schwindenden Klientel und konnte den Umschwung nicht akzeptieren. So löschte er die einst geniale Erfindung quasi aus.

Jedes Unternehmen begann mal als Startup und brachte etwas Neuartiges in die Welt. Voller Ehrgeiz und Enthusiasmus, mit Hingabe und wilder Entschlossenheit packte die Startcrew ihre Aufgaben an. Doch mit zunehmender Größe ändert sich das. Man wird zu einer Firma, die sich primär mit sich selbst beschäftigt. Der Innovationsgeist geht verloren. Die Lebendigkeit stirbt. Man bleibt an Geschäftsmodellen hängen, die in der Vergangenheit zwar funktionierten, deren Ende aber nun absehbar ist. Wir nennen es Zweckoptimismus, Realitätsschwund und Verlustaversion, wenn jemand einfach nicht wahrhaben will, dass der »Wind of Change« längst aus einer anderen Richtung weht.

»Überholte Fakten sind geistige Fossilien, von denen man sich am besten trennt«, schreibt Adam Grant, Professor für Organisationspsychologie an der Wharton Business School, in seinem Weltbestseller *Think Again*.[85] Und ich ergänze: Die guten alten Zeiten zu betrauern und sich an die Heldentaten von gestern zu klammern, das bringt gar nichts, das hält nur auf. Lasst uns lieber gute neue Zeiten gestalten, denn das Leben wird vorwärts gelebt. Statt sich also auf die Kunden der Vergangenheit zu konzentrieren, sollten wir besser für die Kunden der Zukunft bedeutungsvoll werden.

Der Unterschied zwischen Verwaltern und Gestaltern

Die langfristig größte Bedrohung für ein Unternehmen am Markt ist der Mangel an Innovationen. Interessante Ergebnisse dazu brachte eine Studie von NTT Data/Natuvion unter 600 Geschäftsführer:innen, CIOs und IT-Leiter:innen in neun Ländern.[86] Auf die Frage nach den Gründen für ihre digitalen Transformationsprojekte stand bei den Befragten im DACH-Raum an erster Stelle die Kostensenkung, während die Amerikaner mit großem Vorsprung ihre Organisationen anpassen, den Kundenservice verbessern und neue, innovative Geschäftsmodelle erschaffen wollten. Oder, allgemeiner gesagt: Verwalter konzentrieren sich auf die Kosten und den Bestand. Gestalter treiben neue Geschäftsmodelle, den Kundenservice und Innovationen voran.

Fortschritt lässt sich nicht ersparen. Zudem ist Kostensparen keine Kunst, dafür braucht man nicht Manager sein, den Rotstift ansetzen kann jeder. Durch Kostensparen lassen sich ein paar Quartale retten, doch dann ist Schluss, dann kann man nur noch schließen. Mehr Umsatz durch Innovationen hingegen geht immer. Wer auf dem Kostenspartrip ist, dem sind die Ideen ausgegangen. Der Weg in die Zukunft ist damit versperrt. Insofern ist klar: Manager, die es unterlassen, Innovationen mit Vollgas in Angriff zu nehmen, sind ein Risiko für jedes Unternehmen.

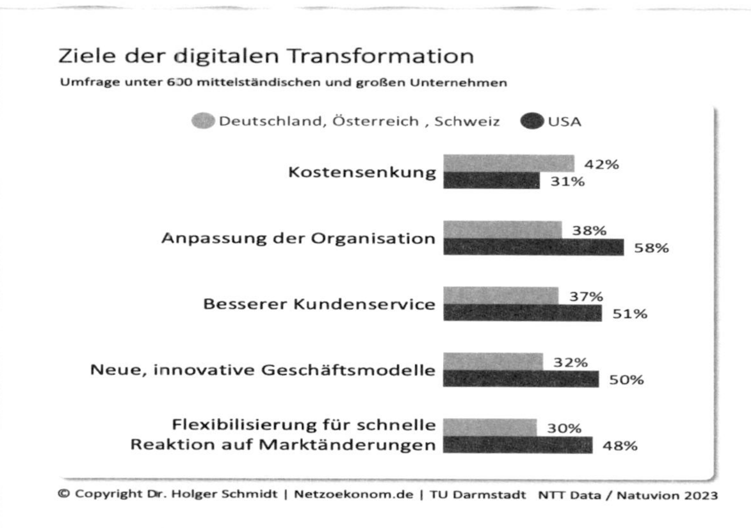

Abb. 14: Sparen oder innovieren? Ziele der digitalen Transformation

Eine Reihe weiterer Studien bestätigt dieses leider sehr unerfreuliche Bild. So kam die Bertelsmann Studie »Innovative Milieus 2023« zu folgendem Schluss: Obwohl der Handlungsdruck steigt, ist der Anteil innovativer Unternehmen in Deutschland »innerhalb der letzten drei Jahre deutlich gesunken. Nur noch jedes fünfte deutsche Unternehmen kann heute als besonders innovativ bezeichnet werden. 2019 galt dies noch für jeden vierten Betrieb. Dagegen ist allein in den zurückliegenden drei Jahren der Anteil der Unternehmen, die *nicht* aktiv nach Neuerungen suchen, von 27 auf 38 Prozent gewachsen«.[87] Ein Drama, denn die Studie stellte ebenfalls fest, dass Unternehmen mit mehr innovativem Output im Mittel eine höhere Nettoumsatzrendite erzielen. Diese lag bei den Innovationsführern im Jahr 2022 um 23 Prozent über dem Durchschnitt aller untersuchten Milieus.

In turbulenten Zeiten ist die Fähigkeit, umzudenken und umzulernen, wichtiger als jemals zuvor. Im Gegensatz zu den Etablierten tun sich Business-Newcomer damit leicht. Sie haben keinen Ballast aus alten Zeiten im Gepäck, der erst mühsam entsorgt werden muss. So können sie sich voll auf die Zukunft konzentrieren. Sie begeben sich erst gar nicht auf Aufholjagd. Alte Technologien überspringen sie einfach oder ziehen behände daran vorbei. Ihr Ziel ist *nicht* Angriff, Niederkämpfen und Fertigmachen. Dafür ist ihnen ihre Kreativenergie viel zu schade. Ihr Ziel ist das bessere Neue.

Blitzgescheit, vielseitig interessiert, global geprägt, digital superfit und ständig auf der Suche nach unkonventionellen Ideen erkennen Innovatoren Potenziale schnell, können Marktdifferenzen rasch identifizieren und Lösungen neu kombinieren. Wagemutig ergreifen sie jede Chance, die sich in der Zukunftswirtschaft ergibt. Sie sind Übermorgengestalter. Und Transformationsexperten per se. Von tradierten Modellen gänzlich entkoppelt beginnen sie oft in Nischen, um die sich die Etablierten nicht kümmern. Neue Produkte entwickeln sie iterativ. Sie legen los und bessern nach, um Fehler zu beheben, in enger Zusammenarbeit mit den Kunden. Sie testen zunächst im Kleinen und haben eine spezifische Zielgruppe im Blick. Danach wird skaliert. Oder pivotiert. So entstehen komplett neue Märkte, die sich saturierte Platzhirsche nicht einmal vorstellen können.

Die neuen Helden der Wirtschaft kommen nicht aus der alten Managerkaste, sondern von Pionierunternehmen auf der ganzen Welt. »Habit-Hacking«, also das Denken wider die Gewohnheit, das Aufbrechen veralteter Normen und das Verlassen konventioneller Systeme ist ihre besondere Stärke. Sie verändern die Spielregeln in allen Branchen. Klar führt längst nicht all ihr Tun zum Erfolg. Innovationen sind nie von Tag 1 an ausgereift. Und wer Neuland erkundet, für den sind Fehltritte völlig normal.

Die Alten schauen dabei vor allem genüsslich auf das, was nicht funktioniert, und ziehen es in den Dreck. Dass auch ihr Geschäft mit Kinderkrankheiten begann, haben sie längst vergessen. *Keine* Fehler zu machen, war einst Ingenieurskunst per se. Indem man Bestehendes perfektionierte, wurden Strukturen, Prozesse und Geschäftsmodelle am Laufen gehalten, die nun von gestern sind. So steht das, was einst für den Erfolg maßgeblich war, den Etablierten heute im Weg. Was die Gewinner von den Verlierern unterscheidet, ist die Lust an Veränderung und Innovation.

Besonders kühn: Sprunginnovationen und Moonshots

Innovationen sind der Umsatz von übermorgen. Sie sind quasi die einzige Möglichkeit, langfristig am Markt zu bestehen. Und man muss frühzeitig mit Innovationen beginnen, um sie startklar in der Pipeline zu haben, wenn die alten Lösungen es nicht mehr bringen. Dafür haben Sie eine Abteilung? Pah! Wer Neuheiten erschaffen will, die die Menschen unbedingt haben wollen, braucht eine Ausprobier- und Experimentierkultur, die das Vorwärtsdenken für *alle* im Unternehmen zu einer Selbstverständlichkeit macht. Manche gehen dabei voran, andere folgen. Gute Resultate werden gesehen, gewürdigt und gefeiert. Auch Versuche werden anerkannt und belohnt, denn zwangsläufig kommt man um Misserfolge nicht herum. »Ich habe nicht versagt. Ich habe nur 10.000 Wege gefunden, die nicht funktionieren«, hat Thomas A. Edison, der Vielfacherfinder, einmal gesagt. Wer so denkt, dem können Sprunginnovationen gelingen.

Sprunginnovationen sorgen für Entwicklungsschübe der Menschheit. Die erste Kulturpflanze, die Schrift, das Mikroskop, die Dampfmaschine, der Webstuhl, die Anästhesie, die Waschmaschine, das Fernsehen, die Antibabypille, der Computer, das Internet, das Smartphone, Deep Learning, die mRNA-Technologie und das Quantencomputing, all das und vieles mehr sind Erfindungen dieser Kategorie. (Das Radiergummi und die Delete-Taste gehören eigentlich noch mit in die Sammlung. Diese kleinen Helden bewahrten uns vor vielem, was wirklich niemand braucht.)

Das ganze Ausmaß von Sprunginnovationen erschließt sich oft erst in der Rückschau. Als Johannes Gutenberg um 1450 die Druckerpresse und den modernen Buchdruck erfand, konnten 95 Prozent aller Menschen nicht lesen. Noch nicht. Doch das änderte sich rasch. Die Folgen waren epochal. Seine Erfindung hat nicht nur eine industrielle, sondern auch eine gesellschaftliche Revolution angefacht. Sie entzauberte das klerikale Machtmonopol und brachte breiten Bevölkerungskreisen Zugang zu Wissen. So machte der Buchdruck den Weg frei für den Aufstieg des Bürgertums, für das Zeitalter der Aufklärung und schließlich für die Demokratie. 1997 wählte das US-Magazin Time Life Gutenbergs Schöpfung zur bedeutendsten Erfindung des zweiten Jahrtausends.[88]

Oder nehmen wir das Automobil. Bertha Benz ließ sich vorzeitig ihre Mitgift auszahlen, um ihrem Verlobten und späteren Ehemann Carl mit diesem Geld die Weiterführung seiner Gasmotorenfabrik möglich zu machen. Hierdurch schuf sie die wirtschaftlichen Voraussetzungen für die Erfindung des dreirädrigen Benz-Patent-Motorwagens. Damit war sie wohl eine der ersten, die wir heute Business Angel nennen. Als das Gefährt nicht den erhofften Zuspruch fand, unternahm sie im August 1888 eine über 100 Kilometer lange Fahrt von Mannheim in ihre Geburtsstadt Pforzheim, wo sie nach 12 Stunden und 57 Minuten ankam. Später fuhr sie über eine andere Route wieder zurück. Mit an Bord waren, ohne das Wissen des Gatten, ihre 15 und 13 Jahre alten Söhne Eugen und Richard – die sicher auch einmal ans Steuer durften. Diese Fahrt einer mutigen Frau trug wesentlich dazu bei, dass sich die anfänglichen Vorbehalte der Kunden gegen das Fahrzeug zerstreuten. Die Motorisierung der ganzen Welt konnte beginnen.

Sprunginnovationen sind immer zugleich auch Ermächtigungsinnovationen. Sie geben sehr vielen Menschen Zugang zu Chancen, die sie zuvor nicht hatten. Denken wir nur an das Rad, an Bücher oder das Flugzeug. Im Kern wollen Innovationen unser Leben verbessern. Geht das in die falsche Richtung, liegt es an toxischen Menschen, die das eigentlich Gute für ihre Zwecke missbrauchen. Im Mittelalter wurden Dissidenten gerädert. Bücher haben schon immer auch Fake News verbreitet. Flugzeuge können töten, Autos auch. Doch niemals war das Wettrennen zwischen Gut und Böse bislang für die Menschheit final. Es hat immer eine Gegenbewegung gegeben. In erster Linie wurden die Sicherheitsstufen erhöht. Für Autofahrer ist die Straßenverkehrsordnung bindend. Auf Computerviren folgten Antivirenprogramme, auf das Ozonloch ein Verbot von FCKW. Schon bald wird es gute automatische Hatespeech-Deleter und Deep-Fake-Entfaker geben. Es lohnt sich, an die Innovationsintelligenz der Menschen zu glauben.

Wer die maximale menschliche Innovationskraft mit KI zusammenbringt, dem können sogar Moonshots gelingen. Ein Moonshot ist ein extrem ambitiöses Projekt, bei dem eine überdimensional visionäre Idee verwirklicht wird. Die Risiken erscheinen überaus hoch, mögliche Vorteile sind zu Beginn allenfalls zu erahnen. Zurück geht dieser Begriff auf eine wirklich beeindruckende Rede des damaligen US-Präsidenten John F. Kennedy an der Rice University in Houston, Texas. Im

September 1962 verkündete er dort ein bahnbrechendes Ziel: Die USA würden Menschen bis zum Ende des Jahrzehnts auf den Mond und heil wieder zurückbringen.[89] Damit löste er eine spektakuläre Welle technologischer Innnovationssprünge aus. Heute ist der Begriff vor allem in der Startup-Szene geläufig. Prägend dafür war Google mit der Gründung der Moonshot-Fabrik Google X, heute einfach X. Das X steht für die Suche nach dem noch Unbekannten.

Wer heute nicht groß denkt und innoviert, lebt morgen vom Ruhm vergangener Tage. Doch das meist nur noch kurze Zeit. Der digitale Umbruch fegt fast alle vertrauten Spielregeln hinweg. Früher dominierten berechenbare Absatzmärkte, die man planmäßig steuern und abschöpfen konnte. Diese Zeiten sind lange vorbei. So wird die bislang dominierende Old Economy mit ihrer linearen Wertschöpfungsarchitektur abgelöst von Gamechangern, verwegenen Pionieren und klugen Übermorgengestaltern.

Wie Übermorgengestalter am Markt agieren

Lass los, ich kann das! Mir pocht das Herz, doch ich lass tatsächlich los – und Joel fährt. Erst zweidreiviertel, so klein noch und so fragil auf diesem klobigen Rad. Die halbe Spielstraße entlang. Doch dann, er will bremsen – und stürzt. Das Rad liegt auf ihm, so schwer, dass er sich nicht allein befreien kann. Ich renne, um ihm zu helfen. Puh, denke ich mir, muss man so massige Räder für so kleine Kinder bauen? Und mit Rücktrittbremse? Bekommen die kleinen Anfänger das rein motorisch überhaupt hin?

Das dachten sich auch die radbegeisterten Väter Marcus, ein studierter Industriedesigner, und Christian, Marketingmanager in der Automobilindustrie. Sie fanden heraus, dass die Fahrradindustrie Erwachsenenräder einfach auf Kindergröße herunterschrumpft, ohne auf die besondere Anatomie der Kleinen und auf Leichtigkeit zu achten. 2013 fällt die Entscheidung. Sie kündigen ihre Jobs, um das Kinderrad neu zu erfinden, und gründen Woom – in einer Wiener Garage. Sie entwickeln eigene Größentabellen, um jede Radkomponente optimal an die Bedürfnisse, das Fahrverhalten und die Proportionen der Kids anzupassen. Das Ergebnis: ultraleichte, ergonomisch gebaute, sichere Kinderfahrräder, wertbeständig und in Top-Qualität.

»Unsere Produkte sollen so gut sein, dass sie Kindern und ihren Eltern unvergessliche Erlebnisse bereiten,« sagen die Tüftler. Doch Radfahren soll nicht nur Spaß machen, sondern auch ein mächtiger Hebel sein, um die Mobilität in der Stadt und auf dem Land klimafreundlicher, gesünder und wohltuender zu gestalten. So hoffen sie, dass ihre Kunden schon von klein auf zu Botschaftern der Verkehrswende werden. Mitte 2023 ist Woom ein international tätiges Unternehmen und mit 260 Mitarbeitenden in 30 Ländern präsent. Das 500.000. produzierte Woom Bike wurde Ausstellungsstück im Technischen Museum Wien. Zudem hat die Marke eine Reihe begehrter Designpreise gewonnen. Im deutschsprachigen Raum zählt Woom zu den Marktführern – und auch in den USA ist die Marke gut etabliert.[90]

Woom ist eine von unzähligen Erfolgsgeschichten, die zeigt: Die wirklich umwälzenden Innovationen kommen meistens von Außenseitern, Branchenneulingen und Innovationsvorreitern, die die Barrieren des üblichen Vorgehens sprengen. Mit Hingabe, Unternehmungsgeist und wilder Entschlossenheit konzentrieren sie sich exakt auf *das*, was bei den Etablierten nicht gut genug funktioniert und Innovationsängstlichen niemals einfallen würde. Jede schlechte Kauferfahrung, jedes miese Serviceerlebnis, jedes ungelöste Kundenproblem kann für sie zu einer neuen Geschäftsidee werden.

»Die haben aber doch keine Ahnung, wie unsere Branche funktioniert«, höre ich oft. Genau das ist der Punkt. *Weil* sie nicht aus der Branche sind, haben sie keine Limits im Kopf. Die Glühbirne wurde nicht von einem Kerzenhersteller, der Onlinehandel nicht von einem stationären Händler, Paypal nicht von einer Bank, WhatsApp nicht von einem Telekommunikationsanbieter ersonnen. Hauptkonkurrenz der Uhren- und Kameraindustrie sind Mobiltelefone. Die NASA bekommt es mit einem Autobauer zu tun. Und ein neuer Player im Gesundheitsmarkt ist die vernetzte Toilette. So können durch Pioniere und ihre bahnbrechenden Innovationen komplett neue Märkte entstehen.

Alle Errungenschaften, die heute als selbstverständlich gelten, waren einmal eine Innovation. Das brachte immer auch die auf den Plan, die vor drohendem Unheil warnten. So erging es selbst dem Fahrrad. Ende des 19. Jahrhunderts kamen medizinische Bedenken auf, zu schnelles Radfahren würde zu einem sogenannten Fahrradgesicht führen. Zu den Symptomen gehörten ein entstelltes Gesicht mit hervorquellenden Augen und bleibenden Falten.[91] Später stellte sich heraus, dass dies ein frauenfeindlicher Schachzug war. Das Fahrradgesicht wurde erfunden, um Frauen vom Radfahren abzuhalten. Freie, unabhängige Frauen waren ehemals eine Bedrohung.

Doch was nützlich ist, setzt sich durch. Fortschrittliche Kunden haben das bessere Neue schon immer geschwind adaptiert, wenn es ihr Leben einfacher, bequemer und angenehmer machte oder Erfolg und Ansehen versprach. Die breite Masse folgt dann den Vorreitern rasch, damit auch ihr Leben moderner, komfortabler, siegreicher werde. Oft wird einem erst im Nachgang so richtig klar, wie mühsam das Dasein vor der Erfindung war – und um wie viel besser danach. Denken wir nur an den Koffer auf Rollen. So wurden viele Produkte (komplett) verdrängt, die vor nicht langer Zeit noch Knaller waren: Walkman, Modem, Tonband, Tipp-Ex, die Gelben Seiten, eine Lichtpauserei. »Was ist das?«, werden 20-Jährige fragen.

Der Erfolg von gestern ist immer eine große Gefahr. Er macht die einstigen Erneuerer zu Bewahrern ihrer eigenen Innovationen und hindert sie daran, sich rechtzeitig um Fortschritt zu kümmern. Sie werden behäbig und verwenden ihre Energie darauf, ihre Erfolge zu schützen. Was nicht in ihr Weltbild passt, wird ignoriert – oder, schlimmer noch, tabuisiert. Selbstherrlichkeit, ein verstellter Blick auf die Wirklichkeit und die Illusion der Unbesiegbarkeit sind Signale, die den Niedergang bereits in sich tragen.

Ursachen, weshalb Innovationen nicht beizeiten in Angriff genommen werden oder versanden, gibt es reichlich. Langzeitziele werden immer wieder in die Zukunft verschoben, weil man *jetzt* Profit machen will. Investitionsprojekte liegen auf Eis, weil es ständig irgendwo brennt. Oder man lässt sie »schweigend sterben«. Neuankömmlinge spielen das Löwespiel und killen Innovationsbabys nur deshalb, weil sie vom Vorgänger stammen. Neuerungen werden blockiert, weil jemand seine Felle davonschwimmen sieht. Vielen fehlt einfach der Mut. Oder es fehlt an der notwendigen Übung, Innovationsprozesse in die Wege zu leiten.

Wer jahrelang auf ähnliche Weise mit ähnlich gesinnten Kollegen gearbeitet hat oder immer in der gleichen Branche tätig war, der kann sich häufig gar nicht vorstellen, dass etwas ganz anders gemacht werden könnte als auf die übliche Weise. Als Experten stecken sie zudem in der Kompetenzfalle fest: Sie behalten das Vorgehen, das in der Vergangenheit Erfolge brachte, weiterhin bei, um bei neuen Themenstellungen nicht schlechter abzuschneiden. »So macht man das eben«, hat sich derart fest in ihren Kopf eingebrannt, dass unorthodoxe Einfälle erst gar nicht auftauchen wollen.

Innovationen folgen keinem festen Plan. Sie sind Kringelgeschichten mit Sackgassen, Umwegen, Höhen und Tiefen. Firmen mit hoher Planungsdichte schaffen es daher selten zum Innovator. Sie stützen ihre Entscheidungen auf »bewährtes« Wissen und die »üblichen« Tools von anno dazumal, als wäre die Zeit stehen geblieben. Sie haben eine Prozesslandschaft aufgebaut, die für die adaptive Flexibilität, die wir fortan brauchen, nicht passt. Bisweilen gleichen sie Minenfeldern, wo jeder Fehltritt eine Explosion auslösen kann. Kein Wunder, dass die Leute dort die ausgetretenen Wege gehen, den Kopf einziehen und Verantwortung meiden. Wer den Mund hält, dem passiert nichts.

Übermorgengestalter hingegen sind aufgeschlossen und innovationsbegeistert. Sie besitzen Vorwärtsdrang, Gestaltungswillen, Weitsicht und Wagemut. Ganz besonders lieben sie diesen Moment, wenn sie das Alte hinter sich lassen, um sich fantasievoll nach vorne zu wenden und eine Neuerung in die Welt zu bringen – trotz der eigenen Angst und der Zweifel. Und trotz all derer im Umfeld, die warnen. Übermorgengestalter hält das nicht auf. Wo sich andere reaktiv-zaudernd an das Nächstnotwendige wagen, sind proaktive Übermorgengestalter längst mit dem »Next Next«, dem Übernächsten befasst. So können sie für die entscheidenden Innovationssprünge sorgen.

Und woran erkennt man sie?

Hier ihre Typologie:

- Sie reden über die Zukunft, nicht über die Vergangenheit.
- Sie machen sich oft Gedanken, wie man etwas verbessern kann.
- Sie haben Biss und sind in einem konstruktiven Sinn konfliktfähig.
- Sie sind risikofreudig, neugierig, wissensdurstig und überaus lernbereit.
- Sie sind experimentierfreudig, vor allem, wenn es um Neues geht.
- Sie haben oft unkonventionelle, originelle oder ganz und gar neue Ideen.
- Sie besitzen starke Begeisterungskraft und hohes Durchhaltevermögen.
- Sie sind bereit, sich für ihre Überzeugung vehement ins Zeug zu legen.
- Sie haben persönliche Werte, die sie leidenschaftlich vertreten.
- Sie verändern Dinge gerne auch dann, wenn diese noch funktionieren.

Am Anfang einer neuen Ära oder Technologie lässt sich höchstens erahnen, wo sie uns hinführt. »Innovationen sind die berechtigte Hoffnung auf eine bessere Welt«, schreibt der Publizist Wolf Lotter.[92] Wie steuern wir also Innovationen in eine Richtung, in der sie möglichst vielen Menschen zukünftig möglichst viel nützen?

Schlüsselfaktoren für erfolgreiche Innovationen

Wer Innovationen will, muss alte Denkpfade verlassen, Grenzen verschieben, etwas riskieren, aus Fehlern lernen und improvisieren. Dafür brauchen wir kühne Gedanken – und viele Versuche. Wer wie beim Tennis zwei Aufschläge hat, kann beim ersten mutiger sein und versuchen, das Spiel sofort für sich zu entscheiden. Und alle Top-Stürmer wissen: Für jedes Tor, das man schießt, schießt man fünf Mal daneben.

Erfolgreiche Menschen erkennt man auch daran, was nach dem Scheitern passiert. Gehen wir lieber zurück auf vertrautes Terrain? Oder explorieren wir weiter im Neuland? Dafür brauchen wir Experimentierraum, um neue Ideen zunächst im Kleinen auszuprobieren. Eine hochkomplexe Welt lässt sich nicht nach Plan organisieren. Zukunftsverständnis und ein Maximum an Agilität sind gefragt, um in einer Zeit, in der sich der Markt ständig dreht, immer wieder neue Geschäftsideen zu erschaffen.

Schlüsselpunkte für den innovativen Erfolg sind also diese:

- Bereichsübergreifende Vernetzung und Kollaboration
- dezentrale Steuerung der Innovationsprojekte
- Experimentierraum für unkonventionelle Ideen
- Mut zum Risiko und eine lernorientierte Fehlerkultur
- die Zusammenarbeit mit fortschrittlichen Kunden
- die Zusammenarbeit mit Innovationspartnern
- die Zusammenarbeit mit (digitalorientierten) Startups
- die Co-Kreation mit KI und generativen Programmen

Zukunftsorientierte Unternehmen würdigen ihre »Wins« genauso wie ihre »Fails«, damit alle daraus lernen. »Jeden Freitag feiern wir unsere Highlights, aber auch unsere Challenges und Fuck-Ups der Woche. Fehler machen muss enttabuisiert werden und ist ein integraler Bestandteil unserer täglichen Arbeit!«,[93] erzählt die Website von Wildplastic. Zusammen mit Partnern sammelt das Unternehmen »wilden« Plastik in Ländern ohne ausreichende Abfallsysteme wie etwa Haiti, Nigeria und Ghana und stellt daraus neue Produkte her. Auch für die Sammler:innen, die oft zu den Ärmsten des Landes zählen, ergibt sich daraus ein Gewinn. Sie haben ein regelmäßiges Einkommen, werden pünktlich bezahlt, erhalten Arbeitsschutz und Bildungsmöglichkeiten.

Auf der Website von Everdrop werden Fails sogar ausführlich gelistet. »Hier wollen wir dir verraten, was alles noch nicht so perfekt läuft, wie wir es uns wünschen. Woran wir gerade arbeiten, um noch besser und nachhaltiger zu werden – und welche Probleme wir schon lösen konnten.« Zum Beispiel: »Bei unseren Sachets der ersten Generation fanden wir später heraus, dass sie mit einer Emulsion beschichtet waren, die mikroskopisch kleine Mengen Kunststoff enthielt. Das wollten wir so natürlich nicht, eine neue Lösung musste her. Nachdem wir monatelang geforscht und entwickelt haben, fanden wir – gemeinsam mit drei Partnern aus drei Ländern! – eine großartige Lösung: Papier mit einer Beschichtung aus Ernteabfällen.«[94] Everdrop stellt unter anderem Putzmittel in Form biologisch abbaubarer Tabs her, die man in Wasser auflöst. Herkömmliche Haushaltsreiniger hingegen bestehen aus viel Chemie, über 90 Prozent Wasser und einer dementsprechend großen, kompakten Plastikflasche. Neben Umweltbelastung und Abfallbergen erzeugt das hohe Transportvolumen beträchtliche Mengen an CO_2.

Fuck-up-Stories sind Geschichten vom Stolpern, Wiederaufstehen und Bessermachen. Öffentlich darüber zu reden, zeigt nicht nur den Kunden, dass man sich ständig weiterentwickelt. Es hilft auch Dritten von außerhalb beim Fehlervermeiden.

Junge Unternehmen haben eben verstanden, wie arm man bleibt, wenn man alles für sich behält, und wie reich man wird, wenn man teilt. Dabei sind sie unglaublich flott unterwegs. Sie probieren alles Mögliche aus und kalkulieren das Scheitern mit ein. »Start many, try cheap, fail early«, heißt das Prinzip: Viele Projekte starten, sie mit kleinen Mitteln im Markt testen, Flops schnell erkennen und zügig eliminieren, was beim Kunden nicht ankommt. So sind sie stets auf der Höhe der Zeit – und verdrängen alteingesessene Mitanbieter, die in veralteten Denk- und Handlungsschablonen steckengeblieben sind und deshalb zunehmend irrelevant werden.

Wer längere Zeit erfolgreich ist, glaubt gern, es gehe immer so weiter. Dies führt auch dazu, sich selbst zu über-, einen Angreifer hingegen zu unterschätzen. Verächtlich werden dessen Attacken als unausgegoren verspottet, als marginal verharmlost und als bedeutungslos ignoriert. Man »missversteht« den Sinn einer Innovation aus tatsächlicher Unkenntnis heraus – oder mit eigennütziger Absicht. Oder man bringt »das junge Gemüse« in Verruf, damit die eigene Kleinheit in Sachen Fortschritt nicht so auffällig wird. Wer selbst keine Ahnung hat, tut sich am leichtesten, wenn er andere kompromittiert. Was folgt, ist böses Erwachen. »Das hat uns kalt erwischt. Jetzt kaufen unsere Kunden allen Ernstes bei diesen Jungspunden ein.« Kalt erwischt! So verschleiern hochbezahlte Top-Manager eigene Innovationsdefizite, Untätigkeit und Transformationsaversion. Ja, haben die denn keine Markt- und Zukunftsforschung gemacht, keine Krisenszenarien in der Schublade liegen, keine Disrupt-me-Workshops initiiert? Wissen die nicht, was bei anderen Anbietern, in anderen Ländern, am Markt und bei den Kunden längst läuft?

Ein Beispiel von vielen: die Geschichte des Tesla. Elon Musk investierte in die 2003 gegründete Firma erstmals 2004 und wurde deren Geschäftsführer in 2008. Lange wurde das Unternehmen von den klassischen Autobauern höhnisch verlacht. Als die ersten Teslas zum Renner wurden, haben die Etablierten ein paar Exemplare gekauft, in Einzelteile zerlegt und sich über die Spaltmaße lustig gemacht. Das Selbstverständnis klassischer Kfz-Herstellers ist es eben, Blech perfekt zusammenzunieten und mit einem leistungsstarken Motor zu vermählen. Was sie überhaupt nicht verstanden: Ein Tesla ist kein herkömmliches Auto mit neuem Antrieb, sondern ein Computer auf Rädern. Und *der* Tesla, den sie gerade erworben hatten, war längst veraltet. Denn ein Tesla verbessert sich ständig und gibt das Gelernte über Nacht an alle Teslas auf der ganzen Welt weiter. Teslas sind in erster Linie Datengeneratoren, täglich sammeln sie gemeinsam Milliarden von Echtzeitdaten. Während herkömmliche Autobauer nun holprig versuchen, dem nachzueifern, dabei aber weiterhin klassisch in Stückzahlen denken, befasst sich die Tesla Inc. längst mit neuen Formen von Energieversorgung und Mobilität.

Gewaltige Unterschiede: Old School vs. New School

Natürlich sind es *nicht nur* die jungen Startups, die ganz und gar Neues in die Welt bringen. Auch klassischen Unternehmen gelingt das durchaus. Insofern favorisiere ich eine Differenzierung zwischen Old School und New School, zwischen alten und neuen Vorgehensweisen, zwischen kundenfeindlichem und kundenfreundlichem Verhalten.

In vielen Old-School-Unternehmen wird geglaubt, in puncto Kundenorientierung sei man richtig gut. Doch die Kluft zwischen Eigen- und Fremdbild ist riesig. Während nämlich 80 Prozent der Manager denken, dass ihre Marke die Bedürfnisse und Wünsche der Kunden kennt, bestätigen das gerade einmal 15 Prozent der Verbraucher, fand eine weltweite Studie des IT-Dienstleisters Capgemini heraus.[95] Selbstüberschätzung finden wir in tradierten Unternehmen oft. Ein verstellter Blick für das, was Kundenorientierung wirklich bedeutet und was längst »State of the Art« ist, ist dort eher die Norm.

Erst im direkten Vergleich sieht man die Unterschiede, ich habe es gerade erst wieder erlebt:

- **Old School:** Ich möchte meine Hausratversicherung aufstocken und rufe im Service Center an. Laaange Ansage vom Chatbot, dann noch längere Warteschleife. In solchen Fällen nimmt man sich besser erst mal nichts weiter vor. Endlich, ich werde begrüßt. Die Frau ist freundlich und kompetent. Sie sagt, sie schicke mir die notwendigen Unterlagen per Post. Nach drei Wochen ist noch immer nichts da. Hat man mich vergessen? Ist der Vorgang verloren gegangen? Ich will in Urlaub und hätte das gern vorsorglich geregelt. Endlich kommt ein Papierberg von 20 Seiten. Ich sende den unterschriebenen Antrag – so knapp vor der Abreise will ich ganz sicher sein – per Einschreiben-Einwurf. Nach dem Urlaub: ein Formbrief. Die zurückgesandten Unterlagen seien nicht komplett. Was genau fehlt und wo ich das finde, steht nirgends. Also wieder telefonieren ... ... Aha: Es fehlt die erste Seite des Antrags, und die ist auf die Rückseite des Anschreibens gedruckt. Wer kommt denn auf so etwas?! Klar soll man Rückseiten bedrucken, aber nicht dort, wo es niemand erwartet. Außerdem: Hätte man mir das nicht gleich schreiben können?! Also noch einmal zur Post und – halleluja –

nochmal zwei Wochen später ist die Police endlich da. Und danach? Funkstille! Nichts Nützliches, nichts Unterhaltsames, rein gar nichts, was mich bindet. Die Monsterbürokratie, die auf mich zukommt, wenn ein Versicherungsfall tatsächlich mal eintreten sollte, male ich mir lieber nicht aus.

- **New School:** Eine Freundin will ihren Hund krankenversichern. Sie recherchiert im Web. Dort springt ihr ein Anbieter namens Lassie ins Auge, das spricht sie an. Kaum ist sie auf der Seite, wird sie von einem freundlichen, kompetenten Chatbot begrüßt. Zügig klärt sie mit ihm den passenden Tarif, und schon macht es pling, das Angebot ist per Mail da. In kaum fünf Minuten ist alles erledigt. Fortan kann sie sich online mit einem Pfotendoktor beraten, damit sie bei kleinen Wehwehchen nicht gleich zum Arzt laufen muss. Eine App bietet allerlei nützlichen Hunde-Content, Informatives, Unterhaltsames, Empfehlungen zur Ernährung, zur Pflege und zum Training des Tiers. Der Clou: Man kann sein zunehmendes Wissen testen und sammelt via Quizfragen spielerisch Punkte, die pro Jahr bis zu 50 Euro Rabatt auf die Versicherungsprämie einbringen können. Eine Win-win-win-Situation: Herrchen und Frauchen werden schlauer und gehen besser mit ihrem Hund um. Hierdurch ist der Hund weniger krank und die Versicherung hat weniger Kosten.

Nun der Test: Die digital verwöhnten, immer anspruchsvolleren Kunden wollen von einem Anbieter genau vier Dinge:

- **Understand me!** Mach es schnell, personalisiert, einfach, bequem und so digital wie möglich. Kannst du, weil du ja meine Daten hast.
- **Engage me!** Kreiere die Kundenerfahrung so, dass ich möglichst wenig Aufwand habe und dich gerne wieder besuche.
- **Work for me!** Liefere mir zeitnah, was ich brauche. Informiere mich proaktiv, wenn etwas anliegt. Mach dir Gedanken über Mehrwerte für mich.
- **Wow Me!** Binde mich mit spannenden / nützlichen Aktivitäten an dich. Überrasche mich. Mach, dass ich es begeistert weitererzähle.

Das Ergebnis: Meine Versicherung erhält null Punkte, Lassie vier.

Nun sollten sich – über alle Branchen hinweg – traditionelle Anbieter fragen: Was können wir von Lassie lernen? »Das ist aber doch B2C! Passt nicht für uns, wir sind B2B!«, höre ich dann. Dem Kunden ist das egal. Fortan ist alles »D2C«, also »Direct to Customer«. Sowohl im Business- als auch im Consumergeschäft beginnt die Recherche fast immer im digitalen Raum, und der Kauf wird zunehmend auch dort abgeschlossen. Doch viele B2B-Anbieter haben keinen Zugang zu den Endkunden und ihren Daten, weil sie über Mittler verkaufen. So war das seinerzeit auch bei Nokia. Die Handys wurden über Mobilfunkbetreibershops und den Elektrofachhandel vertrieben – ohne eigene Anbindung an die Klientel und damit ohne Möglichkeit, direkt mit den Kunden zu interagieren. Das Management konnte also nicht wissen, was die Kunden wollten und wohin der Markt sich längst drehte. So ging man von falschen eigenen Annahmen aus. Am Ende waren 60 Prozent Weltmarktanteil und 50.000 Arbeitsplätze futsch.

Wie will man denn ohne direkte Tuchfühlung wissen, wie die Kunden ticken, was sie sich wünschen und zukünftig brauchen? Man stochert im Nebel, stellt Vermutungen an, bleibt in der Vergangenheit hängen und liegt so oft ziemlich daneben. E-Commerce ist der Ausweg aus diesem Dilemma und damit auch im B2B geradezu zwingend. So erlangt man direkte Kontakte zu seinen Kunden und, wie bei Lassie, oft auf spielerische Weise Zugang zu den wertvollen Daten der User, die in der Preisgabe für sich einen Nutzen erkennen.

»Aber wir haben doch Daten!«, rufen mir B2B-Leute zu. Was sie in ihren silobasierten, oft nicht einmal miteinander vernetzten Systemen haben, sind statische Daten und Kennzahlen aus der Vergangenheit. Was sie jedoch bräuchten, sind Echtzeitdaten, Echtzeitmonitoring und Echtzeitalarmsignale, um daraus Prognosen für die nahe Zukunft herzuleiten: Was die Kunden als Nächstes brauchen könnten, was sie so gar nicht mögen und wohin sich der Markt gerade bewegt.

Ein junger Amazon-Mitarbeiter namens Greg Linden, damals Mitte 20, hatte dies bereits Ende der 1990er-Jahre erkannt. Aus dem Nichts kreierte er einen Empfehlungsmechanismus auf Basis künstlicher Intelligenz. Personalisiert und in Echtzeit sagt uns seitdem ein Algorithmus: Wenn du A gekauft hast und damit zufrieden warst, könnte dich auch B und C und D interessieren. Durch immer mehr Kunden und deren Daten wurde dieses Prinzip immer weiter verfeinert. Experten schätzen, dass etwa ein Drittel aller Käufe bei Amazon durch derartige Produktempfehlungen zustande kommen.[96] Und an alle, die jetzt »Ja, aber ...« denken: Nein, man muss Amazon nicht mögen, denn ja, vielleicht ist nicht alles dort top. Doch der eigentliche Punkt: Wo liegt Ihr Fokus? Schauen Sie auf die Negativseiten und voller Schadenfreude auf das, was nicht funktioniert? Oder dienen Ihnen die *erfolgreichen* Vorgehensweisen der Gamechanger im Markt als Inspiration?

Über Liquid Expectations und Sternenstaub

Aus Kundensicht ist zudem ein Phänomen relevant, das als »Liquid Expectations« bekannt ist. Es bedeutet: Nicht der Servicelevel, der in einer Branche üblich ist, sondern der beste Service, den ein Kunde je erlebt hat, wird seine zukünftige Messlatte sein. Will heißen: Der Servicelevel, den ein Kunde bei Firma X erhält, wird nun von *allen* Unternehmen in *allen* Branchen erwartet. Weil Firma X ja bewiesen hat, dass es geht. Bei einem Onlinekauf weiß ich zum Beispiel jederzeit, wo sich mein Paket gerade befindet. Ämter hingegen wissen oft nicht, wo ein zu bearbeitender Vorgang überhaupt liegt. Liquid Expectations betrifft auch den firmeninternen Bereich. Das Serviceniveau, das wir als Kunde erleben, erwarten wir auch bei Bewerbungsprozessen und in der Mitarbeiterbeziehung. Und die Messlatte wird weiter steigen. Denn es wird jemanden geben, der vorlegt und dies dann auch erfüllt.

Letztlich besteht jeder Unternehmenszweck aus einer einzigen Frage: Kaufen die Kunden – oder kaufen sie nicht? Produkte sind ruckzuck kopiert, Technologien sind schnell überholt, jedes neue, bessere Angebot ist im Web mit einem einzigen Klick erreichbar. Längst geht es nicht mehr darum, möglichst effizient für einen Massengeschmack zu produzieren. Der personalisierte Nutzen für den Kunden ist im Zentrum der neuen Geschäftsmodelle. Nicht länger die Ausrichtung am Wettbewerb und an internen Effizienzen, sondern das Kundenwohl steht an erster Stelle.

So dreht sich in New-School-Unternehmen alles um die Kunden. Customer Centricity nennt man das auch. Während übliche Manager primär an die Konkurrenz, ihre Quartalsziele und die Kosten denken, suchen kundenzentrierte Anbieter gezielt nach Kundenproblemen und einer passenden Lösung dafür. *Vom Kunden her denken* nennen sie das. Die Finessen der Digitaltechnologien sind ihr Werkzeugkasten. Sie organisieren sich nicht in Silos, sondern crossfunktional um Kundenprojekte herum und im ständigen Dialog mit den Kunden. Denn die Meinung der Kunden ist volatil und ihre Vorlieben ändern sich laufend. Ein Anbieter muss das fortwährend im Blick behalten.

Customer-first-Unternehmen bieten ihren Kunden an allen Interaktionspunkten, auch Touchpoints genannt, die beste Erfahrung über die gesamte Kundenbeziehung hinweg. Dabei zählt jedes Detail. Ein einziger schlecht gemanagter Touchpoint, euer schwächster, kann leicht dazu führen, dass die Kunden euch für immer verlassen. Ein durch und durch begeisterter Kunde hingegen sieht über kleine Schwächen auch mal milde hinweg. Fans verzeihen. Das ist der »Rosarote-Brille-Effekt«. Innovieren heißt insofern auch, über die Nulllinie der Zufriedenheit hinaus Momente zu schaffen, die emotional und zwischenmenschlich berühren. Erwartung plus X ist das Stichwort dafür.

Derart besondere »Wow-Momente«, die maximal emotionalisieren, nenne ich »Sternenstaub«. Ich kann jedem wärmstens empfehlen, gemeinsam mit den Kollegen einen Köcher voll solcher Ideen zu entwickeln, um der reinen Funktionalität eine solche Glitzerbrise beizufügen. Wenn Kundin und Kunde nämlich etwas überaus Nützliches, Überraschendes, Faszinierendes, Unerwartetes, Spielerisches, Unterhaltsames erleben, erzeugt dies nicht nur Wohlwollen und anhaltende Treue, sondern auch die so wertvolle Mundpropaganda – im realen Alltag wie auch im Web. So haben Bankberater ihren Kunden, die einen Hausbaukredit erhalten hatten, zur Einweihung höchstpersönlich ein Apfelbäumchen in den Garten gepflanzt: in Anzug, Krawatte und Gummistiefeln. Das wird garantiert weitererzählt – und in den sozialen Netzwerken macht es die Welle.

Kundenbegeisterungsideen gibt es viele. Und sie zahlen sich immer aus, weil ja Geldscheine Stimmzettel sind. Damit belohnen wir die, die unser Herz und unsere Seele berühren. So hat ein Bäcker beschlossen, seine Kunden nun Gäste und seine Verkäuferinnen fortan Gastgeberinnen zu nennen. Wie durch ein Wunder hat sich das Betriebsklima völlig verändert, zum Guten. Alle gingen freundlicher, fürsorglicher und wertschätzender miteinander um. Als i-Tüpfelchen installierte er einen erwärmbaren Stein, auf den er die Ware legte, wenn er sie übergab. Der Duft des warmen Brots drang bis auf die Straße. Die Kunden standen Schlange und ihre Aufpreisbereitschaft wuchs. Ja, wem es gut geht, dem sitzt das Geld locker – und die Großzügigkeit steigt.

Welche Sternenstaubmomente erleben die Kunden bei euch?

Was sich mit Design Thinking erreichen lässt

Doug Dietz war Entwicklungsleiter bei der Healthcare Unit von General Electric. Er kümmerte sich vor allem um die millionenschweren Magnetresonanztomographie-Systeme (MRTs), mit denen man schmerzfrei in den menschlichen Körper hineinschauen kann. Dabei kommt man für ungefähr 15 Minuten in eine enge Röhre, die laute Klopftöne von sich gibt. Man muss möglichst bewegungslos liegen und auf ein Kommando hin den Atem anhalten, damit die Aufnahmen perfekt gelingen. Eines Tages traf Doug im Krankenhaus ein kleines Mädchen, das bitterlich weinte, weil es ins MRT musste. Er erfuhr, dass Krankenhäuser routinemäßig die kleinen Patienten für ihre Scans sedieren, weil sie verängstigt sind und nicht lange genug still liegen können. Sein elegantes Stück Technologie veränderte sich plötzlich. Mit den Augen eines kleinen Kindes betrachtet wurde es zu einem riesigen Ungeheuer, das bedrohliche Geräusche macht und in dessen dunklen Bauch man geschoben wird, ohne zu wissen, was dort passiert. Der Stolz auf seine Arbeit war dahin. Er hatte nur an das Design und die Funktion gedacht, nicht aber an die Patienten, denen er helfen wollte.

Das sollte sich ändern. Sein neues Ziel war ein kinderfreundliches MRT. Inspiriert durch einen Design-Thinking-Kurs beschloss er, den gesamten Untersuchungsprozess zu einem Abenteuer zu machen. Am Anfang stand der Austausch mit Kinderexperten. Dann hat Doug mit einem Prototyp experimentiert. Er besorgte sich farbenfrohe Aufkleber, die er an der Außenseite und im Innenraum des Gerätes anbrachte. Schließlich erstellte er ein Skript für die medizinischen Helfer, damit sie die kleinen Patienten behutsam durch das Abenteuer führen konnten. Alle waren begeistert, die Kinder, die Eltern und das Personal. Daraufhin wurde ein kompletter MRT-Scanner in ein Piratenschiff verwandelt und der ganze Behandlungsraum wurde so umgestaltet, dass er aussah, als befände man sich am Meer. Die Patienten betraten den Scanner, indem sie zunächst über eine »Holzbrücke« (auf den Boden gemalt) gingen und darauf achteten, nicht ins »Wasser« zu fallen. Dann legten sie sich in ein »Kanu« (Scannerbett), das sie zum Piratenschiff brachte. Dort wurden sie aufgefordert, vollkommen still zu bleiben, weil die Fische gerade schliefen. Über Kopfhörer wurde eine passende Musik eingespielt. Zum Schluss gab's eine Belohnung aus der Piratenschatztruhe.

Die Idee nahm Fahrt auf und bald gab es alle Arten von Abenteuer-Scannern. In einem Fall wurde das MRT zu einem zylindrischen Raumschiff, das die Patienten in den Weltraum entführt. Der Astronaut muss ganz ruhig in der Passagierkapsel liegen, damit das Raumschiff nicht wackelt, und schon geht's los. Kurz bevor das laute Surren und Klopfen der Maschine beginnt, ermuntert der Bediener die Kinder, genau hinzuhören und die Luft anzuhalten, wenn das Fahrzeug »in den Hyperantrieb schaltet« und durch das Universum braust. Mit Glitzersternchen bedeckt kommen die kleinen Abenteurer schließlich wohlbehalten zurück auf die Erde. So wurde das Konzept zu einem vollen Erfolg, nicht nur, weil alle Spaß dabei hatten, sondern auch deshalb, weil die Kinder nur noch selten den Gefahren einer Narkose ausgesetzt werden mussten.[97]

Doug wurde also durch das Design Thinking zu seinem Tun inspiriert. Das Design Thinking ist ein menschenzentrierter Ansatz zur Schaffung von Produkten, Services und Erfahrungen, bei denen der Kunde und seine Bedürfnisse im Mittelpunkt stehen. Mit verschiedensten kreativen Methoden und Werkzeugen wird in bereichsübergreifenden Teams gearbeitet, um aus der Perspektive der Nutzer Ideen voranzutreiben und Innovationen in Gang zu bringen, die die tatsächlichen Probleme der Nutzer lösen.

Das Design Thinking umfasst vier Komponenten: ein iterativer Prozess, eine agile Arbeitsweise, interdisziplinäre Teams und innovative Raumkonzepte. Oft gibt es auch Spielmaterial, zum Beispiel LEGO® SERIOUS PLAY®. Design Thinker ergründen zunächst die Aufgabenstellung. Dann stimmen sie sich auf die Kundensicht ein. Danach wird die Fragestellung klar formuliert. Im nächsten Schritt, der Ideation, werden so viele Lösungsideen wie möglich generiert, ohne Kritik an ihnen zu üben, damit die Kreativität nicht blockiert wird. Auf die Priorisierung folgt die Prototypisierung der ausgewählten Idee und ihre Fortentwicklung durch Testphasen und Kundenfeedbacks. Eine gute Idee ist im Design Thinking also nicht länger die, die der Chef oder die Innovationsabteilung hatte, sondern die, die der Kunde prüft und für gut befindet.

»Das Ziel von Design Thinking lässt sich kurz und prägnant in einem Satz zusammenfassen: für den Anwender oder den Kunden Nutzen schaffen und dadurch das Unternehmen in die Poleposition bringen«, sagt Ingrid Gerstbach, die seit 2010 Design Thinking macht. Vielen meiner Leserinnen und meinen Lesern ist diese agile Methode sicher bekannt. Ansonsten kann ich sehr empfehlen, bei einem professionellen Design-Thinking-Praktiker einen Workshop zu buchen. Dieses besondere Tool sollte man tatsächlich hautnah erleben, um seinen ganzen Wert zu erspüren.

So kommen Innovationen gut in die Welt

Ein Innovationsworkshop, irgendwo. Erwartungsvoll stehen die sorgfältig ausgewählten Teilnehmer:innen vor einer Pinnwand. Wie wir Produkt X innovieren und fortan kundenfreundlicher gestalten, ist die Aufgabenstellung. »Also, nach meiner Überzeugung …«, beginnt eine. »Ich kann gern aus meinem Dashboard ein paar Zahlen beisteuern …«, bietet ein anderer an. »Ich kenne mich in der Zielgruppe bestens aus. Für mich ist vollkommen klar …«, sagt sehr überzeugend ein Dritter. Halt! Überragender Kundennutzen entsteht nicht dadurch, dass man eigene Annahmen in die Bütt wirft und persönlich gefärbte Antworten gibt. Wer Kundenbelange wirklich verstehen will, braucht einen ergebnisoffenen Austausch und sollte Kunden befragen. Oder, besser: Kunden beobachten. Oder, am besten: im Blindtest zum Kunden seiner Firma werden.

Letzteres hat die Schweizer Bundesbahn (SBB) schon vor Jahren gemacht: 100 Führungskräfte schlüpften in die Rolle des Fahrgasts und absolvierten zehn verschiedene Reisearten, etwa das Reisen ohne Fahrausweis oder das Reisen mit Sperrgepäck. Über ihre Eindrücke und Erlebnisse führten sie Tagebuch. Dies schärfte ihr Verständnis für die Bedürfnisse echter Kunden exorbitant. Notwendige Verbesserungen mussten gar nicht erst durch die Instanzen, sie wurden oft noch am gleichen Tag in Angriff genommen.[98]

Ein Hersteller von Inkontinenzprodukten hat seine Manager angewiesen, eine Woche lang rund um die Uhr Erwachsenenwindeln zu tragen – und diese auch zu verwenden. Danach weiß man aus echtem Erleben, was passt und was gar nicht geht. Kunden würden von ihren Erfahrungen wohl eher kaum erzählen.

Oft bringen uns Fragen nämlich nicht weiter. So erging es auch den Marketingleuten von Kimberly-Clark. Es gab Absatzprobleme mit einer Windelmarke für Babys. Weil die Marketer keine klaren Antworten erhielten, entschlossen sie sich zu einer anthropologischen

Analyse. Hierzu trugen die Probanden eine spezielle Brille, in die eine Kamera eingebaut war. So gelang es den Forschern, die Welt durch die Brille der Kund:innen zu betrachten – im wahrsten Sinne des Wortes. Schon bald zeigte sich die wahre Ursache des Problems. Die Befragten wickelten ihre Babys nämlich nicht, wie sie erklärt hatten, auf dem Wickeltisch, sondern an allen möglichen und unmöglichen Orten, die Kleinkinder oft auch im Stehen. Die Windeln waren in solchen Situationen schwer zu handhaben. Aufgrund dieser Beobachtung wurden Produkte kreiert, die sich bequem mit einer Hand öffnen ließen – und diese wurden ein voller Erfolg.[99]

In vielerlei Fällen kann KI beim Beobachten helfen. Beim Eyetracking folgt eine Kamera dem Blickverlauf der Probanden und erstellt eine sogenannte Heatmap mit den Punkten, die besonders intensiv betrachtet wurden. So können Darstellungen auf ihre Wirkung hin live getestet und zügig optimiert werden. In der Verkehrsplanung sichten KI-Anwendungen Fotos, Videomaterial und Unfallberichte, um die besonderen Gefahrenpunkte im Straßenverkehr zu erfassen. Neuralgische Stellen und staugefährdete Zonen können dann entschärft werden. Zudem kann man Vorsorge für die Zukunft treffen, indem simuliert wird, wie das Gewusel im Straßenverkehr durch autonome Kleinfahrzeuge weiter steigt. Bebauungspläne lassen sich so optimieren.

Der Einsatz künstlicher Intelligenz kann die Art und Weise, Erkenntnisse zu sammeln, um auf dieser Basis zu innovieren, radikal verbessern. Doch bitte keine unhinterfragte KI-Hörigkeit. »Wir dürfen dabei nicht so träge werden, dass wir Vorhersagen akzeptieren, ohne dass ihnen auch Erkenntnis folgt. Sonst wird die Menschheit eines Tages tatsächlich von der künstlichen Intelligenz unterjocht – weil sie selbst das Denken aufgegeben hat«, schreibt der Wissenschaftsautor Christian Stöcker.[100]

Kundennähe und der begleitende Einsatz des gesunden Menschenverstands täten bisweilen tatsächlich gut. Steve Jobs war dafür bekannt, dass er sich regelmäßig unter die Kunden in seinem Apple Store in Palo Alto mischte. Er ließ sich vorführen, wie sie die Geräte bedienten, und hörte genau hin, wonach sie fragten.[101] Von Ikea Führungskräften weiß man, dass sie samstags an der Kasse sitzen, da bekommt man echt alles mit. Und Rich Teerlink, der Ex-Harley-Davidson-CEO, grillte den Bikern bei ihren Treffen die Würstchen, um hautnah so viel wie möglich über sie zu erfahren.

Hingegen kennt ein Großteil der heutigen Manager die Kunden *nur noch* von Charts und auf dem Papier. In ihren Wagenburgen weit weg vom Schuss brüten sie über Bergen von Analysen und nennen das Customer Insights. Daten sind irre wichtig und wir brauchen sie unbedingt, doch vieles, was im wahren Leben passiert, bleibt den Crawlern und Cookies verborgen. Das kann man schnell ändern. Lassen Sie sich den Unmut völlig entnervter Kunden doch mal als Videobotschaft schicken und spielen Sie das beim nächsten Board Meeting vor. Noch besser natürlich: raus aus dem Elfenbeinturm, runter vom Feldherrenhügel, mal weg von den Dashboards! Vom Schreibtisch aus fällt das Kundenbeobachten schwer. Zudem sind Dashboard-Zahlen überaus tückisch, da sie dem GIGO-Effekt unterliegen. Unvollständigkeit, Eingabefehler und Systembetrug machen nahezu jede ermittelte Kennzahl zwar ein bisschen richtig, aber auch falsch. Die große Gefahr: Zahlen legitimieren. Selbst wenn sie falsch sind, dienen sie als Entscheidungsgrundlage – mit oft ernüchternden und bisweilen verheerenden Folgen.

Kunden verstehen heißt: raus aus der Filterblase

Kunden verstehen? Gleich eine frohe Botschaft vorweg: Groß angelegte, repräsentative Kundenzufriedenheitsbefragungen könnt ihr vergessen. Die sind nicht nur teuer, sondern auch ziemlich wertlos, weil vergangenheitsorientiert, mühsam und träge. Wir wollen doch nach vorne blicken – und schnell agieren. Und wir wollen begeisterte Kunden, nicht nur Zufriedenheit, also Mittelmaß, das niemanden wirklich vom Hocker reißt. In klassischen Fragebögen wird man zum Kreuzchenmacher degradiert. Für die wahren Gründe, die die Befragten bewegen, ist oft nur wenig oder gar kein Platz.

Meist wird auch nur das abgeklopft, was für die Geschäftsleitung von Interesse ist (Company first) und statistischen Vergleichswerten dient. Für die Befragten hingegen sind womöglich ganz andere Punkte wichtig. Konzentrieren wir uns also nicht auf Durchschnittswerte, sondern auf die Ausreißer. Gerade von denen erfährt man die nützlichsten Dinge: Was absolut klasse funktioniert und welche Problemfelder dringend zu bearbeiten sind, um in Zukunft noch interessanter für die Kunden zu sein. Das Schlimmste an klassischen Fragebögen: Schlecht gestellte Fragen, missverständliche oder interessengeleitete Auswertungen und Ergebnisbonifizierung führen zu falschen Schlüssen und widersinnigen Erkenntnissen. Wir müssen also klüger fragen.

Um schnell auf den Punkt zu kommen, helfen fokussierende Fragen. Sie eignen sich hervorragend, um gezielt die wichtigsten Kundenbedürfnisse herauszukitzeln und danach prompt reagieren zu können. So spart man eine Menge Kosten für langwierige Marktforschung und vermeidet Fehlentscheidungen am grünen Tisch. Egal ob es um (neue) Konzepte, Produkte, Services oder Lösungen geht: Befragt zu einem frühen Zeitpunkt ausgewählte Kundinnen und Kunden nach diesem Muster:

- Was würden Sie sich von uns in naher Zukunft *am meisten* wünschen?
- Was ist fortan in Ihrem Business *das drängendste* Problem?
- Worauf werden Sie sich in naher Zukunft *am stärksten* konzentrieren?
- Was ist auf Ihrer Prioritätenliste derzeit *der wesentlichste* Punkt?
- Was ist eigentlich für Sie *der wichtigste* Grund, bei uns zu kaufen?
- Auf was könnten Sie bei uns *am allerwenigsten* verzichten?
- Was ist der Punkt, der Sie, ehrlich gesagt, bei uns *am meisten* stört?
- Was ist für Sie *der wichtigste* Grund, uns die Treue zu halten?
- Welche Sache hat Sie bis jetzt bei uns *am meisten* begeistert?
- Was ist *die schönste* Geschichte, die Sie je bei uns erlebt haben?
- Wären Sie bei uns Entscheider, was würden Sie *als Erstes* verändern?

Auf diese Weise erfahrt ihr eine Menge darüber, was eure Kunden sich wünschen, was sie vermissen, was sie wirklich bewegt und welche Innovationen sie brauchen.

Von der Entwicklung neuer Ideen bis zur Machbarkeit

Eine Idee wird erst dann zu einer Innovation, wenn sie in die Tat umgesetzt wird und sich erfolgreich vermarktet. Das kann dauern. Deshalb brauchen Sie Vorlauf. Wenn der Umsatzzenit überschritten ist, und man erst dann erschreckt losrennt, ist es zu spät. Erst sinken die Margen, dann die Erträge. Das schmälert die Investitionskraft und damit schwinden die Aussichten auf Innovationen immer mehr. Der benötigte Vorlauf lässt sich nicht mehr finanzieren, für Investitionen fehlt das notwendige Geld.

In fortschrittlichen Unternehmen wird fortlaufend innoviert – sowie ausreichend Zeit und Geld dafür investiert. Hier gleich ein paar maßgebliche Regeln dazu:

- Sorgen Sie für eine innovationsfreundliche Arbeitsumgebung.
- Ermutigen Sie jeden im Unternehmen, Ideen einzubringen.
- Geben Sie allen die offizielle Erlaubnis zum Scheitern.
- Richten Sie eine hausinterne interaktive Ideenbank ein.
- Feiern Sie das Erreichen des Gipfels *und* die Art des Aufstiegs.
- Ruhen Sie sich danach nicht aus, suchen Sie sich höhere Berge.
- Planen Sie ein, dass es nicht gleich beim ersten Mal klappt.
- Halten Sie Spielgeld bereit, budgetieren sie Misserfolge.
- Implementieren Sie kluge Kennzahlen für Innovationstätigkeit.
- Tragen Sie die nicht realisierten Ideen würdig zu Grabe.

Zunächst stellt sich nun die Frage nach der Zusammensetzung von Innovationsteams. Einem Unternehmen mit einer gesunden Innovationskultur ist es egal, woher die zündenden Ideen kommen. Insofern sind nicht nur Leute aus der Innovation Unit gefragt, wenn es denn eine gibt. Mit dabei sind unbedingt auch die vorab identifizierten, ausgeprägten Übermorgengestalter, denn sie sind ja Zukunftsversteher per se. Auch junge Talente sind für die Suche nach Neuem wie geschaffen, weil sie nichts Altes verteidigen müssen. Frisch eingestellte Kollegen und smarte Praktikanten sind ebenfalls wertvoll, weil ihr Blick noch unverstellt ist, wie es unternehmenskulturell läuft.

Um möglichst engagierte Teilnehmer für einen Innovationsworkshop zu finden, könnt ihr im Vorfeld auch einen Ideenwettbewerb starten. Dies bringt gleich mehrerlei: Zum einen gewinnt ihr so bereits eine Reihe wertvoller Ausgangsideen für den Workshop. Den Kollegen mit den interessantesten Ideen könnt ihr einen Platz im Projektteam anbieten. Im Idealfall hat jemand sogar quasi schon die Lösung gefunden, sodass man sich eine Menge Zeit und Geld sparen kann. In jedem Unternehmen gibt es Tüftler und engagierte Weiterdenker, wenn man sie doch nur öfter mal fragen würde. Vielen klugen Köpfen fällt mehr ein als einem allein. So nutzt man die »Weisheit der Vielen«. Wenn jeder auf dem Weg in die Zukunft mitmachen darf, ist Aufbruchsstimmung garantiert.

Idealerweise haben größere Innovationsprojekte zwei voneinander getrennte Phasen: die Phase der Ideenfindung und die Phase der Überführung in die Realität. Die Zusammensetzung des Kernteams kann dabei variieren:

- **Die Kreativgruppe** besteht aus Menschen, die eine besondere Eignung für Neuanfänge, Übergänge und Vorreitertum haben: Visionäre, Pioniere und Regelbrecher. Sie geben den kreativen Input und entwickeln Vorwärtsdrang. Sie stellen die abwegigsten Fragen, sie denken das Undenkbare und träumen sich in die schönsten Luftschlösser rein. Sie sehen in allem Neuen ein Eldorado von Chancen und nicht gleich Gefahr. Für Routinevorgänge und Kleinteiligkeit fehlt diesem Typ Mensch das Talent. Superkreative ziehen oft derart viel »Kick« aus dem reinen Erfindungsprozess, dass sie die Lust verlieren, sobald es an die Umsetzung geht.

- **Die Umsetzungsgruppe** besteht aus Menschen, die pragmatisch, strukturiert und umsetzungstalentiert sind. Denn in Phase 2 kehrt man auf den Boden der Tatsachen zurück. Man konzentriert sich auf die vorab priorisierten, brauchbaren Ideen. Hierbei geht es um Machbarkeit auf hohem Niveau und eine detaillierte Umsetzungsplanung. Das erfordert einen anderen Menschentyp: Routiniers und Macher mit Sinn für Genauigkeit und Präzision. Werden diese zu früh in ein Projekt einbezogen, ersticken sie jede verrückte Idee schon im Keim. Hingegen stellen sie sicher, dass wirklich an alles gedacht wird und dass alles am Ende gut funktioniert.

Der Start in einen Innovationsworkshop kann durchaus auch mal mit einer provokanten Fragestellung beginnen, wie etwa dieser:

> Wenn ein junges Unternehmen uns heute aufkaufen würde, was würde es sofort verändern? Welche Dinge würde es als Erstes streichen? Welche Innovationen würde es unverzüglich in Angriff nehmen?

Bei Innovationsprozessen gilt ganz besonders: Die Akteure geben ihre Gedanken nur dann preis, wenn sie keine Angst haben müssen. Angst ist der größte Kreativitäts- und Leistungskiller. Dass man unter Druck *geistige* Großtaten schafft, ist eine gefährliche Mär. Das Gegenteil ist nämlich der Fall. Dauerdruck und anhaltende Missstimmung sabotieren die Fähigkeit des Gehirns, sein Bestes zu geben, weil die im Angstzustand ausgeschütteten Botenstoffe Synapsen blockieren. Doch in rasanten Zeiten sind schnelle Synapsen bitter vonnöten. Damit sie astrein funktionieren, braucht es »psychologische Sicherheit«, ein vielbeachtetes Konzept, das die Harvard-Professorin Amy Edmondson, Nummer 1 im Thinkers50 Ranking 2023,[102] in die Arbeitswelt eingebracht hat.

Dabei geht es um die Wahrnehmung jedes Einzelnen in einer Gruppe, sich emotional sicher zu fühlen. In einer solchen Umgebung fällt es den Menschen leicht, sich voll und ganz einzubringen. Sie sagen offen ihre Meinung, experimentieren mit neuen Vorgehensweisen, reden über ihre Fehler, holen Feedback ein und bitten um Hilfe. Nur dann kann sich ihre Kreativität voll entfalten. Im Fokus stehen dabei Fragen wie diese:

- Können wir auch über schwierige Themen offen und ehrlich reden?
- Wird Andersartigkeit als Zugewinn wahrgenommen und wertgeschätzt?
- Dürfen wir alte Denkpfade verlassen und Etabliertes infrage stellen?
- Können wir neue Ideen eigeninitiativ einbringen und ausprobieren?
- Müssen wir Strafen befürchten, wenn wir einen Fehler machen?

Vor allem Innovationsprozesse benötigen den geschützten Raum einer fehlertoleranten Experimentierkultur. »Better done than perfect«, »Good enough for now« und »Safe enough to try«: Solche Ansätze aus der Startup-Welt sind dafür bestens geeignet. Lieber testen, ausprobieren, nachjustieren – und nicht warten, bis alles perfekt ist, denn perfekt ist es nie. Und wenn man am Ende mit seinem Versuch völlig falsch lag? Dann gewinnt man immer noch zweierlei: Erfahrung plus die Erkenntnis, dass eine andere Vorgehensweise die bessere wäre oder dass die altbekannte sogar die bessere war.

Je sicherer das Miteinander, desto mutiger die Taten. Deshalb wird in Unternehmen der Zukunft so viel Wert auf ein Wohlfühlklima gelegt. Sie haben ganz einfach verstanden, dass Arbeit Spaß machen muss, um gut zu werden. Das »Machtwort« der Chefs hingegen lässt wertvolle Initiativen oft einfach versanden. Deshalb sind Führungskräfte in operativen Ideenworkshops auch problematisch. Denn Macht killt Kreativität. Innovationsgeist schwindet zudem, wenn man für alles immer erst eine Genehmigung braucht. Was dann gar nicht so selten passiert? Während bei uns alles stillsteht, weil wir auf die Bewilligung warten, ist anderswo die Innovation schon am Start.

Das Vorgehen im Innovationsprozess in acht Schritten

Es gibt eine Vielzahl von Dingen, die man innovieren kann: interne Strukturen und Prozesse, Produkte und Services, Nachhaltigkeitslösungen und auch die im zweiten Teil skizzierten Business-Ecosysteme. Innovationen können einfach oder komplex, klein oder groß sein. Sie können den operativen Alltag oder die strategischen Geschäftsmodelle eines Unternehmens betreffen. Je nach Branche sind die Abläufe dafür sehr verschieden. Insofern findet ihr im Folgenden eine Ablaufgrundstruktur sowie teils einfache Umsetzungsvorschläge, teils auch kompliziertere Verfahren. Wie immer in diesem Buch wählt ihr auch hier die Vorgehensweisen aus, die für das jeweilige Projekt passend sind. Bei sehr großen Innovationsprojekten muss das Vorgehen natürlich viel umfassender sein.

Die einzelnen Phasen eines Innovationsprozesses lassen sich wie folgt skizzieren:

- **Konzipieren:** Hierbei geht es um die Rahmenbedingungen, die benötigt werden, um ein bestmögliches Ergebnis zu erzielen. Welchen Arbeitsort und welches Arbeitsmaterial braucht ihr? Welche Zeitfenster, welches Anfangsbudget? Wie setzt sich das Kerninnovationsteam zusammen, wer kommt punktuell hinzu, wer macht die Moderation? Welche Kundengruppe steht dabei im Fokus? Sollen Buyer Personas entwickelt werden? Dies sind beispielhaft einige Fragen, die in der konzeptionellen Phase zu klären und zu entscheiden sind.

- **Analysieren:** Bevor es mit der Ideenfindung tatsächlich losgeht, muss das ursächliche Problem verstanden und durchdrungen werden. Also macht ihr zunächst eine Vorrecherche. Ist und Soll, neueste Trends, derzeitige und künftige Kundenbedürfnisse werden mithilfe passender Methoden recherchiert. Welche Veränderungen wären wünschenswert oder werden dringend benötigt? Welche (kommenden) Technologien helfen dabei? Welche Startups befassen sich schon mit dem Thema? Wohin läuft das große Venture Capital? Geht dabei nicht von eigenen Annahmen aus, sondern stürzt euch ins Marktgetümmel. Geht auf Messen und Zukunftskongresse. Durchforstet das Web. Führt gute Gespräche mit Experten, mit Pionieren und echten (potenziellen) Kunden.

  Auch KI kann dabei zum Einsatz kommen. So nutzte das Fraunhofer Institut für Integrierte Schaltungen in einem Projekt für den Nürnberger Energieversorger N-ERGIE ein digitales Analysetool, um tausende Meldungen über Elektromobilität zu scannen. Die Software wertete aus, wo und durch wen weltweit Testläufe und Inbetriebnahmen batteriebetriebener Elektrobusse beschrieben wurden, und griff dabei automatisiert auf mehr als 1400 Datenquellen zu, darunter auch Datenbanken mit wissenschaftlichen Artikeln und Patentanmeldungen. Das Forscherteam stellte die Ergebnisse zudem visuell dar: So ließ sich auf einen Blick erkennen, wie sich Meldungen über den Praxiseinsatz von Elektrobussen regional verteilten. Eine Zeitleiste zeigte übersichtlich die wissenschaftlichen Veröffentlichungen und den Fortschritt der Technologie.[103]

  Am Ende dieses oft recht aufwendigen Schrittes wird die Kernfrage formuliert, die die Basis für die anschließende Ideenentwicklung und das weitere Vorgehen ist. Wie das geht? Ihr verfasst die Ziele des Kunden als User Story: Eine User Story ist eine Anwendererzählung. Sie beschreibt einen prototypischen Kunden und den maßgeblichen Grund, weshalb er/sie die zu erstellende Lösung nutzt, den »Job«

also, den die Lösung für den Kunden machen soll. Solche User Stories sind nötig, um ein gemeinsames Verständnis für die Aufgabenstellung zu gewinnen, dies stets mit dem Fortgang des Projekts abgleichen zu können und sicherzugehen, dass das richtige Problem gelöst wird. Zudem soll und kann während des Prozesses immer wieder aus der Sicht des Nutzers nachgedacht werden (»Würde unser User wirklich wollen, dass …?«). Damit stehen dessen Interessen und nicht die des Unternehmens im Vordergrund (Customer first). So werden dann auch nur die Features priorisiert, die im Nutzerinteresse sind – und nicht die, die die Ingenieure im eigenen Haus am tollsten finden. Wie eine solche Story klingt? Zum Beispiel so: »Als Kunde kaufe ich das neue Produkt X, damit …«

User Stories werden auf einer Story-Card (physisch und / oder virtuell) dokumentiert. Der Story können Akzeptanzkriterien beigefügt werden. Dabei handelt es sich um eine Liste von Features, die gewährleisten, dass die Nutzerbedürfnisse erfüllt sind und nichts Wesentliches vergessen wurde. Oft beginnt dies so: »Die Story ist erfüllt, wenn …« Sehr große User Stories, bei denen es sich zum Beispiel um Sprunginnovationen handelt, werden gern als Epics bezeichnet.

>> **Ideieren:** Die Ideation ist der kreative Prozess der Generierung, Entwicklung und Ausformulierung neuer Ideen. Dabei fokussieren sich die Teilnehmenden voll und ganz auf die definierte User Story, suchen also nach einem Maximum an Ideen zur Lösung dieses Problems. Zu jedem Ideenfindungsprozess gehören Spielregeln, die ihr aufhängen und am Anfang kurz durchgehen könnt: viele Ideen, je wilder, desto besser, leserlich schreiben, ausreden lassen, Zeiten einhalten, keine Killerphrasen, habt Spaß. Damit der Prozess schnell startet, sollen zunächst alle ihre ersten Ideen still notieren, pro Idee ein Kärtchen oder ein Post-it. Diese werden an ein (virtuelles) Board geheftet oder eine Pinnwand gepinnt. In dieser Phase werfen die Teilnehmenden ihre Einfälle wie bunte Bälle in den Raum, schärfen ihre Gedankenrohlinge im Austausch und pflegen die Kunst des gemeinsamen Denkens, wodurch sich Geistesblitze und Ideenfunken auf spannende Weise miteinander verknüpfen. Passende Kreativitätstechniken sind dabei sehr hilfreich. Katharina Boguslawski listet einige in ihrem Buch *Dein kreativer Avatar* auf.

Die Ideation kann nur dann zu einem maximalen Output führen, wenn ihr die Phase der Ideenentwicklung von der Ideenbewertung trennt. Ein Erfolg braucht zunächst eine Menge Ideen. Nur wer viel würfelt, der würfelt auch Sechser. Ferner benötigen wir anfangs eine Prise Verrücktheit, also überzogene, gewagte, kuriose, spektakuläre, exotische, überhöhte, skurrile, schräge Ausgangsideen. Sie sollen unser Denken beflügeln. Verrückte Einfälle sind oft auch die Basis für außergewöhnlich gute Ideen.

Zudem lernt man nicht nur von Gutem, sondern auch von Schlechtem. Nachdem die ersten Ideen angepinnt sind, werden diese zunächst geclustert, also thematisch passend gruppiert. Um weitere Ideen herauszukitzeln, stellt der Moderator Sprungbrettfragen wie diese: »Wer hat dazu eine ähnliche Idee?«, »Wer hat dazu eine noch gewagtere Idee?«, »Wer hat dazu eine gegenteilige Idee?« Oder provokanter: »Was haben wir vergessen?«, »Was wäre ein noch besserer Ansatz?«, »Wer traut sich was echt Verrücktes?«

Lasst euch in dieser Phase und später auch beim Prototyping von generativer KI wie ChatGPT und ähnlichen Anwendungen helfen. Deren oft eigenwillige Einfälle, die sie aus der Breite des ihnen verfügbaren Materials erschaffen, sind meistens eine Bereicherung, zusätzliche Inspiration und somit ein Kreativitätsgewinn. Natürlich erhaltet ihr nicht schon gleich eine fertige Lösung. Wenn man derartige KIs jedoch richtig steuert, versorgen sie euch mit Aspekten, auf die ihr allein nicht gekommen wärt. Dies kann zu mehr Ideenreichtum und besseren Ergebnissen führen.

>> **Priorisieren:** Ideen sind schnell gefunden, meist herrscht daran auch kein Mangel. Ob sie tatsächlich gut und weiterverfolgungswert sind, ist eine ganz andere Sache. Und was bedeutet im betrieblichen Kontext überhaupt »gut«? Dazu kann man sich an folgenden »7 R« orientieren:

- Ist die Idee relevant für den internen/externen Kunden? Bringt sie Nutzen?
- Ist die Idee revolutionär im Sinne von anders und überraschend neu?
- Ist die Idee rasch umsetzbar, zumindest in einer ersten Probeversion?
- Ist die Idee robust, das heißt, hält sie dem Einsatz in der Praxis stand?
- Ist die Idee reproduzierbar, lässt sie sich weiterentwickeln oder skalieren?
- Ist die Idee rentierlich, kann man also damit (zügig) Geld verdienen?
- Ist die Idee regenerativ, unterstützt sie also Klima, Umwelt und Soziales?

Dies lässt sich quantifizieren, dann in Form einer Entscheidungsmatrix repräsentieren und schließlich priorisieren. Dabei geht es, wie die Abbildung zeigt, um die Achsen Nützlichkeit / potenzielle Nachfrage und Machbarkeit / Wirtschaftlichkeit. Die Ideen, die im Quadranten oben rechts landen, sind erste Wahl. Was aus Sicht des Kunden maßgeblich ist, hat dabei Vorrang. Durch ausgiebige Dialogspaziergänge können die Teilnehmenden die ausgewählten Ideen weiter vertiefen, wesentliche Facetten schärfen und Nötiges nachjustieren.

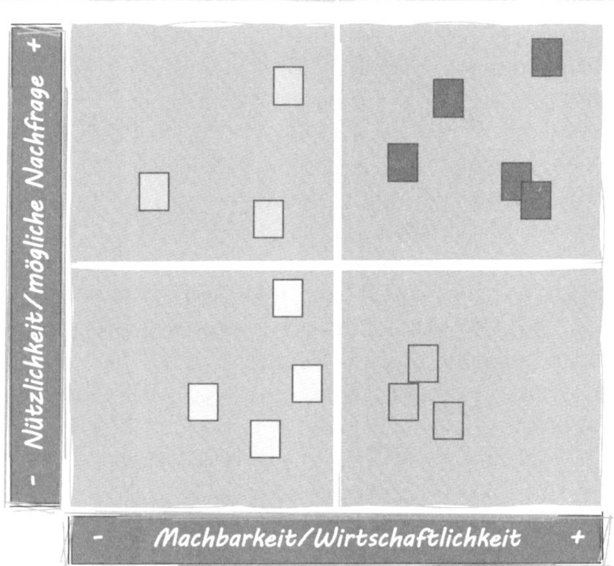

Abb. 15: Mit einer Entscheidungsmatrix zur besten Idee: Nützlichkeit und potenzielle Nachfrage werden mit Machbarkeit und Wirtschaftlichkeit in Einklang gebracht.

>> **Prototypisieren:** Ein Prototyp ist ein vorläufiges Modell eines Produkts, das beim Priorisieren zum Favoriten wurde, also eine Lösung, die ihr ernsthaft in Erwägung zieht. Prototypen dienen dazu, die Idee (oder auch mehrere, die ihr miteinander vergleichen wollt) zu testen und wertvolles Feedback von Usern einzuholen, um auf dieser Basis die Idee zu verbessern. Prototyping ist auch dazu da, dass Funktionsfehler und Unvollständigkeiten in einer sehr frühen Phase entdeckt werden können, damit sie nicht im Nachhinein teuer repariert werden müssen. Prototypen sollen schnell erstellt und kostengünstig produziert werden. Sie können die verschiedensten Formen annehmen, wie beispielsweise eine gescribbelte Lösung, ein Storyboard, ein Video, ein Rollenspiel, ein Pappmodell, ein Bauklötzchenmodell, eine 3D-Simulation am Computer oder die Grundversion einer funktionsfähigen Applikation. Ein anschaulicher, interaktiv erlebbarer Prototyp ist sehr viel besser als eine reine Erklärung dazu geeignet, Verständnis für eine Idee zu gewinnen, Vertrauen aufzubauen oder finanzielle Mittel für die Entwicklung eines Produkts oder einer Lösung zu generieren. Je nach Art und Umfang einer anstehenden Innovation beginnt man mit einem Basismodell, das im Verlauf mehrfacher Iterationen immer weiter optimiert wird.

>> **Testen:** Bevor wir uns für eine finale Lösung entscheiden, macht es Sinn, zu testen und zu experimentieren. Das bedeutet, eine Phase von Versuch und Irrtum zu durchlaufen und dabei Ideen herauszufiltern, die scheitern, um diejenigen zu finden, die funktionieren. Misserfolge sind ein notwendiger Teil jedes Innovationsprozesses. Nicht die Fehler in der Entstehungsphase sind die größte Gefahr. Die größte Gefahr ist die, dass ein Anbieter irrelevant wird, weil die Mitarbeitenden sich nichts trauen. Wer keine Misserfolge will, wird nie mutig genug sein, große Sprünge zu wagen. Zudem ist es falsch, alles auf eine Lösung zu setzen, ohne sie vorab ausgiebig zu testen. Genauso falsch ist es, in einem frühen Stadium bereits Planungsdaten, Budgets und Kennzahlen vorzugeben, sprich, vorhersagbare Ergebnisse zu fordern, die strikt einzuhalten sind. So macht man sich zum Totengräber jeglicher Innovation.

Experimente testen Tauglichkeit und Akzeptanz. Sie sind ergebnisoffen, beinhalten immer ein Risiko und auch die Option des Versagens. Sie trainieren Mut, Lernbereitschaft, Anpassungsvermögen und Frustrationstoleranz. Zieht zu einem möglichst frühen Zeitpunkt sorgsam ausgewählte Kunden hinzu, damit sie als Ideenlieferanten und / oder Feedbackgeber fungieren. Oft entstehen Lösungen für Probleme, die keine sind, oder man innoviert am tatsächlichen Bedarf in kommenden Märkten vorbei. Man macht zum Beispiel »noch 'ne App«, weil man es kann – und nicht, weil der Kunde sie braucht. Was nicht den Kunden dient, ist reine Verschwendung, die der Kunde mitbezahlt, obwohl er dies gar nicht will. Zudem ist doch wohl klar: Erst dann, wenn eine neue Technologie aus Sicht des Kunden ein Problem sinnvoll löst, kann man ihn dazu bringen, sich darauf einzulassen.

Der einfachste Weg, einen Prototypen zu testen, geht so: Ihr befragt Vertreter:innen der anvisierten Kundengruppe persönlich, setzt ihnen eure vorläufige Lösung vor, beobachtet sie beim Ausprobieren, lasst sie währenddessen erzählen und dokumentiert, was sie erleben und dazu sagen. Geht es um eine Vorauswahl einzelner Leistungsmerkmale, bietet ihr den Probanden folgende Beurteilungsmöglichkeiten an:

- … Das wäre einzigartig.
- … Das würde mich begeistern.
- … Das wäre für mich selbstverständlich.
- … Das wäre mir egal.
- … Das würde mich stören.

Wer Leistungsaspekte auf einfache Weise gegeneinander testen will, nimmt jeweils vier Merkmale und lässt dann die Probanden entscheiden, welche Merkmale ihnen am wichtigsten und welche ihm am unwichtigsten sind. In vier Runden könnt ihr dabei 16 Merkmale gegeneinander testen und so zu perfekten Leistungsbündeln kommen.

Leistungsmerkmal	am wichtigsten	am unwichtigsten
Merkmal 1		
Merkmal 2		
Merkmal 3		
Merkmal 4		

An dieser Stelle könnten auch tiefenpsychologische Methoden zum Einsatz kommen, wofür allerdings spezifische Fachliteratur notwendig wäre. Ein weiterer möglicher Weg ist der, die geplante Lösung mit einem Onlinewerkzeug zu untersuchen. So kann ein KI-Modell lernen, die gleichen Entscheidungen wie eine vorab definierte Usergruppe zu treffen. Das KI-Modell wird zu einem prototypischen Avatar der Zielpersonen, indem der Avatar deren Nutzerverhalten nachahmt. Hierdurch kann dann auf umfangreiche reale Fokusgruppentests verzichtet werden.

>> **Entscheiden:** Mithilfe geeigneter Probanden und Methoden habt ihr euch für eine Lösung entschieden, die in die Umsetzung gehen soll. Bevor es allerdings losgehen kann, braucht es vielfach nun noch das Okay von weiter oben. Ein Einzelner hat bei euch das letzte Wort? Dann überlegt zunächst, was das Besondere an eurem Vorstoß gerade für ihn/sie ist, weshalb er/sie eurem Lösungsansatz zustimmen könnte – oder aus welchen Gründen eher nicht. Macht das so »live« wie möglich. Nehmt dazu zwei Stühle, die sich gegenüberstehen. Setzt euch auf einen Stuhl und argumentiert laut. Dann setzt euch auf den Stuhl des fiktiven Gesprächspartners und vertretet dessen Standpunkt. Das mag albern erscheinen, doch versucht es. Diese Übung real und nicht nur im Kopf zu machen, bringt neue Sichtweisen – und persönliche Sicherheit. Legt euch vor dem Gespräch Antworten auf mögliche Bedenken zurecht. Übt Redewendungen ein, die für ein Klima der Wertschätzung sorgen, um eine Atmosphäre der Zustimmung zu schaffen.

Wenn ihr euren Vorschlag im Rahmen eines Top-Level-Entscheidungsgremiums präsentiert, braucht es Argumentationsgeschick und Durchsetzungswillen. Vor allem muss man verstehen, wie das obere Management tickt. Erstens ist es nicht an Details interessiert, sondern am »Big Picture«, dem großen Bild. Zweitens will es zwischen Chancen und Risiken abwägen können. Drittens fehlt immer Zeit. Also das Ganze prägnant, kurz und knapp auf den Punkt. Arbeitet mit Zahlen, Daten und Fakten, das zieht. Zeigt kräftig aufsteigende Kurven, fette Balken, große Stücke vom Kuchen. Untermauert mit wissenschaftlichen Aussagen, Studienergebnissen oder Fallbeispielen. Sprecht die möglichen Risiken, insbesondere aber die Chancen an. Macht klar, wo die Konkurrenz bei dem Thema steht. Zeigt aber besser keine rudimentären Prototypen. Das würde auf das Top-Management nur dilettantisch wirken, weil es sich darunter nichts vorstellen kann. Die Sache sollte vielmehr so perfekt wie möglich sein und sehr überzeugend klingen.

Oft braucht es auch ein Handout. Baut es in etwa wie folgt auf:

- Ein Deckblatt (Executive Summary), mit allen Fakten kurz und knackig, die für den Leser / Zuhörer / Entscheider wichtig sind und groß die zu erwartenden Ergebnisse
- Darstellung, wie der Vorschlag den Kunden Mehrwert bringt, die Ziele des Unternehmens stützt, Nachhaltigkeit untermauert, die Zukunftsfähigkeit des Unternehmens sichert
- Übersicht über die zu erwartenden kurz- und längerfristigen Ergebnisse: Mehrumsatz, Kosteneinsparungen, Wachstum, Märkte, Wettbewerbsvorsprünge, Reputation
- Eine strukturierte Übersicht mit den umzusetzenden Einzelmaßnahmen und dem dazugehörigen Zeitplan: Wer macht was mit wem ab oder bis wann?
- Übersicht über die benötigten Ressourcen: Arbeitsmittel, Mitarbeiter, Budget
- Versicherung, dass durch die vorgeschlagene Vorgehensweise alle im Unternehmen gültigen Compliance-Regeln eingehalten werden
- Ein Schlussblatt, auf dem in groß steht: MEIN VORSCHLAG: MACHEN!

Manager lieben es, wenn man ihnen das Entscheiden einfach macht. Wer ein Kommunikationsvollprofi werden will: In guten Büchern über Verkaufsgespräche, Präsentationstechnik, Rhetorik, Verhandlungsführung und Körpersprache findet ihr mehr zum Thema. Auch ein Pitch-Training, das Gründer oft durchlaufen, bevor sie sich vor potenziellen Investoren präsentieren, kann helfen. Hier wie dort geht es ja darum, seine Idee zu verkaufen und finanzielle Mittel für die Umsetzung zu erhalten.

>> **Reflektieren:** Nach Abschluss einzelner Innovationsschritte und / oder des ganzen Projekts hat es sich stets bewährt, über das Vorgehen nachzudenken. Die konstruktiv-kritische Selbstreflexion zählt zu den wichtigsten Eigenschaften jeder

Person und jeder Gruppe, die vorankommen will. Selbstreflexion ist ein Denken höherer Ordnung, das bewusste Einnehmen einer Metaebene. Dabei wird gemeinsam überlegt, wie die Zusammenarbeit im nächsten Schritt oder bei einem Folgeprojekt optimiert werden kann. Was gut lief, wird gewürdigt, Hindernisse und Fehler werden benannt, nach Verbesserungspotenzial wird gesucht. Als Nachbesprechung, Debriefing oder Manöverkritik ist das Tool seit Langem bekannt. Heute wird es meist Retrospektive genannt. Um für Abwechslung zu sorgen, lassen sich unterschiedliche Varianten nutzen, schaut dazu auch mal beim Retromaten vorbei.[104] Die Vorlagen werden ausgefüllt und gemeinsam besprochen, etwas so:

- Herz: Was mir sehr gut gefallen hat ...
- Dunkle Wolke: Was ungünstig war ...
- Ausrufezeichen: Was ich mir gewünscht hätte ...
- Fragezeichen: Fragen, die ich dazu habe ...
- Blitz: Ideen, die mir dazu gekommen sind ...
- Wind: Was uns gut vorangebracht hat ...
- Anker: Was uns aufgehalten oder gebremst hat ...
- Klippen: Wie wir Hindernisse umschiffen konnten ...
- Insel: Was wir künftig besser machen wollen ...
- Feuerwerk: Wie wir das Ergebnis feiern sollten ...

Feiern ist äußerst wichtig. Das muss nicht immer die große Party sein, ein kleines Ritual reicht meistens aus. Feiern sorgt für eine positive Verstärkung, sodass Anstrengungen fortgesetzt werden. Feiern stärkt auch das Selbstbewusstsein und zugleich das Gemeinschaftsgefühl – und macht gemeinsames Siegen erlebbar.

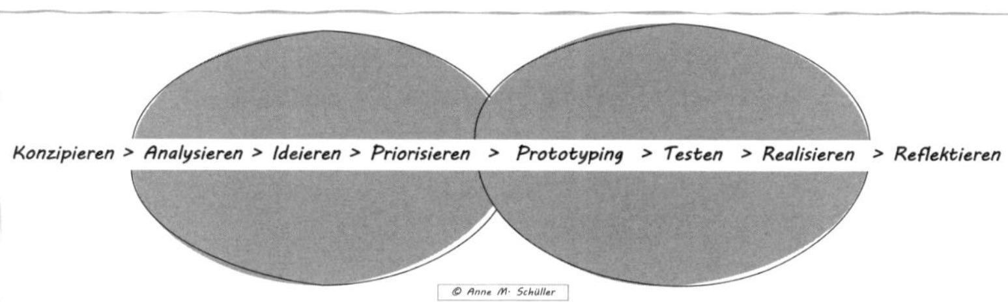

Abb. 16: Die Abfolge des Innovationsprozesses als Doppelellipse

Die Grafik zeigt plakativ den elliptischen Wechsel zwischen divergent und konvergent. Divergenz öffnet und strömt auseinander, Konvergenz führt wieder zusammen. Mit der Realisierung einer funktionierenden Basisausführung des beschlossenen Konzepts, dem Minimum

Viable Product (MVP), endet die erste Runde im Innovationsprozess. Nach dem Reflektieren schließt sich sogleich eine zweite öffnende Runde an. Nun gilt es, die frohe Botschaft nach drinnen und draußen zu kommunizieren. Ideen werden in den Köpfen von Vordenkern geboren. Erfolgreich werden sie jedoch nur dann, wenn sie die Herzen und Seelen der Menschen berühren. Zum guten Storytelling später mehr.

Serendipity: Wie der Zufall zum Glücksfall wird

Als Percy Spencer, ein Ingenieur im US-Rüstungskonzern Raytheon, mit einem Radargerät experimentiert, bemerkt er, dass ein Schokoriegel in seiner Jackentasche zu schmelzen begann. Und das ganz ohne Wärmequelle. Die ausgestrahlten Mikrowellen mussten dafür verantwortlich sein! Er war nicht der erste, dem dieses Phänomen auffiel, doch er war der erste, der sich Gedanken machte, wie man dies für friedliche Zwecke nutzen konnte. Er probierte es mit Popcorn. Es gelang ihm perfekt. Dann versuchte er es mit einem rohen Ei. Es explodierte. Egal! Das Prinzip des Mikrowellenherds war entdeckt und eine weltweite Erfolgsgeschichte nahm ihren Lauf. Das erste kommerzielle Gerät war knapp zwei Meter hoch, wog 340 Kilo und kostete 5000 US-Dollar. Heute steht eine Mikrowelle in fast jeder Küche. Dies als Denkanstoß an alle Unken, die die Anfangsausführung einer Innovation gern diskreditieren. Es liegt in der Natur der Sache, dass eine Innovation sich nicht als solche ankündigen kann. Sie weiß zu Beginn ja noch gar nicht, was eines Tages aus ihr wird.

Bisweilen ist bei Innovationen der Zauber der Serendipität mit im Spiel, der fleißige Tüftler schließlich belohnt. Zu dieser Kategorie zählen nicht nur Cornflakes,[105] Schneekugeln,[106] Herzschrittmacher[107] und Penicillin, sondern auch die berühmte blaue Pille, die manchen als die Königin aller Erfindungen gilt. Serendipity ist weit mehr als nur ein glücklicher Zufall. Es ist eine unerwartete Lösung für ein Problem, an dem man gar nicht gearbeitet hat. Wir müssen offen und neugierig sein, um den flüchtigen Moment, den die Serendipität uns schenkt, zu erkennen und beim Schopf zu packen.

Doch muss man tatsächlich warten, bis König Zufall einen beglückt? Oder kann Serendipity herbeigelockt werden? Erfindungen werden gern exzentrischen Helden zugeschrieben, die Eigenbrödler im stillen Kämmerlein waren. Doch in Wirklichkeit entstehen die meisten Innovationen im Kollektiv. Erfinder hatten Werkstätten und Labore. Sie waren im Austausch mit Kollegen. Sie trafen sich im Kaffeehaus und schrieben sich Briefe. Und sie profitierten von mächtigen Vorläuferinnovationen.

So wird Serendipity durch Vernetzung und die »Weisheit der Vielen« begünstigt, indem sich kluge Köpfe in einem stressfreien Umfeld locker zusammenfinden. Als Steve Jobs Chef bei Hollywoods Filmstudio Pixar war, mussten die Architekten die Gebäude so konzipieren, dass sie »möglichst viele unbeabsichtigte Begegnungen ermöglichen«.[108] Er ließ ein zentrales Atrium bauen, in dem sich alle Gemeinschaftsaktivitäten abspielten, um spontane Interaktionen zu begünstigen. So schuf er die Rahmenbedingungen für eindrucksvolle Erfolge.

Das hybride Arbeitsleben, die Vereinzelung im Homeoffice und die exorbitante Zunahme von Videomeetings hingegen machen es der Serendipity schwer. Kreativität mag Gesellschaft. Ein Geistesblitz braucht jemanden, auf den er überspringen kann. Und viele Ideen sind anfangs nur eine wabernde Ahnung. Erst im Austausch formen sie sich zu wahrer Größe. Im Austausch gelingt es zudem am besten, Ideen zu entwickeln, auf die man allein nicht gekommen wäre. Meinungsvielfalt und eine ungezwungene Öffnung für die unterschiedlichsten Blickwinkel, Denk- und Handlungsweisen führen zu Variantenreichtum, zu Co-Kreativität und einer Neukombination von Möglichkeiten.

Insofern gilt es heute mehr denn je, dem glücklichen Zufall auf die Sprünge zu helfen. Das gelingt im betrieblichen Alltag auf vielerlei Weise, etwa so:

>> **Informelle Begegnungsorte schaffen.** Neben Orten intensiver Arbeit und Räumen der Ruhe brauchen wir in der Firma auch Orte der Geselligkeit, an denen Zufallsbegegnungen stattfinden können. Modulare Arbeitslandschaften sind symptomatisch dafür. Dort gibt es Wohlfühlbereiche, in denen man an Steh- und Sitzmöglichkeiten zwanglos zusammenkommt. Dabei suchen wir unsere Mitmenschen gern auf gleicher Ebene auf, ganze Stockwerke überwinden wir ungern.

>> **Kollegen crossfunktional vernetzen.** Hier geht es darum, Kollegen, die nicht regelmäßig zusammenarbeiten, kreuz und quer durchs Unternehmen zu vernetzen. Das kann über gemeinsame Hobbys passieren oder auch durch »Blind Lunches« und »Zufallskaffees«, bei denen die, die sich noch nicht kennen, zusammengewürfelt werden. Innovationen entstehen am ehesten dann, wenn sich Menschen über die gesamte Firma hinweg Gedanken über die Zukunft machen.

>> **Plauschpausen ermöglichen.** Der beste Output kommt meist dann zustande, wenn wir unsere Einfälle bei einem anregenden Gespräch mit anderen teilen. Jeder Gedanke wird klüger, schärfer, präziser, brillanter, wenn man ihn ausgiebig bespricht. Zudem helfen unbeteiligte Dritte, herauszufinden, woran man selbst nicht gedacht hat. So kann sich aus einer simplen Idee, kreativ und wertschätzend angereichert, schließlich etwas ganz Besonderes formen.

>> **Die »Weisheit der Vielen« nutzen.** Zwar ist die Expertise jedes Einzelnen von hoher Bedeutung, um gute Ergebnisse zu erzielen, doch das kluge Zusammenbringen von Können und kollektiver Intelligenz spielt eine noch viel größere Rolle. Viele wissen mehr als einer allein. Je mehr unterschiedliche Perspektiven eingebracht werden, desto eher werden neue Ideen gefunden. Dabei geht es um jeden hilfreichen Vorstoß, ganz egal, aus welcher Ecke er kommt.

>> **Kollegiale Beratung implementieren.** Dazu werden, bevor eine Idee präsentiert oder eine wichtige Entscheidung getroffen wird, verpflichtend immer mindestens zwei sachkundige (!) Personen befragt – keine nur netten Kollegen. Entscheidungen stehen auf einer breiteren Basis, wenn man sie aus unterschiedlichen Blickwinkeln betrachtet und sowohl Zuspruch als auch abweichende Meinungen hört. So kann man auch der Betriebsblindheit entgehen.

Kreativität entwickelt sich am besten dann, wenn Menschen sich sehen. Warum das so ist? Physische Nähe erzeugt mehr emotionale Zugkraft als virtuelle Distanz. Zudem zeigt sich in Gestik und Mimik die wahre Gesinnung. Empathie glückt definitiv besser bei räumlicher Nähe. Auch Vertrauen, der Komplexitätsreduzierer par excellence, braucht Präsenz. Wen wir nicht persönlich kennen, dem vertrauen wir eher nicht. Hemmschwellen sinken in der Anonymität und mit zunehmender Distanz. Hingegen verändern Nähe und Augenkontakt das Verhalten der Menschen zum Guten.

Auch wichtig zu wissen: Die Denkarbeit des Gehirns verläuft in vier Phasen: Inspirieren, konzentrieren, aktivieren, regenerieren. Diesen Rhythmus gilt es zu unterstützen, denn Gehirne ermüden sehr schnell. Vor allem Ideenfindung und Kreativität brauchen Phasen der Regeneration. Doch leider: »Bitte kein Sofa«, hört man von so manchem Chef, wenn es beispielsweise um die Büroneukonzeption geht. »Meine Leute sollen arbeiten und nicht rumhängen«, heißt es als Begründung. Kopfarbeiter kontrollieren? Die pure Anwesenheit am Schreibtisch ist kein Garant für Leistung. Einfallsreichtum gedeiht nicht auf Befehl, sondern braucht ein passendes Umfeld. Rückzugsorte im Grünen und gemeinsame Spaziergänge sind dabei sehr willkommen. Auch Farben, Düfte und Musik unterstützen die Schöpferkraft.

Die Killerphrasen der Vorgesternbewahrer

Neulich bei einem Workshop. Eine Idee wird präsentiert. Halleluja, denke ich, was für ein cooler Vorschlag. Da meldet sich der Personalleiter zu Wort. »Oh, oh«, unkt er bange, »das wird nicht funktionieren, da kriegen wir wahrscheinlich Ärger mit dem Arbeitsrecht.« Eisiges Schweigen. Wer legt sich schon gern mit dem Arbeitsrecht an? Und wer kennt sich da überhaupt aus? Nicht einer fragt nach, was das Arbeitsrecht denn konkret dazu sagt. Die Idee war vom Tisch. So ist das oft. Der Boss sagt, es geht nicht, und alles steht still. Doch nicht nur an den Machthebeln sitzen Ideenvernichter.

Klar gibt es eine Unzahl von Gründen, weshalb innovative Ideen es nicht in die Umsetzung schaffen. Manchmal sind sie einfach nicht gut genug. Bisweilen wurden sie schlecht präsentiert. Oder es wurde ein falscher Zeitpunkt gewählt. Oft scheitern sie an vorgespieltem Interesse, dem *keine* Taten folgen. »Verbale Aufgeschlossenheit bei anhaltender Verhaltensstarre«, sage ich dazu. Man kann eine Sache ja immer auch lassen. Doch die meisten Ideen scheitern, weil sie gefürchtet werden. Denn Etablierte und gut Situierte sehen dabei primär das, was sie verlieren. Ideen sind Denkangebote, um gemeinsam klüger und bestenfalls erfolgreicher zu werden. Doch selbst brillante Vorstöße geraten durch Bedenkenträger, Sicherheitsfanatiker und Bequemlinge unter Beschuss. Ich nenne sie Vorgesternbewahrer. Sie bremsen alles aus und sorgen dafür, dass die Unternehmen zu Innovationsnachzüglern werden.

In seinem unnachahmlichen Schreibstil hat der Wirtschaftsphilosoph Gunter Dueck ein ganzes Buch zu diesem Thema geschrieben: *Das Neue und seine Feinde*. Messerscharf seziert er die Ursachen, die dazu führen, dass sich vor allem die größeren Unternehmen mit Innovationen so schwertun. Einen Hoffnungsschimmer lässt er uns aber. Innovationen sind wie »Sisyphos schafft es doch«, schreibt er in seinem Schlusssatz.

Nur wie? Gute Ideen sind sehr zerbrechlich und werden leicht totgetrampelt. Killerphrasen eignen sich dafür bestens. Sie versauen das Klima und bringen alles zum Stillstand. Damit das nie mehr passiert, habe ich zwei Tools für euch parat.

>> **Die Killerphrasenparade:** Killerphrasen gibt es wie Sand am Meer. Abwehr macht manche sehr kreativ. Gern wird dabei auch ein bisschen gedroht: »Sei vorsichtig, du bist noch in der Probezeit.« Bisweilen wird es persönlich: »Seien Sie doch nicht so naiv!« Oder zynisch: »Sie wollen was ändern? Die Phase hat am Anfang hier jeder. Das geht vorbei.« Oder sehr jovial: »Lass mal, das schafft zu viel Unruhe jetzt.« Auf manche Phrasen fällt man auch schnell mal rein. »Das machen wir doch schon«, ist eine solche. Da muss nachgefragt werden: Wie denn genau? Wie früher? Wie immer? Wie alle? Wer das Neue am Neuen nicht sieht, ist besonders gefährdet. Ewig-Gestrige bewerfen das Neue mit veraltetem Wissen und skandieren: »Das geht doch gar nicht!« – »Doch, das geht! Mit dem neuesten Wissen können wir es zum Laufen bringen.« – »Ja, aber das lässt der Chef/das Unternehmen/unser Regelwerk/die Compliance-Abteilung/der Betriebsrat nicht zu.« In dem Fall geht man zur Quelle und fragt ganz konkret nach. Viele solcher Annahmen bestätigen sich nämlich nicht. Oder die Sache funktioniert mit einem sportlichen Dreh.

Jede Idee ist etwas Besonderes und jede Reaktion darauf auch. Kommt Gegenwehr, müssen die Antworten wohlüberlegt sein. Ein Schlagabtausch bringt uns dabei nicht weiter. Hartes Kontern provoziert nur eine Eskalation. Die Grundidee ist vielmehr die, mit klugen Fragen den Ball zum Killerphrasierer zurückzuspielen, etwa so:

Statement	**Frage**
Damit lässt sich kein Geld verdienen.	Wie haben Sie das denn errechnet?
Das setzt sich in unserem Markt nicht durch.	Wie haben Sie das denn analysiert?
Dafür sind wir zu klein. Oder: Dafür fehlt uns das Geld.	Und wenn wir etwas größer wären / etwas mehr Geld hätten, wie könnte es dann funktionieren, zumindest im Ansatz?
Ja, aber die Japaner / Chinesen / Franzosen / Amerikaner wollen das nicht.	Können Sie noch einen Satz dazu sagen? Was ist denn konkret passiert, als Sie es einmal ausprobierten?
So etwas haben wir schon mal versucht, aber unsere Kunden wollten das nicht.	Welche Kunden hatten Sie denn seinerzeit darauf angesprochen, und vor allem: wie viele?
Das wäre schon gut, aber da sind wir intern noch nicht so weit.	Was müsste denn passieren, damit wir schneller werden, was wäre ein erster vielversprechender Schritt?
Mit kleinen Schritten könnte man schon beginnen, doch mir fällt dazu grad nix ein.	Wen könnten wir denn in dem Fall involvieren? Oder hat jemand im Raum eine Idee?
Das läuft hier schon immer so.	Von welchem Vorgänger wurde das denn eingeführt und zu welchem Zweck ganz genau? Ist dieser Zweck heute wirklich noch sinnvoll?
Schon wieder was Neues? Wir kommen ja jetzt schon nicht nach.	Was müsste denn wegfallen, damit Platz für Neues entsteht? Und wie könnten wir das angehen?
Das funktioniert nie! Oder: So arbeiten wir nicht. Oder: Das passt doch gar nicht zu uns.	Können Sie präzisieren, was Sie ganz genau damit meinen? … Danke, das habe ich jetzt verstanden. Und welcher Teil davon könnte nun funktionieren?

Das hat schon beim letzten Mal nicht geklappt.	Was können wir denn konkret daraus lernen, damit es in Zukunft besser gelingt? Und welchen Dreh würden Sie dazu empfehlen?
Das ist doch noch gut genug!	Sehen unsere Kunden das denn genauso? Und vor allem: Reicht das wirklich auch noch in Zukunft? Wen würden Sie dazu befragen?
Das ging schon früher daneben.	Wo finde ich denn die Unterlagen dazu, um mich mit den Details vertraut zu machen? Oder wer weiß darüber noch bestens Bescheid?
Das ist doch idiotisch!	Was wollen Sie denn damit sagen, ich meine, inhaltlich und rein sachlich? Lassen Sie uns bitte in der Sache weitermachen! Was ist da Ihre Meinung?

Bei Killerphrasen ist allerdings zu sondieren, ob es sich um reine Abwehr oder um einen schlecht formulierten Hinweis handelt, dem man nachgehen sollte, weil er die eigene Idee besser macht. Wie sich das eine vom anderen unterscheidet? Der destruktive Ideenvernichter bringt nur den Killersatz. Der konstruktive Skeptiker hat neben Zweifeln auch einen Lösungsvorschlag.

>> **Der Killerphrasenfriedhof:** Wer Killerphrasen zulässt, erschafft ein Immunsystem gegen Veränderung. Deshalb braucht es zunächst die Erkenntnis, dass Killerphrasen nichts und niemanden weiterbringen. Danach beginnt ihr, diese zu sammeln. Schließlich werden sie begraben: auf einem Friedhof für Ideenkillerphrasen. Dazu könnt ihr ein Poster machen, etwa so, wie es die Abbildung zeigt. Das hängt ihr an der Wand im Besprechungsraum auf. Und jedes Mal, wenn wieder so eine Aussage kommt, quietscht einer mit einem Quietscheentchen zum Zeichen, dass gerade etwas Unerwünschtes passiert. Lasst Platz für neue Phrasen. Irgendjemandem fällt bestimmt noch etwas ein. Und ja, natürlich: Wenn euch der Friedhof zu morbide erscheint, erschafft ein eigenes Bild, das zum Beispiel mit Mülleimern und Frühjahrsputz zu tun haben könnte.

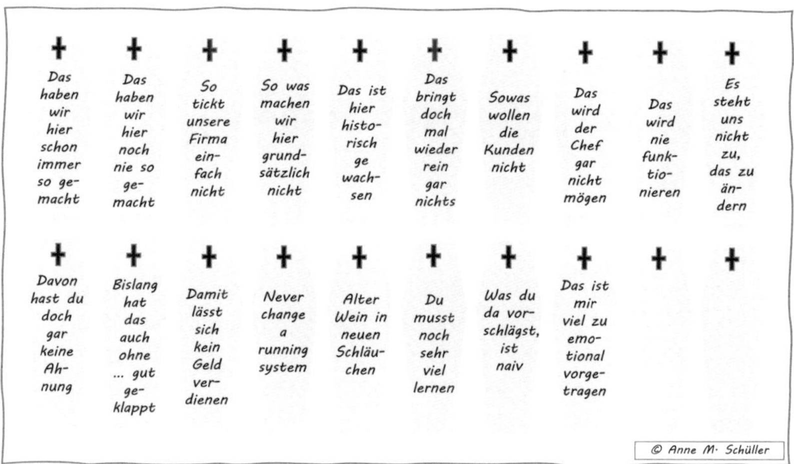

Abb. 17: Der Friedhof für Ideenkillerphrasen als Poster

Für die, denen ein solches Poster zu heftig erscheint, gibt es eine softe Variante: Um destruktive Sprache im Meeting zurückzudrängen, ruft jemand »Sonnenschein«. Es ist das Codewort für die Teamregel, ein positives Denken und Handeln zu pflegen.

Innovationshelfer: Generalisten, Startups & Co.

Die, die ein besonderes Händchen für Innovationen haben, denen sind wir in diesem Buch bereits öfter begegnet: Zukunftsversteher, Übermorgengestalter, talentierte Vertreter der jungen Generation. Wir finden sie drinnen im Unternehmen – und zunehmend auch außerhalb. In Technologiezentren tun sich Universitäten, Forschungseinrichtungen, Gründer und Investoren mit Corporates zusammen, um Innovationen gemeinsam voranzutreiben. In einer vernetzten Welt entsteht Prosperität am ehesten dann, wenn sich die unterschiedlichsten Perspektiven, Gewerke, Kulturen und Kompetenzen miteinander verknüpfen. Schnittstellen sind die dynamischsten Orte für Fortschritt und Wandel. Sie gestatten einen Ausbruch aus vorherrschenden Denkmustern und etablierten Vorgehensweisen. Sie bieten beste Gelegenheiten für die Neuverknüpfung von Möglichkeiten. Sie erweitern, wie bei einer Straßenkreuzung, den Horizont. Sie lassen neue Blickwinkel entstehen. Und man kann in neue Richtungen gehen. An Schnittstellen treten überraschende, faszinierende, außergewöhnliche, bahnbrechende Ideen zutage. Sie ermöglichen das Andocken weiterer Ideen im gesamten System und zugleich die Fortentwicklung an den einzelnen Strängen.

Innovationshelfer lassen sich auch über das Crowdsourcing gewinnen. Es umfasst die Auslagerung von Ideenfindung und Kreativprozessen an die externe Crowd, eine meist heterogene Menschenmenge außerhalb des Unternehmens. Crowdsourcing-Projekte können auf Crowdsourcing-Plattformen ausgeschrieben oder mithilfe von Crowdsourcing-Partnern entwickelt werden. Oft wird auch eine bereits im Vorfeld geschaffene eigene Community involviert. Zum Beispiel setzt LEGO® Crowdsourcing in der Produktentwicklung ein. Über deren Ideas-Website können User ihre Vorschläge einreichen und für die Ideen anderer Nutzer voten. Wenn Externe so bei der Gestaltung mitwirken, reduziert das nicht nur Flops, es hinterlässt auch positive Spuren im Web. Und es erschließt zusätzliches Innovationspotenzial.

Beim Crowdtesting werden Software, Spiele und Anwendungen von freiwilligen Onlineusern vorab getestet. Hierdurch ist es möglich, die Programme schon vor ihrer offiziellen Markteinführung auf verschiedenen Systemen auf Fehler zu prüfen und ihre Usability zu verbessern. Apple hat dafür Public-Beta-Versionen. Als Teilnehmender an diesem Programm kann jeder dazu beitragen, die Apple-Software zu optimieren, indem wir dem Hersteller von unseren Erfahrungen berichten. Dabei können die Probanden Features und Funktionen nutzen, die »normalen« Nutzern (noch) verwehrt sind.

Für Innovationsprozesse öffnen sich Unternehmen bisweilen in ganz großem Stil. Dieses Vorgehen ist unter dem Begriff »Open Innovation« bekannt. »Open« bedeutet dabei nicht zwangsläufig völlige Transparenz und den kompletten Blick hinter die Kulissen, sondern ein Durchlass der bis dahin ausschließlich internen Entwicklungsprozesse zwecks Bereicherung und Optimierung. Für Großprojekte gibt es weltweite Innovationsplattformen. Hier treffen Lösungssuchende auf ein Netzwerk von »Solvern«. In einem Fall wollte die NASA mit deren Hilfe die Prognosefähigkeit von Sonneneruptionen verbessern. Kein Astrophysiker, sondern ein Hochfrequenztechniker im Ruhestand löste das Problem und ergatterte die 30.000 US-Dollar Preisgeld.[109]

Schließlich gibt es ganz besondere Helfershelfer drinnen im Unternehmen. »Jedes Team braucht eine / einen, die / der das Kapperl verkehrt herum aufhat«, sagt mir Helmut Traxler, Vorstand der internationalen Transportorganisation LKW Walter. Bei Netflix spricht man von der »Suche nach der abweichenden Meinung«. Bei IBM heißen sie »Wild Ducks«. Ich nenne sie Joker. Ihre Funktion ähnelt der eines Hofnarren in den Herrscherhäusern früherer Zeiten. Er besaß Narrenfreiheit, die es ihm erlaubte, mit buntem Auftreten bestehende Verhältnisse ungestraft aufs Korn zu nehmen. Dort, wo es vor Einschleimern und Intriganten nur so wimmelte, nutzten kluge Herrscher den Hofnarren als Beobachter und Klartextredner, als Reflexionsfläche und Sparringpartner, als weisen Beistand und Zukunftsberater. Manche Kartenspiele erinnern noch heute an ihn. Darin gibt es Joker-Karten mit der Abbildung eines Hofnarren. Sie sind vielseitig einsetzbar und erhöhen, clever genutzt, die Gewinnchancen sehr. Sind solche Joker im Unternehmen aktiv, hinterfragen sie das Bestehende beharrlich und konsequent. Totschweigen geht für sie gar nicht. So bewahren sie

C-Level-Leute vor dem Phänomen der Managementisolation und den Echokammern im obersten Stock. Mit Adlerblick und Hartnäckigkeit sorgen Joker für notwendigen Wandel und innovatives Anderssein.

Generalisten: Die Multioptionalen im Unternehmen

Multiperspektivisches Denken und Handeln ist eine Schlüsselressource der Zukunft. In Zeiten, in denen sich die Dinge von jetzt auf gleich komplett verändern können, werden immer mehr Menschen gebraucht, die sich in der Breite der Unternehmenslandschaft einsetzen lassen. Generalisten und ihre kombinatorische Intelligenz sind dafür geradezu prädestiniert. Sie können Verbindungen schaffen, Separiertes zusammenführen, Bestehendes neu organisieren und divergierende Interessenlagen synchronisieren. Ihnen gelingt es, verschiedene Rollen einzunehmen, gerade auch dann, wenn bei hoher Dynamik Randthemen oder neueste Technologien plötzlich zum Mainstream werden und die Unternehmen sehr zügig darauf reagieren müssen. Das passiert fortan immer öfter.

Generalisten sind selbstinnovativ und selbstdisruptiv, das heißt, sie erfinden sich ständig neu. Als flexible Interdisziplinäre, das Große-Ganze-Erkenner und Horizontal-durch-das Unternehmen-Agierer spielen sie eine entscheidende Rolle. Dazu zählen auch Koordinatoren, die das Zusammenwirken von künstlicher und menschlicher Intelligenz organisieren und Mensch-Maschine-Interaktionen geschmeidig machen. Firmenintern sind technologische Brücken zu bauen, weil die Digitalisierung alle betrifft, sie lässt sich *nicht* in eine Abteilung sperren. Junge Digitalexpertise und gutes altes Erfahrungswissen müssen miteinander verwoben werden. Die verschiedenen internen Innovationsprojekte brauchen verbindende Elemente. Partnerschaften zwischen Alt- und Jungunternehmen müssen sich sinnvoll zusammenkoppeln. Und alles, was zum Markt hin passiert, muss bereichsübergreifend abgestimmt werden. Wer sich in verschiedenen Disziplinen auskennt und/oder verschiedene Disziplinen zusammenbringt, erhöht die Erfolgschancen seines Unternehmens und steigert zugleich auch seine Employability, seinen Wert am Arbeitsmarkt.

Generalisten sind im Weitwinkelmodus unterwegs. Über ihre eigentliche Expertise hinaus haben sie vielfältige weitere Interessen, sodass sie ganzheitlicher handeln und multioptional einsetzbar sind. Sie haben Kompetenzen in mehreren Arbeitsfeldern und sind so in der Lage, zu erkennen, wie die Dinge zusammenhängen. Dort, wo ein Experte nur Ausschnitte sieht, nur »seinen« Weg kennt und folglich auch nur diesen Weg geht, bringen Generalisten das Beste aus vielen Bereichen zusammen. Sie formen aus den Puzzlestücken der Spezialisten ein »Big Picture«, das Zukunftsbild des Unternehmens.

Generalisten sind Multitalente. Sie tragen Diversity, also Vielfalt und Reichhaltigkeit quasi in sich. Sie funktionieren mit der Rundumsicht eines Radars und erkennen die Bandbreite eines Problems im Gesamtgefüge. Sie agieren wie Konnektoren, die das Wissen und Können von heute mit der Zukunft verbinden. Experten denken sich tief in ein Thema rein. Generalisten involvieren mehrere Sachgebiete. Mit beidem zusammen kann es gelingen, die besten Ideen von innerhalb und außerhalb des Unternehmens zu kombinieren. Dies ermöglicht Innovationssprünge in ganz neue Dimensionen.

In Umgebungen, die in hohem Maße von Ungewissheit geprägt sind, sind vielfältige Erfahrungen und eine hohe Adaptionsfähigkeit Gold wert. Zudem treffen Menschen mit weitgespannten Interessen, einem breitgefächerten Wissenshorizont und ausgeprägter Kombinatorik unter Unsicherheit bessere Entscheidungen, weil sie mehr Optionen ersinnen können. Sie haben ein größeres eigenes Handlungsrepertoire und mehr Offenheit für unübliche Herangehensweisen.

Ein umfassender Shift vom Analogen zum Digitalen, vom Klimafeindlichen zum Klimafreundlichen, von fossilen zu erneuerbaren Energien erfordert ständig neue Kompetenzen und maximale Lernfähigkeit. Bei breitem Wissen und Können gelingen Umschulungsmaßnahmen viel leichter. Spezialisten hingegen haben oft Mühe, plötzlich etwas völlig anderes machen zu müssen. Selbst das beste Tiefenwissen wird obsolet, wenn eine neue Technologie eine alte ersetzt oder menschliche Expertisen durch automatisierte Verfahren ausgetauscht werden. So werden wir in den kommenden Jahren eine Devaluation des Spezialistentums erleben, weil künstliche Intelligenzen in vielen Spezialistenjobs immer besser werden. Aufwind hingegen haben die, mit deren

Hilfe sich die Unternehmen zügig an immer neue Umstände anpassen können.

Spezialisten sind Monotalente. Sie sehen, wie durch eine Lupe, nur die Aspekte, die ihre Expertise umfassen, das allerdings in großer Tiefe. Sie erkennen die Knackpunkte und den Problemkern, auch das ist natürlich wichtig. Doch isolierte Einzelaktionen können in vernetzten Umgebungen großen Schaden anrichten. Denn auch Unternehmen sind vernetzte Ökosysteme. Zieht man an einer Stelle, bewegt sich das ganze Netz. Welche Fehlentwicklungen und Folgeschäden punktuelle Eingriffe in biologische Ökosysteme auslösen können, ist seit Langem bekannt. So kam es in einem fernen Land einmal zu einer Rattenplage. Die vermeintliche Lösung: Für jede tote Ratte, die man der Obrigkeit brachte, gab es eine Prämie. Sofort begannen die Einwohner, Ratten zu züchten.

Im Spezialistentum wird ein System in seine Einzelteile zerlegt, und jeder Teilbereich wird für sich optimiert. Dies erzeugt Interessenkonflikte und internen Wettbewerb, weil jeder für seinen Teilbereich oder seine Teillösung kämpft. In komplex miteinander vernetzen Systemen passt so etwas nicht. Hier brauchen wir integrative Konzepte, die das große Ganze im Blick behalten. Generalisten können genau das. Sie haben zudem die erfreuliche Eigenschaft, sich gleichzeitig mit völlig konträren Aspekten oder diametral entgegengesetzten Ideen auseinanderzusetzen. Dabei wählen sie nicht den Weg des geringsten Widerstands. Sie gehen auch keine faulen Kompromisse ein. Aus dem Besten aus Zweierlei entsteht vielmehr etwas noch besseres Drittes. So ist zum Beispiel der Touchscreen entstanden. Nicht *entweder* ein größerer Bildschirm *oder* eine komfortablere Tastatur, sondern beides in einer neuen Form. Diese nun bessere Form macht die ursprünglichen Varianten für den User uninteressant.

Startups: Beistand auf dem Weg in die Zukunft

»Als wir 2020 Turmdrehkräne zunächst fernsteuern und dann automatisieren wollten, sind wir krachend gescheitert. Wir haben gelernt, dass sich die Technologie, an der wir jahrelang in der Automobilindustrie mitgearbeitet hatten, nicht direkt auf die Bauindustrie übertragen lässt. Also haben wir einen neuen Ansatz gewählt: raus auf die Baustelle und die Nutzer die Software mitgestalten lassen. Wir haben uns die Hände dreckig gemacht, Bauleitern und Polieren in unzähligen Baustellentagen über die Schulter geschaut und gemerkt: Digitalisierung wird in der Bauindustrie nur dann gelebt, wenn die Baustelle und ihre Akteure im Mittelpunkt stehen. Die Software ist dabei ein Hilfsmittel, das die Arbeit erleichtern, aber nicht ersetzen soll.« So beginnt die Gründungsgeschichte des ConTech-Startups Specter Automation.

Ich unterhalte mich mit Oliver, 26, dem geschäftsführenden Gründer. »Bis 2020 hatte ich keinen Bezug zum Baugewerbe, abgesehen von der Tatsache, dass mein Opa gelernter Maurer war«, erzählt er gutgelaunt. »Dies war zugleich meine Chance, die Baubranche von außen kennenzulernen, Prozesse grundlegend zu lernen, aber eben auch zu hinterfragen. Zudem hatten wir Glück und konnten in unserer frühen Phase gleich drei Partnerunternehmen gewinnen. Diese steuerten jahrzehntelange Erfahrungen sowie Ressourcen in Form von Zeit, Daten und Baustellen zu. Der kontinuierliche Austausch half uns, sehr zügig passgenaue Softwarelösungen zu entwickeln, die wir heute in unserem Assistenzsystem für die Baustelle zusammenfassen.«

»Was ist denn, kurz und knackig, der größte Nutzen, den die Kunden bei euch haben?«, frage ich weiter. Oliver wird ernst: »Je nach Statistik liegen etwa 60 bis 80 Prozent aller Bauprojekte über dem Zeit- und Kostenrahmen. Ein wesentlicher Grund dafür ist die mangelnde Transparenz auf der Baustelle, sodass Abweichungen oftmals zu spät erkannt werden und eine Verkettung von kleinen Fehlern im Endeffekt zu großen Diskrepanzen führt. Mit unseren Lösungen brechen wir diese Black Box der bis dato analogen Baustelle auf und ersetzen Stift, Papier und Bauchgefühl durch Software mit digitalen Prozessen und Daten. Das erzeugt Planbarkeit und gibt allen Beteiligten die Sicherheit, ihre Bauprojekte im Zeit- und Kostenrahmen zu halten. Den Jungs und Mädels auf der Baustelle machen wir mithilfe der Prozessautomatisierung das Leben sehr viel einfacher und erlösen sie von monotonen Organisationsarbeiten.«

»Wieso sind eure Kunden denn nicht selbst auf die Idee gekommen, das so zu machen, wie ihr das macht?«, will ich noch wissen. Oliver nickt: »Das traditionelle Bauunternehmen unterscheidet sich grundlegend von einem Technologie-Startup, nicht nur was Ressourcen, sondern vor allem auch, was Prozesse angeht. Wer analog arbeitet, hat keine Data Scientists in der Firma. Bei uns arbeiten vor allem junge Softwareentwickler, die zudem keine Angst davor haben, zu scheitern. So können wir mit einer Geschwindigkeit Software in den Markt bringen, die in der Industrie vermutlich mehrere Jahre benötigt hätte. Disruptive Innovationen brauchen den externen Blick, um Prozesse grundlegend hinterfragen und verändern zu können. Gleichzeitig sind wir mit der Sicht auf verschiedene Unternehmen in der Lage, zu generalisieren. Als junges Unternehmen, das mit Investoren fremdfinanziert ist, haben wir zudem einen extrem hohen Innovationsdruck, der schnelles Wachstum verlangt, um am Markt zu überleben. Das kommt letztlich den Kunden zugute.«

Specter Automation ist eines von unzähligen Beispielen, das zeigt: Startups sind in der Future Economy überaus wichtig. Im Gegensatz zu den behäbigen Supertankern, mit denen klassische Großorganisationen gern verglichen werden, sind Startups äußerst wendig und erstaunlich schnell. Corporates sind auf Effizienz ausgelegt, Startups auf Innovation. Immer mehr werden sie zu Hoffnungsträgern für Organisationen, die sich selbst mit dem Innovieren irgendwie schwertun. Natürlich ist nicht jedes Startup der Hit. Doch insgesamt können innovative Jungunternehmen der traditionellen Wirtschaft so Einiges zeigen. Eine Zusammenarbeit macht häufig richtig viel Sinn. Man kann gemeinsam erfolgreicher sein, eine Menge voneinander lernen und agiles Startup-Feeling ins eigene Unternehmen tragen.

Die Architektur innovativer Startups ist geprägt von Offenheit. Gearbeitet wird vernetzt und auf Augenhöhe. Crowdsourcing und Open Innovation sind üblich. Die Orte der Arbeit sind meist minimalistisch und sehr funktional. Sie formen die Grundlage für Kollaboration, Konnektivität und eine Arbeit am Wesentlichen. Die Prozesse sind stets hochflexibel und laufen sehr zügig ab. Das Credo ist Kundenzentrierung. Dies erfordert, dass die Prototypisierung beim Kunden beginnt – und nicht in der Forschungs- und Entwicklungsabteilung. Dieses Vorgehen sorgt, wie schon erläutert, dafür, den Kunden zu verstehen, um so Angebote zu erstellen, die dessen Bedürfnisse perfekt bedienen.

Die Kultur innovativer Startups basiert auf Teilhabe und ständiger Weiterentwicklung. Sie hassen Bürokratie – und denken von Anfang an digital. Eine ihrer wesentlichen Leitsätze lautet: Think big, start small, move fast. Permanentes Feedback und eine ausgeprägte Fehlerlernkultur sind selbstverständlich. Neupositionierungen erfolgen, wenn nötig, sehr zügig, um den Anschluss nie zu verpassen. Das kann heutzutage ja rasch passieren. Die vielleicht größte Angst eines erfolgreichen Jungunternehmens ist demnach die, von einem noch schnelleren, innovativeren Startup disruptiert zu werden.

Was wir von erfolgreichen Startups lernen können

Was klassische Unternehmen von der Startup-Methodik lernen können:

- **Vom Kunden her denken:** »Welches Kundenproblem löst ihr?«, will der Investor als Erstes vom Gründer wissen. Also: Raus auf die Straße, Nutzer beim Anwenden beobachten, mit potenziellen Kunden reden und diese beim Innovieren involvieren, das ist in Startups eine Basisdevise. Wer zum Beispiel eine App für junge Zielgruppen entwickelt, geht in ein Café, spendiert ein paar Jugendlichen einen Drink, schaut ihnen über die Schulter und lauscht ihren Kommentaren, während sie mit der App hantieren. Und in traditionellen Unternehmen? Da wird eine Lösung nach eigenem Gusto entwickelt, dann auf den Markt gebracht und erst im Nachgang durch aufwendige Kundenumfragen validiert. Repräsentativität sei aber doch wichtig? Unsinn! Wenn 20 von 20 Testern schon im Vorfeld ein Leistungsmerkmal unnötig oder völlig misslungen finden, ist die Sache doch klar.

- **Verschwendung vermeiden:** Dies ist ein Grundprinzip in agilen Jungunternehmen, denn Ressourcen in Form von Zeit, Geld und Mitarbeitenden sind ständig knapp. Aufwendige Statusberichte, umständliche Genehmigungsschleifen, Mammutmeetings sowie die gesamte Selbstbeschäftigungsbürokratie klassischer Organisationen sind dort tabu. Generell arbeitet man viel mit Freelancern zusammen. Bei Arbeitsspitzen versorgt man sich mit »Staff on Demand«. Die Fixkosten werden so niedrig wie möglich gehalten. Man zahlt für Zugang und Nutzung, nicht für Besitz.

Das systematische Teilen von Wissen führt zu einer äußerst produktiven Form der Zusammenarbeit. Wenn alle ihr geistiges und materielles Eigentum teilen, bleibt mehr für alle. So mischt sich Unternehmertum mit sozialem Engagement.

- **Iteratives Lernen**: Die Geschäftsidee selbst sowie die dazugehörigen Produkte und Lösungen werden schrittweise entwickelt. Zudem werden sie iterativ, also über permanente Lernschleifen mithilfe von Kundenmeinungen optimiert, um frühzeitig auszusondern, was niemand braucht. So kommt validiert nur das auf den Markt, wofür die Menschen tatsächlich Geld ausgeben wollen. Bei der Ideation nutzt man das Prinzip der »Weisheit der Vielen«. Die besten Ideen kommen dabei oft von draußen. Das ständige Feedback über testen – lernen – verbessern – testen – lernen – verbessern sorgt für sofortige Kurskorrekturen. Hierzu werden nutzbare, minimal funktionsfähige Produkte (Minimal Viable Products) schnell auf den Markt gebracht und sukzessive durch User in deren realem Umfeld getestet. Überflüssiges kommt frühestmöglich weg. Brauchbares wird in einem laufenden Prozess optimiert. Ein prima Nebeneffekt: Über Updates ist man regelmäßig in Kontakt mit seinen Kunden.

- **Pivotieren:** Das ist ein kontrollierter Kurswechsel, das Umschwenken, bevor es zu spät ist. Ursprünglich geplante Vorgehensweisen werden unverzüglich über Bord geworfen, wenn sie sich als marktuntauglich erweisen. Ein Pivot ist allerdings kein Komplettausstieg, sondern bedeutet, dass mindestens ein Aspekt des ursprünglichen Geschäftsmodells gezielt verändert wird. So erging es dem Instagram-Vorläufer Burbn, eine App, die ursprünglich konzipiert worden war, um Whiskey-Freunde zusammenzubringen. Als man erkannte, dass die User hauptsächlich die Fotoposting-Funktion nutzten, richtete sich das Startup neu aus und legte damit den Grundstein für die Instagram-Erfolgsgeschichte. In Unternehmen alter Schule hingegen hält man an laufenden Projekten und seiner Jahresplanung auch dann noch fest, wenn die Nichtmachbarkeit absehbar ist. Die Verachtung für gescheiterte Vorhaben: legendär.

- **Skalieren:** Skalieren bedeutet, den Gewinn des Unternehmens zu steigern, ohne – idealerweise – die Kosten wesentlich zu erhöhen, weil sich ein Grundmodell relativ mühelos um einen Faktor X vervielfachen lässt. Dies ist ein entscheidender Vorteil digitaler Lösungen. Ein physisches Produkt oder etwa ein Filialkonzept zu multiplizieren, kann überaus aufwendig sein. Das Duplizieren einer Anwendung oder der Zuwachs um Millionen von Webportalnutzern hingegen kostet so gut wie nichts. Insofern streben Gründer vorrangig nach hohen Skalierungseffekten bei Grenzkosten, die gegen Null tendieren. Für den Kapitalmarkt ist das interessant. Nach einer Durststrecke des Aufbaus mit hohen Verlusten sind exorbitante Wertsteigerungen möglich, wenn alles gut läuft.

Alle fünf Vorgehensweisen können auch in klassischen Unternehmen, egal welcher Größe und Branche, brauchbar umgesetzt werden. Voraussetzung ist natürlich, dass »Old School« von »New School« lernen will. Anthropologisch betrachtet ist es ja neu, dass Wissen von Jung auf Alt übertragen wird. Bislang war das stets umgekehrt. Zum Glück betrachten immer mehr Unternehmen Startups nicht länger als Gegner, sondern als Innovationshelfer, speziell auch dann, wenn es um Digitalisierungsaspekte geht. Konkretisiert sich der Wunsch nach einer Zusammenarbeit, ist zu sondieren, welche Form dafür die richtige ist. Das hat sowohl mit der eigenen Firmengröße als auch mit der Branche und den verfolgten Zielen zu tun. Oft bieten sich Kooperationen an.

Solche Kooperationen können einem einmaligen Projektzweck dienen oder auf Langfristigkeit ausgelegt sein. Dazu müssen die Beteiligten die Ziele und individuellen Arbeitsweisen der jeweils anderen Seite verstehen. Startups benötigen von etablierten Unternehmen strukturelles Know-how, den Zugriff auf Ressourcen und den Zugang zu einem bestehenden Kundenkreis. Die Etablierten können von der Agilität, dem Pioniergeist und Erfindungsreichtum der Startups profitieren, Innovationen beschleunigen und Zugang zu digitalem Know-how gewinnen.

Wie sich passende Partner finden? Das beginnt mit folgenden Fragen: »Welche Kooperationsfelder könnten uns weiterbringen? Wie können unsere Kunden davon profitieren? Und für wen sind *wir* als Kooperationspartner interessant?« Danach beginnt die Suche, oft auf Basis eines weltweiten Startup-Monitorings. Netzwerkevents, Ausschreibungen, Startup-Scouts und Eigenrecherchen helfen dabei. Ist eine Liste mit Wunschpartnern erstellt, werden drei bis fünf zu einem Pitchday eingeladen, um eine mögliche Kooperation zu besprechen. Die Partner müssen sowohl fachlich als auch menschlich gut harmonieren. Jede Beziehung schafft ja immer auch Abhängigkeiten. Und ungeeignete Partner können im Nu Probleme machen. Prüfen Sie also sorgfältig, mit wem Sie kooperieren. Das positive oder negative Verhalten und der gute oder schlechte Ruf eines Partners fallen immer auch auf *Sie* zurück.

Nicht nur Großunternehmen, gerade Mittelständler mit kurzen Entscheidungswegen und schneller Reaktionsfähigkeit können von der Kooperation mit Startups ungemein profitieren. Eine zweite Möglichkeit ist die Beteiligung, eine dritte die Übernahme. Man kann Startup-Produkte natürlich auch einfach nur kaufen. Schließlich kann man der ganzen Welt eifrig erzählen, wie innovativ man mit deren Hilfe geworden ist.

Das Storytelling: Die Königsdisziplin aller Zeiten

Drei Freunde sitzen fröhlich beisammen und frönen der Aufschneiderei. Sie wollen wetten, eine literarische Wette. Der Einsatz: 10 Dollar. Er könne eine Kurzgeschichte aus nur sechs Wörtern schreiben, sagt einer, Ernest, ein junger Journalist und Autor aus Chicago. Nur sechs Wörter? Kaum zu glauben! Die Wette gilt. Und er gewinnt. Wie lautet sie, die wahrscheinlich kürzeste Kurzgeschichte aller Zeiten? Hemingways Text:

For sale: Baby shoes. Never worn.

Ein Meisterwerk. Geheimnisvoll, fesselnd, emotional, tief berührend. Wohl bei jedem geht da das Kopfkino an. Und das aus gutem Grund: Emotionales hat für uns einen extrem hohen Stellenwert. Facts tell, stories sell, heißt es auch. Fakten berichten dem Kopf, Geschichten verzaubern die Seele. Zudem gilt: je emotionaler, desto viraler. So können Anbieter wie aus dem Nichts in aller Munde sein. Dies passiert vor allem dann, wenn sich die Kommunikation in Form von gut erzählten Geschichten präsentiert.

In aller Regel geht es in solchen Geschichten um Veränderungsprozesse, die anhand einer Hauptfigur erzählt werden, mit der sich ein Zuhörer, Zuschauer oder Leser identifizieren kann. Dahinter verbirgt sich unsere tiefe Sehnsucht nach dem Helden, der das Böse bezwingt und uns erlöst. Wir gehen mit ihm durch seine Zweifel, sein Zaudern, seine Fehlschläge, seine Höhen und Tiefen und feiern mit ihm den Sieg.

Die emotionale Reise während des Erzählens ist entscheidend. So erzeugen launige, überraschende, mitreißende Narrative – im Gegensatz zu abstraktem Zahlensalat – eine höhere neuronale Aktivität und damit auch eine höhere Entscheidungs- und Aktionsbereitschaft. Sie helfen beim Überzeugen und schließlich auch beim Verkaufen. Bilder und Geschichten werden zudem leicht decodiert. Gehirnforscher glauben, dass jeder Denk- und Entscheidungsprozess von inneren Bildern begleitet wird, die unser Oberstübchen in einem unaufhörlichen Schöpfungsakt konstruiert.

»Menschen kaufen keine Produkte und Services. Sie kaufen Beziehungen, Geschichten und Magie«, so der Marketingprofi Seth Godin.[110] Der Wissenschaftler und Nobelpreisträger Daniel Kahneman hat darüber hinaus experimentell nachgewiesen, dass nicht derjenige die Deutungshoheit erlangt, der die besten Argumente zusammenträgt, sondern derjenige, der die stimmigste Story erzählt. Zudem machen Geschichten die Unternehmen, ihre Führungsspitze und die Mitarbeitenden anfassbarer und sorgen für Nähe. Zu guter Letzt: Frische Geschichten sind auch für die Medien hochinteressant.

Wirkungsvolle Geschichten, die weitererzählt werden können, entstehen jedoch nicht einfach so. Auf der Basis von wahren Begebenheiten werden sie nach allen Regeln der Kunst komponiert. Dazu braucht es Erzählstoff. Im Einzelnen geht es hierbei um:

- Wer-wir-sind-Geschichten
- Wo-wir-herkommen-Geschichten
- Wie-wir-Nachhaltigkeit-leben-Geschichten
- Wie-es-unseren-Kunden-ergeht-Geschichten
- Wo-wir-hinwollen-Geschichten

Sucht nach Begebenheiten, die zeigen, welche Erfolge dem Kunden mit eurer Hilfe gelangen, welche interessanten Menschen mit euren Produkten zu tun haben oder auf welch spannende Weise sie eingesetzt werden. Ihr könnt Geschichten über besondere Kollegen erzählen und Episoden aus ihrem unternehmerischen Alltag zum Besten geben. Gerade der Blick hinter die Kulissen ist oft sehr reizvoll. Ihr könnt die Geschichten hinter euren Innovationen offenbaren, euer soziales und zunehmend grünes Engagement in Szene setzen, die Zukunft eurer Branche bildreich skizzieren oder Kurioses aus den Anfangszeiten des Unternehmens zusammentragen.

Vor allem Erfolgsgeschichten sind magisch, weil wir daraus für unsere eigene Zukunft lernen. Sie spornen an und setzen eine Menge Energie frei. Sie werden gut behalten und gerne weitererzählt. Entwickelt also systematisch solch positives Konversationsmaterial. Veranstaltet Geschichtenerzählwettbewerbe. Oder ladet eure Community dazu ein, euch erlebte Geschichten zu übermitteln. Holt euch bei Bedarf einen Geschichtengoldgräber ins Haus. Externe mit einem unverstellten Blick finden oft prächtige Story-Nuggets, die einem Internen wahrscheinlich niemals auffallen würden. Oft macht erst die Außensicht das ganz Besondere an einer Story so richtig deutlich.

Das Storytelling gibt es, seit es die Menschheit gibt. Früher wurde es an echten, heute wird es an digitalen Lagerfeuern gepflegt. Und egal was die Zukunft uns bringt, das Storytelling ist mit dabei. Es ist nun KI-unterstützt und bisweilen auch immersiv, in erster Linie aber transmedial. »Unter transmedialem Storytelling versteht man die digitale Vernetzung von Geschichten in den verschiedenen Onlinekanälen. Die jeweilige Geschichte wird in unterschiedlichen Formaten angeboten, zum Beispiel als Textpost, Infografik, Fotostory, Podcast und Video. Darüber hinaus bietet jedes neue Format und jeder zusätzliche Kanal Zusatzmaterial, das die Geschichte ergänzt und bereichert. So entsteht ein Storyuniversum, das ein Rezipient spielerisch entdecken kann«, erzählt mir die Kommunikationsberaterin Petra Sammer.

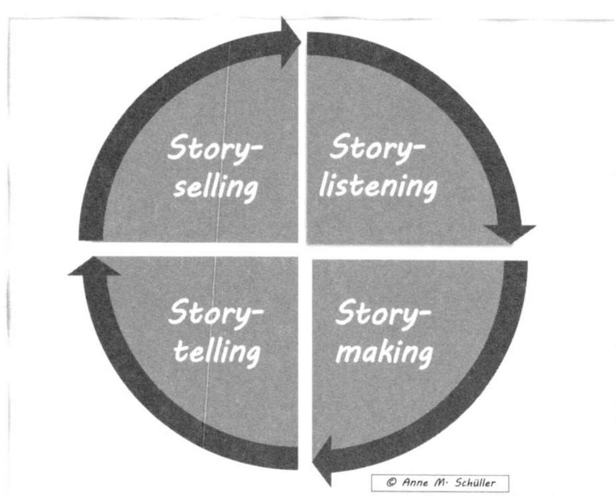

Abb. 18: Die vier Schritte des Storytelling im Überblick

Regenerative Nachhaltigkeit, Transformation und vielfältige Innovationen sorgen für die großen Stücke vom Kuchen der Zukunft. Storytelling ist das Sahnehäubchen. Wie ihr es professionell meistert, habe ich in meinem Buch *Touch.Point.Sieg* ausführlich beschrieben. Im Kern geht es immer darum, das Gute, das ihr tut, ansprechend aufzubereiten und dann so in die Welt zu schicken, dass es sich weiterverbreitet und bei denen, die sich für eure Arbeit begeistern, die Runde macht. Denn das ist das neue Business-Mantra:

> Sei wirklich gut und bring die Menschen dazu, es der ganzen Welt zu erzählen.

Abschließend findet ihr auf den nächsten Seiten noch meine 10 Tipps für vielfältige Innovationen. Doch Bücher wie dieses sind niemals zu Ende. Sie sind ein Beginn. Denn nun seid ihr an der Reihe. Nach dem Lesen kommt ja bekanntlich das Tun.

Die Zukunft wartet schon. Sie braucht euch. Und sie wird gut.

Meine Top 10 für bessere Innovationen

Neuerungen können nur dort entstehen, wo es den passenden Nährboden gibt:

- die Erlaubnis zum Widerspruch
- ein freizügiges Teilen guter Ideen
- eine ergebnisoffene Lernkultur
- Freiraum zum Experimentieren

Gib Menschen Spielraum, und sie werden dich in Staunen versetzen. In positives Staunen. Wir wollen nicht verändert werden, wir wollen verändern. Freiwilligkeit ist die wichtigste Zutat für Antrieb und Umschwung. Dann tun wir etwas nicht, weil wir es müssen, sondern deshalb, weil wir es wirklich wollen. Was wir selbst erschaffen haben, lassen wir nicht mehr im Stich. Wir verbinden uns mit der gefundenen Lösung und reden in den höchsten Tönen darüber. Ich nenne das den »Mein Baby«-Effekt.

Mitarbeitende rücken ihre Ideen für das Meistern der Zukunft aber nur dann heraus, wenn sie glauben, dass diese Wertschätzung erfahren. Und wenn sie wissen, dass Fehler kein Beinbruch sind. Denn nicht nur Erfolge, auch Irrtümer bringen uns weiter. In »gescheitert« steckt nämlich »gescheiter«. Fehlschläge sind der Preis für Evolution und Innovation. Fehler machen bedeutet: Üben, um siegen zu lernen. Nur da, wo nichts passiert, passieren garantiert keine Fehler. Selbst in konservativen Unternehmen sind die Spielräume oft größer, als du denkst. Also: Warte nicht auf eine Bewilligung. Schließ dich mit Gleichgesinnten zusammen. Heckt gemeinsam einen Plan aus. Und dann los!

>> **Innovationen incentivieren:** Eigentlich ist die Sache ganz einfach: Was bestraft wird, wird gemieden, was belohnt wird, wird gemacht. Wird das Erreichen der Planziele aus dem Vorjahr bonifiziert, Misslingen traktiert und alles beinhart kontrolliert, wird nur noch nach Vorgaben getanzt, doch unvorhergesehene Chancen bleiben links liegen. Wer Innovationen will, braucht kluge Kennzahlen für Innova-

tionstätigkeit und eine Strategie, die Innovationskompetenz stimuliert, Bemühungen auf dem Innovationsweg belobigt und herausragende Resultate belohnt. Wer Innovationen will, ermutigt alle, den Blick in die Zukunft zu lenken und etwas zu wagen. Innovationskompetenz wird stimuliert, die Bemühungen auf dem Innovationsweg werden belobigt, Scheitern wird als Lernerfolg angesehen und herausragende Resultate werden belohnt. Incentives sind nicht zwangsläufig Geldgeschenke – und schon gar keine Einzelboni. Studien haben immer wieder gezeigt, dass Geld korrumpiert und Ideenreichtum blockiert. Man strebt dann nicht nach dem bestmöglichen Ziel, sondern nach dem Ergattern des Bonus. Gut gewählte Incentives haben vor allem mit Wertschätzung, mit Würdigung, mit vielfältigen Auszeichnungen und mit dem Feiern von Gemeinschaftserfolgen zu tun. Am reizvollsten ist übrigens das, was man sich für Geld nicht kaufen kann.

>> **Inhouse Innovation Labs:** Die Schwächen, die sich bei traditionellen Organisationsstrukturen in Hinblick auf rasche Innovationen, Digitalisierungsstrategien und neue Geschäftsmodelle zeigen, bewegen immer mehr Unternehmen dazu, hauseigene Innovation Labs zu gründen. Inhouse Labs verkörpern den frischen Pioniergeist der Startup-Szene. Sie sind räumlich vom Mutterkonzern getrennt, haben eine eigene Geschäftsführung und ein co-working-ähnliches Arbeitsumfeld. So können Labs zu einem Lernfeld für das ganze Unternehmen werden. Sie sind Experimentierzonen für disruptive Manöver, Enklaven für neue Formen der Unternehmenskultur und Versuchslabore für Arbeitsweisen der Zukunft.

>> **Externe Innovation Labs:** Innovative Projekte können auch mit externen Ideenschmieden in Gang gebracht werden. Sie sind ein Jungbrunnen für neue Gedanken und unkonventionelle Ideen. Man tritt mit einer konkreten Problemstellung an sie heran. Daraufhin wird eine heterogene Gruppe aus Gründern, Künstlern, Kreativen, Designern, Softwareentwicklern, Studierenden, Beratern und Experten zusammengestellt. Unternehmensintern würde man sich in dieser Kombination nie treffen, doch genau das macht es aus. Die Workshopleiter verstehen die Denk- und Arbeitsweise der Etablierten, da sie oft eine Karriere in diesem Bereich hinter sich haben. Die individuell zusammengestellte Gruppe erarbeitet in einem Tagesworkshop Lösungsansätze und stellt diese dem Kunden anschließend vor. Die Arbeitsweise ist äußerst agil und erfordert von den Teilnehmenden der Corporates eine ausgeprägte Bereitschaft, sich für Neues zu öffnen.

>> **Innovation Camps:** Das sind Veranstaltungen, die meist mehrere Tage andauern und deshalb sehr tiefgreifend sind. Dazu reisen Teams weiter weg, um in einer komplett anderen Umgebung und abgeschnitten vom gewohnten Arbeitsumfeld ihre

Kreativität voll entfalten zu können. Es entsteht eine Kombination aus Workshops und Praxis, um agile Arbeitsweisen und neue Managementmethoden kennenzulernen, Produkte näher am Kunden zu entwickeln und neue Geschäftsmodelle zu finden. Am Ende hat man nicht nur eine dynamischere Arbeitskultur und Zukunftsideen am Start, sondern auch ein kollaborativeres Team.

>> **Großgruppenworkshops:** In meinen Großgruppenworkshops werden kompakt an einem Tag 40 bis 80 Mitarbeiter:innen abteilungsübergreifend an ein jeweiliges Thema herangeführt. Der Zugewinn ist gewaltig. Es geht gleichsam ein Ruck durch die gesamte Organisation. Neue Perspektiven, neue Gedanken, neue Beziehungen, neue Kommunikationsnetze und ganz neue Ideen entstehen. Die Suche nach einer gemeinsamen Zukunft schweißt alle zusammen. Und die Ausbeute ist immer ergiebig: eine Vielzahl von umsetzungsreifen Konzepten, die idealerweise gleich vor Ort per Gruppenentscheid abgesegnet werden und danach sofort in die Umsetzung gehen. Sie müssen also nicht erst die üblichen Gremien durchlaufen, wo sie am Ende abgelehnt werden – oder versanden. Mein Erfahrungsschatz zeigt darüber hinaus: Die Teilnehmenden steuern immer in die richtige Richtung, denn sie wissen besser, als mancher Manager glaubt, was der Firma guttut und was sie sehr dringend braucht, um fit für die Zukunft zu werden.

>> **Das World-Café:** Beim World-Café-Konzept benötigt ihr pro Thema einen Tisch. Auf dem Tisch breitet ihr eine beschreibbare Tischdecke oder ein Flipchart-Papier aus. Zudem legt ihr Marker, Stifte, Klebepunkte und so weiter bereit. Erläutert den Teilnehmenden die Aufgabe und verteilt sie auf die Tische. Jeder Tisch hat einen Gastgeber, der zugleich Moderator ist. Erlaubt ist alles, was konstruktiv zum Thema beiträgt, also Texte, Bilder, Collagen und so fort. Nach 20 Minuten beendet ihr die erste Runde und bittet die Gruppen, jeweils einen Tisch weiterzuziehen, um sich dem nächsten Thema zu widmen. Nur die Gastgeber bleiben an ihren Tischen, begrüßen die Ankommenden, resümieren das bisher Gesammelte und starten einen erneuten Diskurs.

>> **Freitagnachmittagprojekte:** Eigenzeit zwecks Fortentwicklung kreativer Gedanken ist unglaublich wichtig. Denn in der Hektik des Tagesgeschäfts ist meist kein Platz, sich ausgiebig mit der Zukunft des Unternehmens zu befassen. Gestatten Sie deshalb den kreativen internen Freigeistern zum Beispiel, dass sie für vier bis sechs Wochen freitags nach 12 Uhr an ihren eigenen Projekten arbeiten dürfen. Lassen Sie sie in dieser Zeit unbehelligt, verlangen Sie auch keine Zwischenberichte. Am Ende der festgelegten Periode werden die Vorschläge vorgestellt.

>> **Die 5 x 5 x 5-Methode:** Diese Innovationsmethode stammt vom Entrepreneurship Center des Massachusetts Institute of Technology (MIT). Dabei erschaffen fünf Teams aus je fünf Mitarbeitenden in fünf Tagen fünf Businesskonzepte. Diese kosten maximal 5000 Dollar und müssen in einer fünfwöchigen Periode umgesetzt werden. Diese Beschränkungen zwingen die Teams dazu, schnell voranzukommen, anstatt Zeit auf die Perfektionierung zu verschwenden. Wer rasch agiler und innovativer werden will, wird diese Methode sehr hilfreich finden. Am Anfang steht ein klares Innovationsziel. Die Entwicklungsteams werden freigestellt von blockierender Bürokratie. So können brillante Geister sich voll auf ihre Arbeit an der Zukunft konzentrieren und die Grenzen des eigentlich Machbaren überschreiten.

>> **Die interne Ideenbank:** Um jederzeit Ideen bei der Hand zu haben und aus dem Vollen zu schöpfen, hilft ein Überschuss an Ideen. Zudem fallen bei jedem Ideenfindungsprozess gute Ideen an, die aus unterschiedlichen Gründen zunächst nicht weiterverfolgt werden können. Schließlich haben wir oft die besten Ideen, wenn wir sie gerade nicht brauchen. Für all das empfehle ich eine Ideenbank. Wieso Bank? Man zahlt Ideen ein, bei Bedarf hebt man eine ab, andere bleiben als Einlage für später liegen. Dies reduziert auch verständlichen Mitarbeiterfrust, wenn eine Idee nicht gleich an die Reihe kommt. Und nichts geht verloren. Eine Ideenbank ist interaktiv, allen zugänglich und vollkommen transparent. Wie in einem Regal werden dort Ideen zur Ansicht, zum Bewerten, zum Kommentieren und zum Ausprobieren angeboten. Jeder kann dort Ideen teilen, Inhalte weiterentwickeln und vom erfolgreichen Einsatz einer Idee erzählen.

>> **Schutzengel für Weiterdenker:** Die Bremser und Ideenkiller dürfen weder das erste noch das letzte Wort im Entscheidungsprozess haben. Installiert deshalb in euren Meetings eine besondere Rolle: die des Engelsadvokaten. Er hat nach der Vorstellung einer Idee immer das erste Wort. Er findet zunächst das Gute darin und gibt ihr so eine Überlebenschance. Dazu muss er eine substanzielle Begründung liefern, »super« oder »klasse« allein reichen nicht. Nun sind zumindest schon mal zwei Personen im Raum dafür und Neudenker erhalten die so notwendige Rückendeckung. Die hiernach einsetzende Diskussion verläuft dann auch konstruktiver. Unter dem Schutz des Engelsadvokaten wird sich nun jeder viel eher trauen, auch außergewöhnliche Ideen einzubringen. Reihum hat in jedem Meeting einer die Rolle des Engelsadvokaten inne.

Quellenangaben

Alle Links wurden im September 2023 letztmals aufgerufen.

1 people & work, Heft 8 / 22, S. 59
2 Guillén, Mauro F.: 2030. Die Welt von morgen, S. 258
3 https://de.wikipedia.org/wiki/Earthrise
4 Hirschhausen, Eckart von: Mensch, Erde!, S. 28
5 Für einen Überblick empfehle ich von Nick Reimer und Toralf Staud: *Deutschland 2050*. In diesem Buch gibt es eine Vielzahl von Hinweisen auf weiterführende Studien etc.
6 Aus: Das Ende des Kapitals, S. 15
7 https://www.circularity-gap.world/2022
8 Aus: Machste dreckig – Machste sauber: Die Klimalösung
9 Aus: Material Matters, S. 97
10 Aus: Re-Invent, S. 124 ff.
11 https://www.sueddeutsche.de/wirtschaft/modeindustrie-jeans-umweltverschmutzung-nachhaltigkeit-candiani-1.5276646
12 Econic, Heft 01 / 2022, S. 30 ff.
13 https://www.rolandberger.com/de/Insights/Publications/Es-wird-Zeit-f%C3%BCr-die-Kreislaufwirtschaft-in-der-Baubranche.html
14 Ellen MacArthur Foundation: Artificial Intelligence and the Circular Economy, S. 15
15 Weber, Sara: Die Welt geht unter, und ich muss trotzdem arbeiten?, S. 176
16 https://www.zeit.de/2022/36/sebastian-vettel-formel-1-familie-klimaschutz
17 Zeiler, Waldemar: Unfuck the Economy, S. 203
18 https://www.faz.net/aktuell/wirtschaft/unternehmen/wie-apple-kuenftig-iphones-recyclen-moechte-dank-roboter-daisy-18878233.html
19 https://storage.googleapis.com/pub-refurbed-com/PR/Report_Umweltauswirkungsbericht_DE.pdf
20 https://www.forum-csr.net/News/19478/AnalysederDeutschenUmwelthilfeenthlltEinwegKampagnevonMcDonaldsalsbesondersdreistesGreenwashing.html
21 https://www.finanzen100.de/finanznachrichten/boerse/klimaschutz-nein-danke-das-fossile-imperium-schlaegt-zurueck_H2140180162_197179800

22 https://newclimate.org/sites/default/files/2023-02/NewClimate_CorporateClimateResponsibilityMonitor2023_Feb23.pdf
23 https://www.rnd.de/wissen/klima-ist-methan-schaedlicher-als-co2-MV7QI5SC3RHBVBBVIPHH3QCXBY.html
24 https://www.idealo.de/unternehmen/nachhaltigkeit/ueberlebensversicherung
25 https://www.youtube.com/watch?v=xaQyoAt6O58
26 https://de.wikipedia.org/wiki/Erd%C3%BCberlastungstag
27 https://www.overshootday.org/newsroom/country-overshoot-days
28 https://www.fao.org/3/cc6550en/cc6550en.pdf
29 https://www.uno-fluechtlingshilfe.de/informieren/fluchtursachen/klimawandel
30 Braungart, Michael, McDonough, William: Cradle to Cradle, S. 58
31 https://www.euwid-recycling.de/news/international/reparaturbonus-in-oesterreich-schon-ueber-halbe-million-geraete-repariert-280423
32 https://www.cec-zev.eu/de/themen/einkaufen-und-dienstleistungen/reparatur-index-in-frankreich
33 Guillén, Mauro F.: 2030. Die Welt von morgen, S. 253f.
34 Aus: Material Matters, S. 114
35 In Anlehnung an: Die Zukunft von Automobil, Verkehr und Mobilität, https://www.zukunft.business/foresight/trendanalysen/analyse/zukunft-der-mobilitaet
36 Reimer, Nick, Staud, Toralf: Deutschland 2050, S. 241
37 Bosch, Jule, Bosch, Lukas: Ökonomie, S. 191
38 Weitere Details dazu in: Grünes Dialogmarketing von Martin Nitsche, https://www.marketing-boerse.de/fachartikel/details/2328-marketing-ohne-gewissensbisse/191432
39 In Anlehnung an: Sustainable Employer von Stephan Grabmeier, S. 16, https://stephangrabmeier.de/sustainable-employer-nachhaltige-arbeitgeber-sind-die-zukunft
40 Horx Strathern, Oona: Kindness Economy, S. 187
41 https://www.linkedin.com/pulse/warum-15-grad-kein-gutes-narrativ-f%2525C3%2525BCr-den-klimaschutz-ines-imdahl%3FtrackingId=40L9qkrwROMTdHfm4SP0NA%253D%253D/?trackingId=40L9qkrwROMTdHfm4SP0NA%3D%3D
42 https://fashionforgood.com/our_news/piloting-a-circularity-solution-in-e-commerce/#:~:text=Their%20circularity.ID%20is%20an%20open%20data%20standard%20for,addressing%20two%20crucial%20end-of-use%20scenarios%3B%20re-commerce%20and%20recycling.
43 Aus: ManagerSeminare, Februar 2023, S. 39: Purpose zum Anfassen.
44 https://www.iese.fraunhofer.de/blog/smart-city-hackathon

45 https://www.deutschland.de/de/topic/politik/nachhaltigkeit-durch-games-serious-games-als-lernplattformen
46 https://web.ecogood.org/de/unsere-arbeit/gemeinwohl-bilanz/gemeinwohl-matrix
47 Next. 2030, 33 kluge Köpfe über Deutschlands Zukunft, S. 195
48 https://www.dwavesys.com/learn/featured-applications/?items=all&thirdParty=-1#resource-list
49 Zweig, Katharina: Die KI war's!, S. 276
50 https://wikiejemplos.com/de/transgene-Tiere/?utm_content=cmp-true
51 https://www.n-tv.de/wissen/Enzyme-sollen-Plastikmuell-verdauen-article23979512.html
52 https://www.br.de/nachrichten/wissen/kernfusion-wann-bekommen-wir-die-unerschoepfliche-energiequelle,TPzkJxc
53 https://omr.com/de/daily/omr-podcast-heike-freund
54 Next. 2030, 33 kluge Köpfe über Deutschlands Zukunft, S.186 f.
55 https://www.linkedin.com/pulse/newsletter-162023-dr-holger-schmidt%3FtrackingId=eoB%252BXXVrRfuulb4ibTigTA%253D%253D/?trackingId=eoB%2BXXVrRfuulb4ibTigTA%3D%3D
56 KI braucht Kollaboration, ManagerSeminare, Heft 305, August 2023, S. 68
57 https://www.who.int/health-topics/road-safety#tab=tab_1
58 https://www.focus.de/magazin/archiv/agenda-rote-oder-blaue-pille_id_191167900.html
59 Futuristisch denken, ManagerSeminare, Heft 298, Januar 2023, S. 36
60 https://futuretodayinstitute.com/trends
61 Göpel, Maja: Wir können auch anders, S. 125
62 In Anlehnung an Giesswein, Martin: Digital Game Changer, S. 71
63 Focus, Heft 34/2023, S. 53 ff.
64 https://www.absatzwirtschaft.de/weg-vom-jugendwahn-248054
65 Ladies Drive, Herbstausgabe 22, S. 75
66 https://zukunft.wdr.de/assets/pdf/WDR-GenAlpha_Report.pdf
67 Focus, Heft 36/2022, Kreis.Lauf.Wirtschaft, S. 56 ff.
68 https://omr.podigee.io/618-david-allemann
69 Bewusstsein für Beziehungen, ManagerSeminare, Heft 301, April 2023, S. 45
70 Die Zukunft der Arbeit: Strategien für eine Welt der Vollbeschäftigung, https://www.zukunft.business/foresight/trendanalysen/analyse/die-zukunft-der-arbeit-strategien-fuer-eine-welt-der-vollbeschaeftigung, S. 4 f.
71 Die Zukunft der Arbeit: Strategien für eine Welt der Vollbeschäftigung, https://www.zukunft.business/foresight/trendanalysen/analyse/die-zukunft-der-arbeit-strategien-fuer-eine-welt-der-vollbeschaeftigung, S. 4
72 Aus: On the Way to New Work, S. 231

73 Lewrick, Michael: Business Ökosystem Design, S. 16
74 Siehe alles dazu in: Christensen, Clayton M. u. a.: Besser als der Zufall
75 Rossman, John: Mach's wie Amazon, S. 71
76 https://de.statista.com/statistik/daten/studie/964239/umfrage/umsatz-von-amazon-web-services-weltweit/#:~:text=Umsatz%20von%20Amazon%20Web%20Services%20%28AWS%29%20weltweit%20bis,2021%20betrugen%20die%20Umsatzerl%C3%B6se%20knapp%2062%20Milliarden%20US-Dollar
77 Rossman, John: Mach's wie Amazon, S. 40
78 https://www.bergsteigen.com/news/videos/video-alexander-huber-free-solo-hasse-brandlerviii
79 https://www.brandeins.de/magazine/brand-eins-wirtschaftsmagazin/2015/fuehrung/nicht-fragen-machen
80 Borell, Lisa: Kill The Company
81 Aus: Gutsche, Jeremy, Handbuch für Innovationen, S. 33
82 https://www.br.de/nachrichten/wirtschaft/tupperware-pleite-letzte-hoffnung-umschuldung-neuer-vertrieb,Tb860o3
83 Hamel, Gary: Das Ende des Managements, S. 184
84 Grant, Adam: Think Again, S. 41
85 Grant, Adam: Think Again, S. 27
86 https://de.nttdata-solutions.com/transformationsstudie-2023?utm_campaign=Transformationsstudie%202023&utm_source=Pressemitteilung&utm_medium=PR&utm_content=News%20Aktuell%20Bazola
87 https://pub.bertelsmann-stiftung.de/innovative-milieus/ergebnisse-zugespitzt#section1
88 https://de.wikipedia.org/wiki/Johannes_Gutenberg
89 https://www.bing.com/videos/riverview/relatedvideo?q=Rede+an+der+Rice+University+in+Houston%2c+Texas%2c+1962+der+damalige+US-Pr%c3%a4sident+John+F.+Kennedy+&mid=8037294B241FF692370280-37294B241FF6923702
90 https://woom.com/de_DE/unternehmen/gruendungsgeschichte-von-woom
91 https://www.mdrjump.de/podcasts/fakt-oder-fake/fuehrt-zu-schnelles-fahren-zu-fahrradgesicht-100.html
92 Lotter, Wolf: Unterschiede. Wie aus Vielfalt Gerechtigkeit wird, S. 32
93 https://wildplastic.com/pages/team-zusammenarbeit-wildplastic
94 https://www.everdrop.de/mission/fails
95 https://www.marketing-boerse.de/News/details/1749-Emotionen-bringen-mehr-als-Treueprogramme/142259
96 https://www.zeit.de/digital/2019-07/amazon-algorithmus-greg-linden-empfehlungssysteme

97 https://www.m-powered.eu/creating-a-kid-friendly-mri-scanner-with-design-thinking. Danke auch an Martin Giesswein, der mir in seinem Buch *Digital Game Changer* den Anstoß zu diesem Beispiel gab.
98 Büeler, Katharina, Heyden, Anja: Die SBB setzt die Kundenbrille auf. Aus: Touchpoint Management, S. 317 ff.
99 Aus: Was Marken erfolgreich macht, S. 103
100 Die große Beschleunigung, S. 58
101 Herger, Mario: Future Angst, S. 440
102 https://thinkers50.com/blog/distinguished-achievement-awards-ranking-2023
103 Mythen der Circular Economy, Bertelsmann Stiftung, S. 58
104 https://retromat.org/de/?id=36-7-50-125-92
105 https://www.pm-wissen.com/gesellschaft/v/aa-28wxgp49n1w11
106 https://www.pm-wissen.com/technik/v/aa-28wxj9vxh1w11
107 https://www.pm-wissen.com/technik/v/aa8ej5lr76g6mf8kbm6n
108 Busch, Christian: Erfolgsfaktor Zufall, S. 151
109 Aus: Brynjolfsson, Erik, McAfee, Andrew: The Second Machine Age, S. 103 f.
110 https://www.themarketingblog.co.uk/2016/07/people-do-not-buy-goods-services-they-buy-relations-stories-magic-seth-godin

Literaturtipps

Achleitner, Ann-Kristin, Rickmann, Hagen (Hrsg.): Next. 2030, 33 kluge Köpfe über Deutschlands Zukunft, Dind Innovationsinstitut, Hamburg 2023

Albolhassan, Ferri (Hrsg.): Re-Invent, Frankfurter Allgemeine Buch, Frankfurt am Main 2022

Allmers, Swantje et al.: On the Way to New Work, Vahlen, München 2022

Beck, Katharina, Buddemeier, Philipp: Green Ferry, Murmann, Hamburg 2022

Beilharz, Felix: Manual Generation Z, GABAL, Offenbach 2023

Berger, Jonah: The Catalyst. Der Überzeugungskünstler, Börsenmedien, Kulmbach 2022

Bodell, Lisa: Kill the Company: 12 Killer-Tools für die Wiedergeburt Ihres Unternehmens, Campus, Frankfurt am Main 2013

Boguslawski, Katharina: Dein kreativer Avatar, Eigenverlag, Mettlach 2021

Bosch, Jule, Bosch, Lukas: Ökonomie, Campus, Frankfurt am Main 2021

Brandes-Visbeck, Christine, Gensinger, Ines: Netzwerk schlägt Hierarchie, Redline, München 2017

Braungart, Michael, McDonough, William: Cradle to Cradle, Piper, München, 7. Auflage 2021

Bregman, Rutger: Im Grunde gut, Rowohlt, Hamburg 2021

Brynjolfsson, Erik, McAfee, Andrew: The Second Machine Age, Plassen, Kulmbach 2014

Busch, Christian: Erfolgsfaktor Zufall, Murmann, Hamburg 2023

Christensen, Clayton M., u. a.: Besser als der Zufall, Börsenmedien, Kulmbach 2017

Christensen, Clayton M., u. a.: The Innovator's Dilemma, Vahlen, München 2013

Croome, Collin: Praxisbuch Metaverse, GABAL, Offenbach 2023

Dark Horse Innovation: Future Organisation Playbook, Murmann, Hamburg 2023

Dueck, Gunter: Das Neue und seine Feinde, Campus, Frankfurt am Main 2013

Dueck, Gunter: Keine Sinnfragen, bitte! Campus, Frankfurt am Main 2022

Dweck, Carol: Selbstbild, Piper, München 2017

Eck, Klaus, Ebner, Winfried: Die neue Macht der Corporate Influencer, Redline, München 2022

Edmondson, Amy C.: Die angstfreie Organisation, Vahlen, München 2020
Epstein, David J.: Es lebe der Generalist, Redline, München 2020
Esmailzadeh, Annahita et al. (Hrsg.): Gen Z: Für Entscheider:innen, Campus, Frankfurt am Main 2022
Fabritius, Friederike, Hagemann, Hans W.: Neurohacks. Gehirngerecht und glücklicher arbeiten, Campus, Frankfurt am Main 2021
Gaedt, Martin: Rock your Idea. Mit Ideen die Welt verändern. Murmann, Hamburg 2016
Gaub, Florence: Zukunft. Eine Bedienungsanleitung, dtv, München 2023
Gerstbach, Ingrid: Design Thinking im Unternehmen, GABAL, Offenbach 2016
Gerwers, Simone: Mutausbruch. Das Ende der Angstkultur, Midas, Zürich 2021
Giesswein, Martin: Digital Game Changer, WU Executive Academy, Traiskirchen 2020
Gigerenzer, Gerd: Klick. Wie wir in einer digitalen Welt die Kontrolle behalten und richtige Entscheidungen treffen, Bertelsmann, München 2021
Gino, Francesca: Rebel Talent, Pan Books, London 2019
Göpel, Maja: Wir können auch anders, Ullstein, Berlin, 2022
Göpel, Maja: Unsere Welt neu denken, Ullstein, Berlin, 16. Auflage 2020
Grabmeier, Stefan, Petzold, Stephan: Impact Business Design, Vahlen, München 2023
Grabmeier, Stefan: Future Business Kompass, Murmann / Haufe, Freiburg 2019
Grant, Adam: Think Again, Piper, München 2022
Grant, Adam: Nonkonformisten, Droemer, München 2016
Gruen, Arno: Wider den Gehorsam, Klett-Cotta, Stuttgart 2014
Guillén, Mauro F.: 2030. Die Welt von morgen, Hoffmann und Campe, Hamburg 2022
Gutsche, Jeremy: Fahrplan Zukunft / Handbuch für Innovation, Midas, Zürich 2022
Haas, Oliver, u. a.: Transformation, Vahlen, München 2022
Häusel, Hans-Georg: Life Code: Was dich und die Welt antreibt, Haufe-Lexware, Freiburg 2020
Halecker, Bastian: Dino trifft Einhorn, Eigenverlag, Berlin 2020
Hamel, Gary, Zanini, Michele: Humanocracy, Harvard Business Review Press, Brighton 2020
Han, Byung-Chul: Infokratie, Matthes & Seitz, Berlin 2021
Harari, Yuval Noah: Homo Deus, Beck, München 2017
Hastings, Reed, Meyer, Erin: Keine Regeln. Warum Netflix so erfolgreich ist, Econ, Berlin, 2. Auflage 2020
Heilemann, Ferry: Climate Action Guide, Murmann, Hamburg 2022
Herger, Mario: Future Angst, Plassen, Kulmbach 2021
Herles, Benedikt: Zukunftsblind, Droemer, München 2018

Herrmann, Ulrike: Das Ende des Kapitalismus, Kiepenheuer & Witsch, Köln 2022
Hirschhausen, Eckart von: Mensch, Erde!, dtv, München 2021
Horx Strathern, Oona: Kindness Economy. Das neue Wirtschaftswunder, GABAL, Offenbach 2023
Hüther, Gerald: Würde. Was uns stark macht, Knaus, München, 6. Auflage 2018
Hüther, Gerald: Biologie der Angst, Vandenhoeck & Ruprecht, Göttingen, 8. Auflage 2007
Hüther, Michael u. a. (Hrsg.): Die Macht der Ideen, Econ, Berlin 2020
Ismail, Salim u. a.: Exponentielle Organisationen, Vahlen, München 2017
Jankowski, Jule: Zwischen Alt und Neu liegt Gut, Vahlen, München 2022
Jánkzky, Sven Gábor, Abicht, Lothar: 2030: Wie viel Mensch verträgt die Zukunft? 2bAhead Publishing, Erfurt 2018
Johannsson, Frans: Der Medici-Effekt, Börsenmedien, Kulmbach 2018
Kahneman, Daniel: Schnelles Denken, langsames Denken, Penguin, München 2016
Kemfert, Claudia: Schockwellen, Campus, Frankfurt am Main 2023
Kluge, Sabine, Kluge, Alexander: Graswurzelinitiativen in Unternehmen, Vahlen, München 2020
Kurzweil, Ray: Menschheit 2.0: Die Singularität naht, Lola Books, Berlin 2014
Laguna de la Vera, Rafael, Ramge, Thomas: Sprunginnovation, Econ, Berlin 2021
Laloux, Frédéric: Reinventing Organisations, Vahlen, München 2015
Land, Karl-Heinz: Erde 5.0 – Die Zukunft provozieren, Future Vision Press, Köln 2018
Lederer, Dieter: Veränderungsexzellenz, Hanser, München 2018
Leonhard, Gerd: Technology vs. Humanity, Vahlen, München 2017
Lessenich, Stephan: Neben uns die Sintflut: Wie wir auf Kosten anderer leben, Piper, München 3. Edition 2018
Lewrick, Michael: Business Ökosystem Design, Vahlen, München 2021
Löhken, Sylvia: Leise Menschen, starke Worte, GABAL, Offenbach 2022
Lotter, Wolf: Unterschiede. Wie aus Vielfalt Gerechtigkeit wird, Edition Körber, Hamburg 2022
Lotter, Wolf: Innovation. Streitschrift für barrierefreies Denken, Edition Körber, Hamburg 2018
Mausfeld, Rainer: Angst und Macht, Westend, Frankfurt, 2. Auflage 2019
Mazzucato, Mariana: Wie kommt der Wert in die Welt?, Campus, Frankfurt 2019
McCrindle, Mark: Generation Alpha, Headline Home 2021

Mićić, Pero: Bright Future Business, GABAL, Offenbach 2022
Minnaar, Joost, de Morree, Pim: Corporate Rebels, Eigenverlag, 2019
Müller-Christ, Georg: Nachhaltiges Management, Nomos, Baden-Baden 2020
Nelles, David, Serrer, Christian: Machste dreckig – Machste sauber: Die Klimalösung, Eigenverlag 2021
Obermann, Sabine, Rau, Thomas: Material Matters, Econ, München, 2021
Pechstein, Arndt, Schwemmle, Martin: Future Skills Navigator, Vahlen, München 2023
Pépin, Charles: Die Schönheit des Scheiterns, Hanser, München 2017
Pircher, Richard: Agilstabile Organisationen, Vahlen, München 2018
Raworth, Kathe: Die Donut-Ökonomie, Hanser, München 2018
Reimer, Nick, Staud, Toralf: Deutschland 2050. Wie der Klimawandel unser Leben verändern wird, Kiepenheuer & Witsch, Köln 2021
Ross, John: Mach's wie Amazon, Redline, München 2020
Russell, Stuart: Human Compatible, MIPT, Frechen 2020
Rustler, Florian u.a.: Future Fit Company, Murmann Haufe, Freiburg 2019
Sammer, Petra: Storytelling: Strategien und Best Practices für PR und Marketing, O'Reilly, Köln 2017
Sammer, Petra: What's your Story? Leadership-Storytelling für alle, die etwas bewegen wollen, O´Reilly, Köln 2019
Schätzing, Frank: Was, wenn wir die Welt retten?, Kiepenheuer & Witsch, Köln 2021
Schaller, Stella u.a.: Zukunftsbilder 2045, Oekom, München 2023
Schaper, Annett: Von der kreativen Idee zur Innovation, GABAL, Offenbach 2023
Schmid, Wolfgang, Schönborn, Rüdiger: Agil und digital. Ein Leitfaden für Führungskräfte, Kohlhammer, Stuttgart 2020
Schüller, Anne M.: Bahn frei für Übermorgengestalter, GABAL, Offenbach, 2022
Schüller, Anne M., Steffen, Alexander T.: Die Orbit-Organisation. In 9 Schritten zum Unternehmensmodell für die digitale Zukunft, GABAL, Offenbach, 2019
Schüller, Anne M.: Touch.Point.Sieg. Kommunikation in Zeiten der digitalen Transformation, GABAL, Offenbach, 3. Auflage 2019
Schüller, Anne M.: Das Touchpoint-Unternehmen. Mitarbeiterführung in unserer neuen Businesswelt, GABAL, Offenbach, 3. Auflage 2016
Schüller, Anne M.: Touchpoints. Auf Tuchfühlung mit den Kunden von heute, GABAL, Offenbach, 6. Auflage 2016
Shiller, Robert. J.: Narrative Wirtschaft, Plassen, Kulmbach, 2. Auflage 2020
Sinek, Simon: Frag immer erst: warum, Redline, München, 4. Auflage 2017

Steffen, Alex T.: Der Pionier in dir, Moonlander Publishing, Berlin 2022
Steffens, Dirk: Projekt Zukunft, Penguin, München 2022
Stöcker, Christian: Die große Beschleunigung, Pantheon, München 2022
Taleb, Nassim Nicholas: Der schwarze Schwan. Die Macht höchst unwahrscheinlicher Ereignisse, Knaus, München, 2. Auflage 2015
Thunberg, Greta: Das Klimabuch, S. Fischer Verlag, Frankfurt 2022
Väth, Markus: Musterwechsel. Wie wir unsere Wirtschaft retten, GABAL, Offenbach 2022
Von Buttlar, Horst: Das grüne Jahrzehnt, Penguin, München 2022
Webb, Amy: Die großen Neun, Plassen, Kulmbach 2019
Weber, Sara: Die Welt geht unter, und ich muss trotzdem arbeiten? Kiepenheuer & Witsch, Köln 2023
Weinzettl, Julia: Innovation im Umbruch, Goldegg, Berlin 2019
Zeiler, Waldemar: Unfuck the Economy, Goldmann, München 2020
Zweig, Katharina: Die KI war's!, Heyne, München 2023

Über die Autorin

Anne M. Schüller kennt die klassische Unternehmenswelt aus dem Effeff. Weit über zwanzig Jahre lang und in zehn verschiedenen Ländern war sie in leitenden Positionen internationaler Dienstleistungsanbieter tätig. »Ich war schon immer Pionier und Übermorgengestalterin. Oft konnte ich mit frischen Gedanken und unkonventionellem Tun wirklich Großes bewirken. Manchmal bin ich leider gescheitert, meist an Menschen, die Altes bewahren wollten und Neues als Bedrohung empfanden«, sagt sie. 2002 hat sie sich aus der Konzernwelt verabschiedet. Seitdem arbeitet sie als Keynote Speaker, Managementdenker und Business Coach. Zu ihrem Kundenkreis zählt die Elite der Wirtschaft im deutschsprachigen Raum. Ferner hat sie eine Reihe von Büchern geschrieben, in denen es, aus verschiedenen Blickwinkeln betrachtet, immer um das Zusammenspiel zwischen Kunde, Mitarbeitenden und Organisation geht. Kundenzentrierte Unternehmensführung ist der Oberbegriff, den sie dafür geprägt hat.

Ihre Bücher sind nicht nur Bestseller, sondern auch preisgekrönt: *Kundennähe in der Chefetage* erhielt 2008 den Schweizer Wirtschaftsbuchpreis. *Touchpoints* ist Mittelstandsbuch des Jahres 2012. *Das Touchpoint-Unternehmen* wurde zum Managementbuch des Jahres 2014 gekürt. *Touch.Point.Sieg.* ist Trainerbuch des Jahres 2016. *Die Orbit-Organisation* wurde Finalist beim International Book Award 2019 von GetAbstract.

Für ihre Arbeit hat sie viele weitere Auszeichnungen erhalten. So wurde sie 2015 für ihr Lebenswerk in die Hall of Fame der German Speakers Association aufgenommen. Vom Business-Netzwerk LinkedIn wurde sie zur TOP Voice 2017 und 2018 sowie von XING zum Spitzenwriter 2018 und zum Top Mind 2020 gekürt. Von GABAL erhielt sie den BestBusinessBook Award 2019.

Ihre Vorträge rund um das Übermorgengestalten, eine zukunftsorientierte Unternehmensführung und beispielhafte Kundenorientierung sind Kult: zugleich hochinformativ, praxisnah und unterhaltsam. Sie führt auch Management-Transformationsseminare und Mitarbeitergroßgruppenworkshops durch.

Weitere Infos und Kontakt: *www.anneschueller.de*

■ ■ ■

Anne M. Schüller als Keynote Speaker und Workshop-Coach:

Sie suchen ein Highlight für Ihr nächstes Event? Eine hochkarätige, humorvolle, praxiserprobte, inspirierende Vortragsrednerin, die in freier Rede auf Kongressen und Firmenveranstaltungen fasziniert, anhand fundierter Beispiele inspiriert und durch jede Menge Impulse ins Handeln bringt? Sie brauchen einen Profi, der die Teilnehmer:innen durch fundiertes und sofort umsetzbares Praxiswissen auch in maßgeschneiderten Workshops inspiriert? Sie wollen Ihren Kunden etwas ganz Besonderes bieten? Ihre Mitarbeitenden motivieren? Die Köpfe Ihrer Führungskräfte mit neuen Einsichten füttern?

Dann lassen Sie uns zusammenarbeiten! Meine topaktuellen Vortrags- und Workshopthemen:

- Wie das Übermorgengestalten gelingt: Trends, die wir kennen müssen, und Tools, die wir brauchen, um den Sprung in die Zukunft zu schaffen
- Zukunft meistern – so gelingt die Unternehmensführung in wilden Zeiten: agil, menschlich, crossfunktional, nachhaltig, emotional, digital
- Zukunftstrend Kundenzentrierung: Wie man Kunden begeistert, ihre Treue gewinnt und sie zu Fans und aktiven Empfehlern macht

Weitere Infos und Kontakt: *www.anneschueller.de*